자연의 이치를 알아낸 **지구과학자**

대기권 과학자

윤 일 희

북스힐

머리글

지구과학은 지구를 구성하는 대기권, 수권, 지권, 생물권, 외기권을 연구하는 학문이다. 이 시리즈는 자연의 이치를 알아낸 지구과학자들에 대한 생애와 업적들을 조명하기 위해서 기획되었다. 즉, 1부 대기권 과학자, 2부 수권 과학자, 3부 지권 과학자, 마지막 4부는 외기권 과학자이다.

대기권의 운동은 하늘을 가로질러 흘러가는 구름과 뺨을 때리는 바람으로써 쉽게 관찰할 수 있다. 생물권 내에서는 동물과 식물의 이동이 나타난다. 흐르는 강물, 부서지는 파도, 떨어지는 비는 모두 수권 내에서 일어나는 운동의 친숙한 예이다. 비록 덜 뚜렷하지만, 지권도 역시 움직이고 역동적이다. 지하 암석의 거대한 덩어리들이 지구의 내권 내에서 유동하고, 대륙이 이동하고, 산맥들이 융기하고 그런 다음 풍화되어 퇴적된다. 또한 태양, 행성, 위성, 항성, 은하, 외부은하, 블랙 홀 등으로 구성된 외기권이 존재한다.

대기권의 연구는 기상학으로 시작되었다. 기상학의 역사는 인간의 역사와 궤적을 같이한다. 인류가 이룬 2번의 혁명(농업 혁명과 산업 혁명)에서도 기상학은 큰 역할을 하였다. 21세기를 살고 있는 우리에게 기상학적 현상들은 쉼 없이 우리들을 괴롭히고 있다. 그러나 우리는 이를 극복하여 아름다운 지구를 후손에게 물려주어야 할 것이다.

17세기부터 기상학은 과학의 한 부분으로 발전하게 되었고, 18세기에는 기상측기의 개발이 활발하게 이루어졌다. 이러한 뒷받침을 바탕으로 하여, 19세기에는 주로 물리학적 연구 성과를 토대로 각종 기상 현상이 연구되기 시작하였다. 1802년, 프랑스의 화학자 겸 물리학자인 조제프 루이 게이-뤼삭은 “기체팽창 법칙”을 발견하였다. 1802년 12월 잉글랜드의 기상학자인 루크 하워드는 구름 모양에 기초한 최초의 실용적인 구름 분류를 소개하였다. 1817년 독일의 알렉산더 폰 훔볼트는 등온선을 사용하여 기온의 분포를 나타내는 지도를 제작하였다. 1821년에는 충분한 기상자료가 축적돼 엉성하나마 최초의 일기도가 독일의 하인리히 브란데스에 의해서 작성되었다. 그 후 얼마 지나지 않은 1827년에 독일의 하인리히 도베는 한대와 적도기류를 분석하여 국지 기상을 설명하였다. 1835년 프랑스의 귀스타브 드 코리올리는 지구의 자전이 대기 운동에 미치는 효과인 코리올리 효과를 수학적으로 입증하였다. 이후 오스트리아 율리우스 폰 한을 중심으로 한 오스트리아 기상학파에 의해서 기상역학 분야가 등장하게 되었다.

20세기에 이르러 대기 특징은 더욱 상세히 밝혀졌다. 기상학은 수학, 물리학, 화학, 전자기학과 같은 관련 학문 발달에 의해서 영향을 받아 과학적으로 급격한 팽창을 경험하였다. 1902년에는 프랑스의 기상학자인 레옹 테스랑 드 보르에 의해 대기층들을 대류권과 성층권으로 구분하여 부르기 시작하였다. 간단한 대기 운동을 기술하는 방정식에 대한 최초의 수학적인 해답은 1905년 스웨덴 해양물리학자인 방 에크만에 의해서 유도되었다.

종관기상학은 노르웨이의 기상학자인 빌헬름 비에르크네스와 그의 제자들에 의한 노르웨이 기상학파에 의해서 제1차 세계대전 후 개발되었다. 1904년 빌헬름 비에르크네스는「역학과 물리학의 문제로서의 날씨예보」란 제목의 논문을 발표하였다. 이 논문에서 비에르크네스는 날씨 예보를 할 수 있는 절차를 계획하였다. 그는 계속해서 일어나는 대기 상태는 물리 법칙에 따라 이전의 상태로부터 발달한다고 주장하였다. 날씨를 예보하기 위해서는 대기의 초기 상태와 법칙들을 알고 있어야만 했다. 또한 빌헬름 비에르크네스는 대기의 상태를 적절하게 기술하기 위해서는 기본적인 기상요소(기압, 기온, 습도, 바람 등)들을 전 세계적으로 관측해야 할 필요성이 있다고 인식하였다. 그는 특정한 시간의 대기 상태에 알려진 물리 법칙을 적용시켜 대기의 미래 상태를 예측하려고 시도하였다.

상층 대기 관측의 중요성에 대한 인식은 라디오존데의 발명으로 이루어졌다. 첫 번째 실용적인 라디오존데는 1939년 러시아의 기상학자인 파벨 몰챠노프에 의해서 이루어졌다. 또한 스코틀랜드의 공학자 겸 기상학자인 로버트 왓슨-와트는 1938년, 적의 항공기 접근을 초기 경보할 수 있는 7~14 m 파장을 사용하는 최초의 레이더 관측소 망을 설치하였다. 전쟁 후에는 기상 레이더로 발전하였다.

스웨덴 기상학자인 카를-구스타프 로스비가 미국 매사추세츠 공과대학교에서 교수로 활동하고 있던 1930년대, 로스비는 고도가 높은 곳으로부터 기압, 기온, 다른 변수들을 연구하여 이론화시키기 시작하였다. 따라서 기상학자들은 대기대순환에 관한 새로운 정보를 얻게 되었다. 로스비는 극지방 바람에서 굽이치는 상황이 일어나는 조건을 예측할 수 있었다. 이에 따라 부분적으로 대기 파동의 변경을 설명할 수 있게 되었다. 대규모 날씨 현상은 이러한 변경에 의존하기 때문에, 그의 방정식은 이론적으로 변화하는 대규모 날씨 패턴을 예보할 수 있도록 하였다. 로스비의 업적은 기상학을 과학으로 바꾼 것으로 인정되고 있다. 또한 그는 해류를 연구하였고 제트 기류의 기본 개념을 개발하였다. 제트 기류란 이름은 로스비가 명명한 것이다. 컴퓨터의 출현으로 인하여, 로스비의 계산과 방정식은 복잡한 예보 기술 개발에 적용될 수 있었다. 로스비에 의한 최초의 컴퓨터에 의한 날씨 예보는 1950년에 구축되었다. 로스비를 중심으로 활동한 연구 그룹을 시카고 기상학파라 부른다.

대기연구의 새로운 차원은 대기를 탐사하기 위해 기상 위성을 궤도에 진입함으로써 이루어졌다. 최초의 기상위성은 1960년 미국에 의해 발사된 극궤도 위성인 TIROS 1호이고, 그 뒤 1966년에는 정지기상위성인 ATS 1호를 발사한 이후 괄목한 발전을 이루게 되어 현재에는 날씨예보에 필수적인 기상장비로 대두되었다.

이 책은 19세기에서 20세기까지 대기권을 연구한 20명의 기상학자들을 선정하여 집필되었다. 여기에는 우리에게 잘 알려진 과학자도 있지만, 업적은 탁월하였으나 잘 알려지지 않은 과학자들도 포함되어 있다. 이 책은 교수 생활 중 마지막 연구년을 맞이하여 미국 인디애나 주 퍼듀 대학교 지구행성대기과에서 보낸 1년 동안 집필되었다. 초청해준 존 하버(Jon Harbor) 교수에게 감사를 표한다.

어려운 여건 속에서 이 책을 발간해주신 ㈜도서출판 북스힐의 조승식 대표와 편집부의 노고에 감사의 마음을 전하고 싶다. 끝으로 원고 교정에 도움을 준 이혜영 조교, 대학원생 윤희수 씨, 현경희 씨에게도 고마움을 표한다.

2018년 2월

경북대학교 사범대학 지구과학교육과

교수 **윤 일 희**

차 례

Chapter 01

저기압과 고기압 주변의 바람 순환을 설명한 네덜란드 기상학자

크리스토포로스 뷔스-발로트

네덜란드 기상학자인 크리스토포로스 헨리코스 디데리코스 뷔스-발로트(Christophorus Henricus Diedericus Buys-Ballot, 1817~1890; 그림 1-1)는 1817년 10월 10일 네덜란드 제일란트 주 클뢰팅에(Kloetinge)에서 출생하였다. 뷔스-발로트는 네덜란드 헬데를란트 주 잘트모멜(Zaltbommel)에서 중등교육을 받은 후, 위트레흐트 대학교(UU)에서 물리학자인 리크 반 리스(Rijk van Rees, 1797~1875) 교수의 지도로 1844년 Ph.D.를 받았다. 그는 1845년 위트레흐트 대학교 광물학과 지질학 강사로 지명되었고, 1846년 화학과 강사, 에두아르드 멀더(Eduard Mulder, 1832~1924)[1] 등에 이어 1847년 수학과의 세 번째 교수로 임명되었다. 그는 1848년 수학과 특임교수가 되었고, 1857년 정교수로 승진하였다. 또한 그는 1867년 물리학과 교수가 되었고, 1888년 교수직을 은퇴하였다.[2]

---

1) 네덜란드 수학자, 화학자. 위트레흐트 대학교(UU)에서 1853년 수학으로 박사학위(지도교수: Gerrit Jan Mulder)를 받음. UU 수학과 교수 역임함.

2) https://en.wikipedia.org/wiki/C._H._D._Buys_Ballot

그림 1-1 네덜란드의 기상학자인 크리스토포로스 뷔스-발로트는 '뷔스-발로트 법칙'으로 유명하다.[3)]

뷔스-발로트는 1854년 1월 31일 설립된 네덜란드 왕립기상연구소(KNMI)의 창설자로서 초대 소장을 지냈고, 그는 이 직을 죽을 때까지 유지하였다. 이 연구소의 처음 장소는 위트레흐트 주변 16세기 성곽의 한 부분인 소넨보르(Sonnenborgh)이었고, 그 다음에는 관측소로 사용되었다. 뷔스-발로트는 필요한 시설비용을 자비로 부담하였다. KNMI는 네덜란드 정부가 연구비를 지원한 최초의 연구소였다(Allaby, 2002).

뷔스-발로트는 저기압과 고기압 주변의 바람 순환을 설명하는 논문을 1857년 발표하였다(Buys-Ballot, 1857). 그의 설명은 기상 기록 자료들을 바탕으로 하여 이루어졌고, 이것은 곧 뷔스-발로트의 법칙(Buys-Ballot's Law)으로 알려지게 되었다. 뷔스-발로트는 미국 기상학자인 윌리엄 페렐(William Ferrel, 1817~1891)[4)]이 몇 개월 전에 이론적으로 지상에서 나타나는 바람 순환에 대해서 동일한

3) 그림 출처: https://www.buscabiografias.com/biografia/verDetalle/6425/Christophorus
4) 미국 기상학자, 지구물리학자, 천문학자로서 대기대순환 연구로 '페렐 순환'을 정의하였고, '페렐의 법칙'과 '페렐 세포'로 유명함. 웨스트버지니아 주 베다니 칼리지에서 1844년 졸업함. 매사추세츠 주 케임브리지 미국 천체력 및 항해력(American Ephemeris and Nautical Almanac) 스태프와 미국 육군통신대(U.S. Army Signal Service)(1882~1887)에서 활동함.

결론을 이끌어 내었다는 사실을 몰랐었다. 뷔스-발로트는 페렐이 앞서 발견한 점을 알고 그 사실을 시인하였지만, 때는 이미 늦어 '페렐의 법칙(Ferrel's law)'으로 알려질 것을 '뷔스-발로트의 법칙'으로 부르고 있다.

지상풍인 경우, 북반구에서 바람을 등지고 있을 때 저기압을 왼쪽에 두고, 고기압을 오른쪽에 두었을 때 등압선과 각을 이루면서 분다(그림 1-2(a)). 남반구인 경우, 저기압 지역은 오른쪽에 위치한다. 이 법칙을 '뷔스-발로트의 법칙'이라 한다. 그러나 이 법칙은 코리올리 힘이 아주 작은 적도 지역에서는 적용되기 어렵다(윤일희, 2004).

자유 대기 내의 지균풍에 뷔스-발로트 법칙을 적용하면, 이 바람은 북반구에서는 우리가 바람을 등지고 서 있을 때 저기압을 왼쪽에 두고 등압선에 평행하게 분다(그림 1-2(b)). 그러나 남반구에서는 그 반대가 된다.

뷔스-발로트는 국제 협력의 필요성을 간파하였다. 1873년 그는 세계기상기구(World

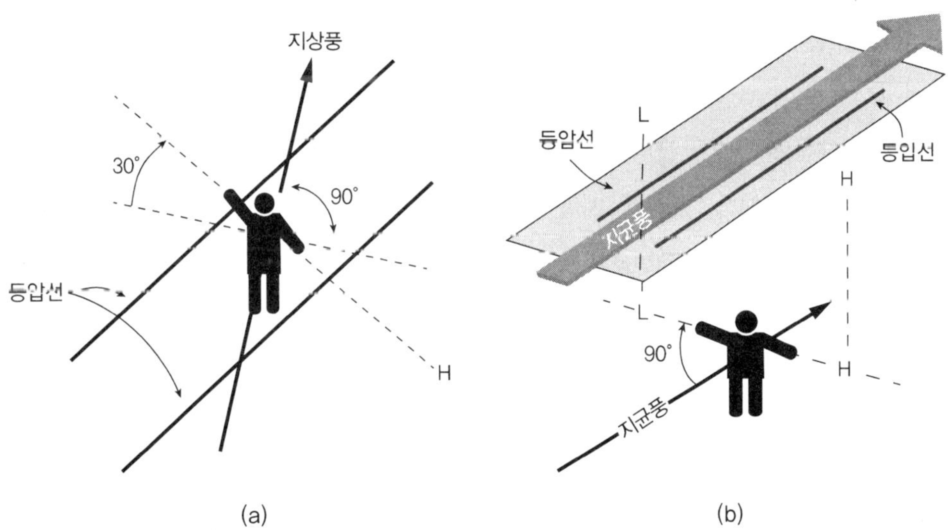

그림 1-2 (a) 북반구의 지상풍에 적용되는 뷔스-발로트의 법칙과 (b) 북반구에서 지균풍에 적용되는 뷔스-발로트 법칙.

Meteorological Organization; WMO)의 전신인 국제기상기구(International Meteorological Organisation; IMO)의 초대 총재가 되어 1879년까지 활발하게 자신의 직무를 수행하였다. 뷔스-발로트는 1890년 2월 3일 위트레흐트에서 사망하였다.

뷔스-발로트 메달의 유래와 역대 수상자

네덜란드 왕립학술원(KNAW)은 1893년부터 10년마다 기상학 발전에 탁월한 성과를 거둔 과학자에게 '뷔스-발로트 메달(Buys-Ballot Medal)'을 수여하고 있다. 이 상은 위트레흐트 대학교 물리학과 교수를 은퇴한 크리스토포로스 뷔스-발로트를 기념하기 위해 1888년 제정되었다.

뷔스-발로트 메달은 기상학 분야에서 수여되는 대부분의 상과는 차별된다. 첫째, 이 메달은 현재 기상학 역사의 한 세기를 반영한다. 둘째, 이 메달은 매우 드물게 수여하고 있다. 매 10년마다 6온스의 금에 해당하는 자금이 마련될 정도로 기금이 제한적이기 때문에 기상학 발전에 탁월한 사람에게만 수여하고 수상자도 매우 적다.[5)]

1893년 초대 뷔스-발로트 메달 수상자는 오스트리아 기상학자인 율리우스 페르디난트 폰 한(Julius Ferdinand von Hann, 1839~1921; 그림 1-3)이었다. '현대 기상학의 아버지'로 불리고 있는 율리우스 폰 한은 오스트리아 기상학파(Austrian School of Meteorology)의 설립자로, 산곡풍에 대한 이론을 개발하였고, 이산 창함수인 '한 함수(Hann function)'로 유명하다.

뷔스-발로트는 초대 수상자가 선정되기 3년 전인 1890년 사망하였다. 뷔스-발로트는 율리우스 폰 한에게 메달이 수여되는 것에 대해서 탐탁하게 생각지 않은 것

---

5) https://www.knaw.nl/en/awards/laureates/buys-ballot-medal/buys-ballot-medaille

그림 1-3 오스트리아 기상학자인 율리우스 폰 한은 현대 기상학의 아버지로 불리며 오스트리아 기상학파의 창설자이다.[6)]

으로 보인다. 왜냐하면 뷔스-발로트와 그의 서 유럽 동료들인 프랑스의 위르뱅 르베리에(Urvain Jean Joseph **Le Verrier**, 1811~1877)[7)]와 잉글랜드의 로버트 피츠로이(Vice Admiral Robert **FitzRoy**, FRS, 1805~1865)[8)] 등이 1855년 이미 기상대를 설립하여 활동하였기 때문으로 생각된다. 그들은 날씨예보를 발표할 수 있을 만큼 날씨의 예측성이 존재한다는 확신을 가지고 있었다. 그럼에도 불구하고, 경사진 전선면에 관한 막스 마르굴레스(Max **Margules**, 1856~1920)의 업적을 포함

---

6) 사진 출처: https://en.wikipedia.org/wiki/Julius_von_Hann

7) 프랑스 천문학자, 수학자로써 해왕성(Neptune)을 발견한 것으로 유명함. 에콜 폴리테크니크(École Polytechnique)를 졸업함. 파리 천문대(Paris Observatory) 대장 역임함. 프랑스 왕립과학원(Royal Academy of Sciences) 회원(1846~1877)과 스웨덴 왕립과학원(RSAS) 외국인 회원(1855~1877)으로 선출됨. 영국 왕립학회(Royal Society) 외국인 회원(1847~1877)으로 선출되었고, 코플리 메달(1846)을 수상함. 영국 왕립천문학회(RAS)의 금메달(1868, 1876)을 수상함.

8) 영국(잉글랜드) 해군 제독, 수로학자, 기상학자로써 '피츠로이 청우계(FitzRoy's storm barometers)'를 제작함. 찰스 다윈의 탐사선 'HMS 비글호'의 선장으로 활동함. 잉글랜드 포츠머스 왕립해군대학(RNC)을 졸업함. 뉴질랜드 총독과 영국 기상대(UKMO) 초대(1854~1865) 대장 역임함. 영국 왕립학회 펠로(1851~1865)로 선출됨. 1863년 『웨더 북』을 출판함.

한 오스트리아 기상학파에 의해서 개발된 이론들은 주목할 만한 것이었다. 이 이론은 후에 노르웨이 학자들에 의해서 사용되었다.

상층 구름의 이동과 변화 양상을 관측하여 19세기의 기상학자들은 상층 대기 내의 과정이 날씨 시스템의 발달에 중요한 역할을 한다는 점을 인식하였다. 그러므로 그들은 기구를 띄우는 것에 상당한 관심을 기울이게 되었다. 1903년 두 번째 뷔스-발로트 메달은 10,800 m까지 많은 기구를 띄워 성층권의 발견에 공헌한 독일 병리학자 겸 기상학자인 리하르트 아스만(Richard Assmann, 1845~1918)과 독일 기상학자인 아서 베르손(Arthur Josef Stanislaus Berson, 1859~1942)(그림 1-4)에게 공동으로 수여되었다.

리하르트 아스만은 고층기상학(aerology)의 공동 창시자로 알려지고 있으며, "아스만 통풍계(Assmann psychrometer)"를 발명한 것으로 유명하다. 리하르트 아스만은 1845년 4월 13일 독일 마그데부르크(Magdeburg)에서 태어나 베를린 대학교(University of Berlin)에서 1868년 의학학위(MD)와 할레 대학교(University of

그림 1-4 두 번째 뷔스-발로트 메달을 공동 수상한 독일 병리학자 겸 기상학자인 리하르트 아스만(왼쪽)과 독일 기상학자인 아서 베르손(오른쪽)이다.[9)]

9) 사진 출처: https://en.wikipedia.org/wiki/Richard_Assmann

Halle)에서 1885년 과학박사학위(D.Sc.)를 받았다. 그 후 베를린-그륀나우 왕립기상연구소(Berlin-Grünau Royal Meteorological Institute) 과학 담당관(1885~1905), 린데베르크 프로이센 왕립 항공관측소(Prussian Royal Aeronautical Observatory) 소장(1905~1914), 기센 대학교(University of Giessen) 명예교수(1914~1918)를 역임하였다.[10)]

아서 베르손도 고층대기학의 선구자로서 "베르손 편서풍(Berson westerlies)"으로 유명하다. 그는 1859년 8월 6일 독일 노이잔데츠(Neu Sandez)에서 태어나 그곳에서 중등교육을 받은 후, 오스트리아 비엔나 대학교(University of Vienna)에서 철학을, 독일 베를린 훔볼트 대학교(Humboldt University of Berlin)에서 기상학과 지질학을 전공하였다. 그 후 그는 베를린 훔볼트 대학교 강사, 베를린 기상연구소(Meteorological Institute) 리하르트 아스만 조수(1890~1900), 베를린-테겔 항공관측소(Berlin-Tegel Aeronautics Observatory) 관측자, 베스코프 린덴버그 항공관측소(Lindenberg Aeronautical Observatory) 기상관측자로 활동하였다. 또한 『대기의 항공과 물리학 매거진(*Magazine for Aviation and Physics of the Atmosphere*)』의 편집인(1896~1899)으로도 활동하였다.[11)] 그는 1942년 12월 3일 사망하였다.

세 번째 뷔스-발로트 메달은 고층대기학을 연구한 독일 기상학자 겸 지구물리학자인 휴고 에밀 폰 헤르게젤(Hugo Emil von Hergesell, 1859~1938; 그림 1-5)에게 1913년 수여되었다. 그는 "보쉬-헤르게젤 자기기상기록계(Bosch-Hergesell Baro-Thermo-Hygrograph)"를 고안하여 온도와 습도뿐만 아니라 기압도 기록하도록 하였다. 이러한 업적으로 그는 영국 왕립기상학회(RMetS)의 시먼스 메달

10) https://en.wikipedia.org/wiki/Richard_Assmann

11) https://en.wikipedia.org/wiki/Arthur_Berson

그림 1-5 독일 기상학자인 휴고 폰 헤르게젤로 고층기상학 분야를 연구하였다.[12)]

(1928)을 수상하였다.

휴고 폰 헤르게젤은 1859년 5월 29일 독일 브롬베르크에서 태어나, 1938년 6월 6일에 베를린에서 사망하였다. 그는 1878년부터 1881년까지 슈트라스부르크 카이저 빌헬름 대학교(Kaiser Wilhelm University)에서 수학, 물리학, 지리학을 공부하였고, 이 대학에서 1887년 박사학위를 받았다. 그 후 그는 알자스-로렌 주에 12개의 기상관측소와 강우관측소를 설립하는 데 노력하였고, 알자스-로렌 주 기상대 초대(1891~1914) 대장으로 활동하였고, 리하르트 아스만에 뒤이어 린덴베르크 고층대기관측소 소장(1914~1932)으로 고층대기관측에 전념하였다. 이 관측소는 상층 대기의 연구, 연과 기구 탐측을 위한 기구 개발, 후에는 비행기 상승을 위한 연구로 유명한 연구센터가 되었다(윤일희, 2006).

1923년 네 번째 뷔스-발로트 메달 수상자는 국제기상기구(IMO) 총재로 활동하였고, 영국 기상대(UKMO)의 대장이었던 윌리엄 쇼(Sir William Napier Shaw, FRS, 1854~1945; 그림 1-6)였다. 그는 현재 '현대 기상학의 아버지' 중의 한 사람으로 불리고 있으며, 1909년 기압단위인 밀리바(mb) 단위를 제안하여 1929년

---

12) 사진 출처: https://de.wikipedia.org/wiki/Hugo_Hergesell

도입하였고, 1915년 열역학선도인 "테피그램(tephigram)"을 개발한 것으로 유명하다.

윌리엄 쇼는 1854년 3월 4일 잉글랜드 중부의 공업도시인 워릭셔 주 버밍엄에서 태어났다. 그는 작은 초등학교에서 초등 교육을 마친 후, 버밍엄에 있는 에드워드 6세 학교에 입학하였다. 그 후 케임브리지 대학교 임마누엘 칼리지(Emmanuel College, Cambridge)에 진학하여 1876년 수학으로 학사학위를 받았다. 그는 케임브리지 대학교(1877~1907) 캐번디시 연구소 교수(1877~1900) 및 물리학과 교수(1900~1907)와 UKMO 대장(1907~1920)을 역임하였다. 이와 더불어 그는 IMO 4대(1907~1923) 총재와 국제측지학 및 지구물리학연합(IUGG)의 기상분과장(1920~1930)으로 활동하였다. 또한 그는 영국 왕립학회(Royal Society) 펠로(1891~1945)로 선출되었고, 영국 왕립기상학회 36대(1918~1819) 회장을 역임하였다. RMetS의 시먼스 금메달(1910)과 왕립학 그는 또한 훌륭한 기상학 교재들

그림 1-6 잉글랜드 버밍엄 출신의 기상학자인 윌리엄 네이피어 쇼로서 영국 기상대 대장(1900~1920)과 36대(1918~1919) 영국 왕립기상학회장을 역임하였다.[13]

---

13) http://www.rmets.org/about/history/presidents.php

을 출판하였다(윤일희, 2007). 여기에는 1925년 존 스위처 오언스(John Switzer Owens, 1871~1941)[14]와 함께 『대도시들의 연기 문제』(Shaw and Owens, 1925)를 저술하였고, 1933년 『날씨의 드라마』(Shaw, 1933)를 단독으로 출판하였다.

윌리엄 쇼는 여러 가지 연구를 시작하였는데 특히 잉글랜드 기상학자인 루돌프 렘퍼트(Rudolf Gustav Karl Lempfert, 1875~1957)[15]와 함께 공기 궤적에 관한 문제를 다루었다(Shaw and Lempfert, 1906). 또한 그는 예보에 사용되던 기법들을 교과서에서도 함께 취급하였다(Shaw, 1911). 그는 날씨와 빈번하게 연관되는 지상 저기압 주변의 기류 내에서 불연속이 존재한다는 것을 알고 이러한 변화를 설명하기 위해 저기압 모델을 제안하였다. 그러나 상층 공기에 대한 그의 연구는 지상 기압 패턴이 9 km 고도에서 일어나는 것에 의해서만 영향을 받는다고 굳게 믿었기 때문에 별 진전이 없었지만, 노르웨이 기상학자인 빌헬름 비에르크네스가 8년 후 "한대전선이론(polar-front theory)"을 제안할 수 있도록 도움을 주었다. 또한 쇼는 농업에 기후가 중요하다고 인식하였고, 곡물 경작에 온도와 강우량이 지배한다는 선구적인 연구를 하였다. 초기 다른 업적들 중에서 지균 원리에 대한 실제 응용과 "활강바람(katabatic wind)"에 대한 개념과 명명이 있었다.

노르웨이 기상학파에서 빌헬름 비에르크네스와 토르 베르셰론 만이 날씨의 예측

---

14) 아일랜드 공학자. 대기오염을 연구함. 아일랜드 더블린 트리니티 칼리지에서 의학으로 학사학위, 석사학위, 1896년 M.D.를 받음. 잉글랜드 더럼과학대학에서 수학함. 포르투갈 산 도밍고 광산 자문 공학자(1912~1917); 영국 기상대(UKMO) 대기오염 연구원(1917~1929); 스페인 리오 틴토 구리광산 자문 공학자(1929~1941) 역임함.

15) 스콜 선에 대해서 연구함. 맨체스터 그래마 스쿨과 케임브리지 대학교 임마누엘 칼리지를 졸업함. 캐번디시 연구소의 조시연자, 영국 기상대(UKMO)(1902~1938)에서 활동함. 영국 왕립기상학회(RMetS) 42대(1930~1931) 회장 역임함. 1912년 『날씨과학』과 1920년 『기상학』을 발간함.

성에 대해서 심도 있게 논의하였고, 1933년 빌헬름 비에르크네스는 날씨 예보를 반석에 올린 공로로 다섯 번째 수상자가 되었다. 1차 세계대전 전, 빌헬름 비에르크네스는 이미 기상학에 유체동역학(hydrodynamics)의 이론을 응용한 유명한 이론가였다. 1904년 그는 라플라스 결정론을 응용하여 미래 날씨를 계산하기 위해서 방정식계를 푼 짧은 노트를 제시하였다. 그는 날씨가 이론적으로 예측할 수 있다고 고려하였지만, 여전히 많은 문제점이 존재한다는 것을 깨닫고 있었다.

여섯 번째 뷔스-발로트 메달은 1948년 노르웨이와 미국 기상학자인 스베르 페테르센(Sverre Petterssen, 1898~1974)에게 수여되었다. 그는 노르웨이 기상학파의 과학자로서 첫 발을 내딛고, 기상학 교수와 훌륭한 교과서의 저자로서 꾸준히 활동하였다. 1930년대 미국에서 예보자 양성에 크게 기여하였고, 2차 세계대전 동안, 1944년 6월 6일 D-Day 작전과 같은 주요 군사 작전을 위한 시니어 기상 자문역으로서 UKMO에서 근무하면서 작전 성공에 기여하였다(윤일희, 2007).

스베르 페테르센은 1898년 2월 19일 노르웨이 북부에 있는 노르란(Norland) 주[16)]의 작은 어촌인 하드셀(Hadsel: 68°32′N, 14°49′E)에서 태어났고, 1974년 12월 31일 잉글랜드 런던에서 사망하였다. 그는 전신국에서 일하면서 중등학교를 마친 다음, 베르겐 기상학교(Bergen School of Meteorology)에 진학하여 기상학으로 1924년 학사학위와 1926년 석사학위를 받았다. 졸업 후, 오슬로 기상대 예보관(1926~1931)으로 근무하였고, 오슬로 대학교(University of Oslo)에서 기압장의 운동학에 관한 것으로서 한대전선 분석을 정량적으로 논의한 논문으로 1933년 Ph.D.(지도교수: 빌헬름 비에르크네스)를 받았다. 이 내용들은 그 다음 해부터 예보관들에게 사용되었다. 베르겐 기상예보대 대장(1931~1939), 미국 매사추세츠 케

---

16) 노르웨이 북부 노르웨이 해에 면해 있는 주로서 주의 3분의 2는 북극권에 속하며, 거주가 가능한 지역은 피오르드가 발달된 해안선을 따라 분포하는 좁은 해안평야에 국한됨.

임브리지 매사추세츠 공과대학교(MIT) 기상학과 학과장(1939~1944), 노르웨이 예보대 대장(1945~1948), 미국 일리노이 주 시카고 대학교(UChicago) 기상학 교수(1952~1961)와 지구물리학과 초대(1961~1963) 학과장으로 활동하였다. 그 후 스웨덴 미국대사관의 과학 담당 공사(1963~1965)로도 근무하였다. 미국 기상학회(AMS) 22대(1958~1959) 회장으로 활동하였고, WMO의 IMO 상(1965)과 영국 왕립기상학회(RMetS)의 시먼스 금메달(1969)을 수상하였다.[17)]

스베레 페테르센은 1939년 미국 매사추세츠 공과대학교(MIT) 기상학과 학과장으로 임명되었고, 여기서 그는 유명한 기상교과서들을 발간하였다. 이들에는 1940년 출판한 종관기상학 교재인 『날씨분석 및 예보』(Petterssen, 1940)와 1941년 출간한 『기상학 개론』(Petterssen, 1941)이 있다. 이들 교재들은 그 후 내용들을 확장하여 개정판들로 나왔다. 1974년 자신의 회고록인 『북쪽으로부터의 냉각』(Petterssen, 1974)을 오슬로에서 출판하였다.

체코슬로바키아 기상학자인 구스타브 스보보다(Gustav Swoboda, 1893~1955; 그림 1-7)는 1954년 기상학 분야에서 국제 협력의 공헌을 인정받아 일곱 번째 뷔스-발로트 메달 수상자로 선출되었다. 그는 노르웨이 기상학파의 열렬한 후원자였고, 체코슬로바키아의 종관기상학과 고층기상기상학을 구축한 사람이었다. 구스타브 스보보다는 1924년 토르 베르세론과 함께 대기권 내의 파동과 소용돌이에 관한 논문(Bergeron and Swoboda, 1924)을 발표하였고, 1940년 러시아 기상학자 겸 기후학자인 세르게이 크로모브(Sergei Petrovich Chromov, 1904~1977)[18)]와

---

17) https://en.wikipedia.org/wiki/Sverre_Petterssen

18) 'Sergei Petrovich Khromov'로도 표기함. 종관기후학과 종관기상학, 날씨예보, 대기대순환, 열대기상학을 연구함. 모스크바 대학교(MSU)에서 1928년 Ph.D.를 받음. 모스크바 기상국(Moscow Weather Bureau)과 중앙예보연구소(Central Institute of Forecasting) 기상학자; 레닌그라드 대학교(LSU) 기상학 및 기후학 교수(1946~1953); MSU 기상학 및 기

그림 1-7 체코와 스위스 기상학자로서 WMO 초대 사무총장을 역임한 구스타브 스보보다의 초상화.[19)]

슬로바키아의 기상학자 겸 기후학자인 미쿨라슈 콘체크(Mikuláš Konček, 1900~1982)[20)]와 함께 저명한 교재인 『종관기상학(*Synoptic Meteorology*)』을 출판하였으며, 1937년 세계 최초의 교과서인 『항공기상학(*Aeronautical Meteorology*)』을 출판하였다. 그는 1938년부터 IMO의 간사로 활동하였고, 2차 세계대전 후에는 WMO 초대(1952~1955) 사무총장을 역임하였다.

후학 교수(1958~1973) 역임함. 1940년 구스타브 스보보다와 미쿨라슈 콘체크와 함께 저명한 교재인 『종관기상학(Synoptic Meteorology)』을 저술하였고, 1955년 마몬토바(L. I. Mamontova)와 함께 소비에트 연방 최초의 기상사전을 편찬함.

19) https://public.wmo.int/en/about-us/secretariat

20) 1900년 4월 12일 러시아 상트페테르부르크에서 태어나 1982년 8월16일 슬로바키아 브라티슬라바에서 사망함. 종관기상학을 연구함. 체코 프라하 까를 대학교에서 1925년 박사학위와 슬로바키아 대학교에서 1943년 교수자격학위를 받음. 덴마크 코펜하겐 대학교(KU) 기상학 · 기후학 연구소(Institute of Meteorology and Climatology) 연구원(1924~1926); 체코 프라하 국립기상연구소(State Meteorological Institute) 과학자(1926~1937)와 소장(1937~1939); 슬로바키아 브라티슬라바 국립수문학기상학연구소(State Institute of Hydrology and Meteorology) 창립소장(1939~1950); 슬로바키아 대학교 지리학과 학과장(1951~1952), 물리학과 학과장(1953~1954), 학장(1948~1951, 1951~1954), 기상학 · 기후학 연구소 소장(1957~1970) 역임함.

1965년, 핀란드의 귀족이고 기상학자인 에릭 팔멘(Friherre Erik Herbert Palmén, 1898~1985; 그림 1-8)에게 여덟 번째 뷔스-발로트 메달이 수여되었다. 에릭 팔멘은 1898년 8월 31일 핀란드 바사(Vaasa)에서 태어나, 1985년 3월 19일 사망하였다. 그는 헬싱키 대학교(University of Helsinki)에서 1927년 천문학, 물리학, 수학으로 Ph.D.를 받았다. 그 후 핀란드 해양연구소(Institute of Marine Research)(1922~1947) 연구원 및 소장(1939~1947), 헬싱키 대학교 교수(1947~1985), 미국 일리노이 주 시카고 대학교(UChicago) 기상학 방문교수(1946~1948)와 캘리포니아 대학교(로스앤젤레스)(UCLA) 기상학 방문교수(1953~1954)로 활동하였다. 에릭 팔멘은 핀란드 기상학자 중에서 가장 유명한 사람이었다. 그는 노르웨이 기상학자인 빌헬름 비에르크네스와 함께 저기압과 전선에 관해서 연구하였다.

2차 세계대전 후, 방문 과학자로서 미국 일리노이 주 시카고 대학교 방문 교수 시절, 시카고 기상학파의 기상학자들과 함께 활동하였다. 그의 특별한 공헌은 상부 대류권의 강한 바람의 존재를 굽이치는 "제트류(jet stream)"로서 확인한 것이다. 이것은 중위도 기압계의 발달을 이해하는 데 중대한 단계로의 진입을 의미하는 것이

그림 1-8 핀란드 기상학자인 에릭 팔멘으로 대기대순환 연구에 공헌하였다.[21]

21) http://www.blf.fi/artikel.php?id=7113

다. 이외에도, 시카고 기상학파는 수치 방법으로 일기예보를 이루고자 하였다. 그들은 빌헬름 비에르크네스의 라플라스 결정론을 여전히 따르고 있었다. 이는 날씨의 예측성의 범위가 단지 초기 조건의 관측 값의 결함과 모델 자체의 결함에 의해서 제안된다는 의미이다. 다시 말하면, 예측성의 한계는 과학적인 문제가 아니라 비용 문제로서 귀결되었다.[22]

에릭 팔멘은 핀란드 학술원 정회원(1948~1985)으로 선출되었고, 미국 기상학회(AMS)의 카를-구스타프 로스비 연구메달(1960)을 공동 수상하였고, WMO의 IMO 상(1969)을 수상하였다. 1969년 에릭 팔멘과 그의 제자인 체스터 뉴턴(Chester W. Newton, 1920~2002)[23]과 함께 편찬한 책인 『대기 순환 시스템: 구조와 해석』(Palmén, 1969)은 여전히 전 세계 대학교에서 교과서로 사용되고 있다.[24]

1973년, 아홉 번째 뷔스-발로트 메달을 수여받은 조지프 스마고린스키(Joseph Smagorinsky, 1924~2005; 그림 1-9)는 명실 공히 수치예보의 발달에 공헌한 과학자이고, 또한 대기대순환의 연구를 위해 수치 모델을 채택한 선구자였다.

러시아계 미국인 1세대인 조지프 스마고린스키는 1924년 1월 29일에 뉴욕 주 뉴욕시티 맨해튼에서 태어나, 뉴저지 주 힐즈버러 타운십에서 2005년 9월 21일에 사망하였다. 그는 뉴욕 주 뉴욕시티 스터비샌트 고등학교(Stuyvesant High School)를 다녔고, 고등학교 졸업 후 공군에 입대하여 복무를 마친 후 기상학을 전공하기 위해

---

22) Tellus, 1985: In Memoriam: Erik Herbert Palmén. 37(A), 391-382.

23) 종관기상학(synoptic meteorology) 분야의 전문가. 일리노이 주 시카고 대학교에서 1951년 기상학으로 Ph.D.(지도교수: 에릭 팔멘)를 받음. 콜로라도 주 볼더 국립대기연구센터(NCAR)(1963~2002)에서 활동함. 미국 기상학회(AMS) 38대(1979) 회장을 역임하였고, 카를-구스타프 로스비 연구메달(1995)을 수상함.

24) http://en.wikipedia.org/wiki/Erik_Palmén

그림 1-9 미국 기상학자인 조지프 스마고린스키는 수치예보의 선구자이다. 미국 국립해양대기청(NOAA)에 지구물리유체역학연구소(GFDL)를 창설하여 소장(1955~1983)으로 활동하였고, 미국 기상학회(AMS) 회장(1986)을 역임하였다.[25)]

뉴욕대학교(NYU)에 입학하여 기상학으로 1947년 학사학위(B.Sc.) 1948년 석사학위(M.Sc.), 1953년 Ph.D.(지도교수: 베른하르트 하우르비츠)를 받았다. 대규모 열원과 흡원의 역학적인 영향에 관한 그의 박사학위 논문(Smagorinsky, 1953)은 1950년대 초 뉴저지 주 프린스턴 고등연구소(IAS)에서 수행되었다. 여기서 그는 여러 과학자 중에서 헝가리 태생 미국 수학자 겸 물리학자인 요한 폰 노이만(Johann Ludwig von Neumann, 1903~1957)[26)]의 영향을 크게 받았다.

조지프 스마고린스키는 그곳에서 초기 현대 컴퓨터를 접하게 되었고 과학연구에 컴퓨터 사용의 가능성을 실현시켰다. 1953년 그는 미국 기상국에 들어와 1955년까지

---

25) https://en.wikipedia.org/wiki/Joseph_Smagorinsky

26) John von Neumann으로도 표기함. 고속전자계산기인 MANIAC(mathematical analyzer, numerical integrator and computer)을 개발함. 스위스 취리히 스위스연방공과대학교(ETH Zürich)에서 화학공학으로 학사학위와 헝가리 파즈마니 페테르 대학교에서 Ph.D.(지도교수: 리포트 페에르)를 받음. 독일 베를린 대학교 사강사; 미국 뉴저지 주 프린스턴 대학교 교수(1930~1933), 뉴저지 주 프린스턴 고등연구소(IAS) 교수(1933~1957) 역임함. 미국 수학회(AMS)의 31대(1951~1952) 회장을 역임하였고, 보셔 메모리얼 상(1938)을 수상함. 미국 기상학회(AMS)의 카를 구스타프 로스비 연구메달(1955)과 엔리코 페르미 어워드(1956)를 수상함. 1932년 『양자역학의 수학적 기초』"와 1937년 『연속기하학에 관한 강의』를 저술함.

여러 직책을 맡았다. 1955년 그는 워싱턴 D.C.에 대기대순환연구과를 창설하였고, 이곳은 1959년 대기대순환연구소(General Circulation Research Laboratory)로 개명되었다. 1963년 스마고린스키는 날씨와 기후를 완전히 이해하는 데 필요한 여러 분야에 대한 연구를 시행하기 위해서 지구물리유체역학연구소(Geophysical Fluid Dynamics Laboratory; GFDL)로 다시 이름을 바꾸었다. GDDL은 곧 대기대순환을 비롯한 상층대기의 화학, 해양 순환, 허리케인, 행성대기를 연구하는 연구 그룹을 갖추게 되었다. 1968년 연방정부 기관인 국립해양대기청(NOAA)에 의해서 운영되던 GFDL은 프린스턴 대학교 포레스털 캠퍼스(Forrestal Campus)로 이전하였고, 스마고린스키는 지구물리과학과의 교수가 되었다. 그의 연구는 전 세계에 걸쳐 수치날씨예보의 실행에 깊은 영향을 미쳤다. 그의 연구 그룹에서 개발한 기후 모델은 기후 변화에 영향을 미치는 인간의 가능성에 대해서 폭넓은 이해를 가져오도록 하였다.

조지프 스마고린스키는 30년 넘게 GFDL에 관여하였다. 그는 절대적인 과학 본연의 사명을 창조하고 유지시켰으며 최고를 추구하는 최고의 과학자였을 뿐만 아니라 노련한 행정가로서 GFDL 연구원들을 고무시켰다. 그는 연구원들을 지명하였고 항상 그들을 잘 지원하기 위해 불철주야 노력하였다. 특히 그는 연구원들이 초고속컴퓨터를 사용할 수 있도록 배려하여 수많은 수치 모델에 관한 논문들을 연구원들과 함께 발표하였다. 특히 그는 초기 연구조원이었던 슈쿠로 미나베(Syukuro Manabe, 1931~)[27]와 함께 많은 논문(예; Manabe *et al.*, 1965)을 발표하였다. 1965년

27) 일본과 미국 기상학자 겸 기후학자로서 대기 · 해양결합모델의 대순환모델을 개발하여 기후변동의 연구에 적용함. 일본 도쿄 대학교에서 1953년 학사학위(B.A.), 1955년 석사학위(M.A.), 1958년 박사학위(D.Sc.)를 받음. 미국 기상국(USWB) 대기대순환 연구과 연구기상학자(1958~1963); 미국 국립해양기상청(NOAA) 지구물리유체역학연구소(GFDL) 기후역학 및 예측 그룹 시니어 연구 기상학자(1963~1997); 일본 지구변화 프런티어 연구시스템(FRSGC) 지구온난화 연구부 책임자(1997~2001); 일본해양지구과학기술원

조지프 스마고린스키, 슈쿠로 마나베, 존 홀러웨이 주니어(John Leith Holloway Jr., 1927~2011)[28]가 공동으로 발표한 「9층 원시 방정식 모델로 구한 GCM 수치결과」는 이 분야의 고전적인 논문(Smagorinsky *et al.*, 1965)으로 기상학의 미래 발전에 크게 공헌하였다. GFDL에 공헌한 그의 노력으로 전 세계 모델링 분야에서 걸출한 연구 성과를 계속 만들어 내었다. 그는 1983년 연구소장을 은퇴하였지만, 1998년까지는 프린스턴 대학교 대기과학과 해양과학과의 방문 시니어 펠로로 활동하였다.[29]

1963년에 발표된 그의 초기 논문(Smagorinsky, 1963)에서 그는 비선형 에너지 소산 항을 유도하기 위해서 수평 등방성 난류 모델인 "스마고린스키 모델(Smagorinsky Model)"을 도입하였다. 이 모델은 그 후 많은 연구자들이 사용하였다. 일생동안 스마고린스키는 난류 스펙트럼에 대해서 지속적인 관심을 보였고 마지막 몇 년간 그의 연구 주제로서 보고되고 있다.

(JAMSTEC) 컨설턴트(2002~2007); 미국 뉴저지 주 프린스턴 대학교 대기과학 및 해양과학 프로그램(AOS) 전임강사(1968~1997), 방문공동연구원(2002~2003), 시니어 기상학자(2005~) 역임함. 미국 국립과학원(NAS) 정회원(1990~), 캐나다 왕립학회(RSC) 외국인 회원(1995~), 일본 학술원 외국인 회원(2009~)으로 선출됨. 미국 기상학회(AMS)의 후반세기 어워드(1977)와 카를-구스타프 로스비 연구메달(1992), 아사히 글라스 재단의 초대 푸른 행성 상(1992), 미국 지구물리연합(AGU)의 로저 르벨 메달(1993)과 윌리엄 보위 메달(2010), 볼보 재단의 볼보 환경 상(1997), 유럽지구물리학회(EGS)의 밀루틴 밀란코비치 메달(1998), 프랭클린 연구소의 벤저민 프랭클린 메달(2015)을 수상함.

28) 미국 기상학자로서 수치기후모델(numerical climate model) 분야를 연구함. 매사추세츠 주 케임브리지 매사추세츠 공과대학교(MIT)에서 1953년 기상학으로 석사학위를 받음. 미국 기상국(USWB)(1955~1983) 과학서비스부(Scientific Services Division) 시스템분석과(Systems Analysis Section)와 국립해양대기청(NOAA) 지구물리유체역학연구소(GFDL)에서 활동함.

29) http://www.princeton.edu/main/news/archive/S12/80/04Q22/index.xml?section=topstories

조지프 스마고린스키는 국내와 국제 기상학계에 널리 알려지게 되었다. 그는 기상학과 기후를 위한 미합중국 국가 위원회의 저명한 위원이었다. 2003년 스마고린스키는 지구과학 분야의 벤저민 프랭클린 메달을 국립기상대 소속 국립기상센터의 수석 연구원이었던 노먼 필립스(Norman A. Phillips, 1923~)[30]와 공동으로 수상하였다. 국제적으로 그는 전 세계 대기연구프로그램(GARP)을 위한 합동 결성 위원회의 창설 멤버였고 1976년 위원장을 역임하였다. 1968년 수치 실험에 대한 운영 그룹의 초대 그룹 장이었기 때문에, 그는 GARP의 성공에 주도적인 역할을 하였다. 1980년 세계 기후 연구 프로그램(WCRP)의 발족으로 그는 합동 과학 위원회의 초대 위원장이 되었다. 그에게 부여된 다른 임무에도 불구하고 이러한 국제적인 의무에도 성심성의껏 참여하여 공헌하였다.

영국 왕립기상학회(RMetS)에 1953년 논문을 투고한 인연으로 그는 왕립기상학회에 지속적으로 관심을 보였고, 1969년 RMetS와 AMS가 공동으로 개최한 콘퍼런스에서 「대기의 대기대순환」이란 논문을 발표하였다. 1986년 그는 AMS 회장으로 활동하면서 대기와 해양 변동성에 관한 콘퍼런스를 계획하기도 하였다. 그는 1981년 RMetS로부터 시먼즈 기념 메달을 수상하였고, 1988년 명예회원이 되었다.

1984년, 열 번째 뷔스-발로트 메달은 덴마크 기상학자인 악셀 빈-닐센(Aksel Christopher Wiin-Nielsen, 1924~2010; 그림 1-10)에게 수여되었다. 빈-닐센은 1924년 12월 17일 덴마크 유엘스미데에서 태어나, 2010년 4월 26일 덴마크

30) 미국 기상학자로서 수치날씨예보 분야를 연구함. 기후의 대기대순환 모델(General circulation model of climate)을 최초로 성공함. 일리노이 주 시카고 대학교(UChicago)에서 1947년 학사학위(B.Sc.), 1947년 석사학위(M.Sc.), 1951년 기상학으로 Ph.D.를 받음. 미국 국립해양대기청(NOAA) 국립기상대(NWS) 국립기상센터(NMC)에서 연구 활동함. 매사추세츠 주 케임브리지 매사추세츠 공과대학교(MIT) 기상학과 교수 및 학과장 역임함. 미국 기상학회(AMS)의 카를 구스타프 로스비 연구메달(1971)과 프랭클린 연구소(Franklin Institute)의 지구과학 분야 벤저민 프랭클린 메달(2003)을 공동 수상함.

그림 1-10 덴마크 기상학자인 악셀 빈-닐센은 수치예보 분야에서 많은 활동을 하였다.[31]

코펜하겐에서 85세의 나이로 사망하였다. 그는 대기역학, 대기에너지학, 수치날씨예보를 연구하였다. 그는 덴마크 코펜하겐 대학교(KU)에서 1947년 수학으로 학사학위(B.Sc.), 1950년 석사학위(M.Sc.), 스웨덴 스톡홀름 대학교(University Stockholm)에서 1960년 기상학으로 Ph.D.(지도교수: 카를-구스타프 로스비)를 받았다. 그는 라그나르 피외르토프트(Ragnar **Fjørtoft**, 1913~1998)[32] 교수의 과학조교로서 경력을 쌓기 시작하여, 덴마크 기상연구소(DMI) 스태프 기상학자(1952~1955), 스웨덴 스톡홀름 기상학연구소(Institute of Meteorology)에서 연구기상학자(1955~1958)로 활동하였다.

악셀 빈-닐센은 15년 동안 미국 워싱턴 D.C. 합동수치날씨예보단(JNWPU) 스태프 멤버(1959~1961), 미국 콜로라도 주 볼더 국립 대기연구센터(NCAR) 연구

31) https://public.wmo.int/en/about-us/secretariat/previous-secretary-generals-of-wmo
32) 노르웨이 기상학자로서 수치날씨예보 분야에 대한 선구적인 연구를 수행함. 오슬로 대학교(University of Oslo)를 졸업함. 덴마크 코펜하겐 대학교(KU) 이론기상학 교수(1950~1955), 노르웨이 기상대(MET Norway) 대장(1955~1978), 오슬로 대학교 기상학 교수(1967~1983)를 역임함. 노르웨이 학술원(DNVA) 정회원(1956~1998)으로 선출됨. 세계기상기구(WMO)의 IMO 상(1991)을 수상함.

스태프 멤버(1961~1963), 미국 미시간 주 앤아버 미시간 대학교(U-M) 기상해양학과 교수 겸 학과장(1963~1971), 노르웨이 베르겐 대학교(University of Bergen) 이론기상학 교수(1971~1972), U-M 이론기상학 교수(1972~1974)로 활동하였다. 그 후 유럽으로 돌아와 잉글랜드 레딩 유럽중기예보센터(ECMWF) 초대(1974~1979) 센터장, 스위스 제네바 세계기상기구(WMO) 3대(1980~1983) 사무총장, 덴마크 기상연구소(DMI) 소장(1984~1987), KU 기상학 교수(1988~1994) 및 지구물리학과 명예교수를 역임하였다.

그는 유럽지구물리학회(EGS) 회장(1990~1992)을 역임하였고, 스웨덴 왕립과학원(Royal Swedish Academy of Sciences) 정회원과 미국 기상학회(AMS) 펠로로 선출되었다. 스웨덴 지구물리학회(Swedish Geophysical Society)의 로스비상(1985)을 수상하였고, 칭-창 첸(Tsing-Chang Chen, c. 1942~)[33]과 함께 1993년 『대기에너지학의 기초』(Wiin-Nielsen and Chen, 1993)를 출판하였다.

자연 또는 인공이 기원하였던 간에 기후 내의 작은 경향에 대한 연구에는 대기 중에서 복사와 상호작용하는 기체와 에어로졸을 반영하는 모델을 구축해야만 한다. 이 분야에 대한 탁월한 연구를 인정받은 베에라브하드란 라마나단(Veerabhadran Ramanathan, 1945~; 그림 1-11)은 1995년 열한 번째 뷔스-발로트 메달 수상자가 되었다.

1970년대 클로로플로오르카본(CFCs)의 "온실효과(greenhouse effect)"를 발

33) 타이완 태생 미국 기상학자로서 기상역학을 연구함. 타이완 국립대만대학교(NTU)에서 1965년 물리학으로 학사학위(B.Sc.), 타이완 국립중앙대학교(NCU)에서 1968년 지구물리학으로 석사학위(M.Sc.), 미국 메릴랜드 주 볼티모어 존스 홉킨스 대학교(JHU)에서 1972년 지구물리유체역학으로 석사학위(M.A.)와 미국 미시간 주 앤아버 미시간 대학교(U-M)에서 1975년 대기과학(기상역학)으로 Ph.D.를 받음. 아이오와 주 에임스 아이오와 주립대학교(ISU) 문리과대학 지질대기과학과 교수 역임함.

그림 1-11 인도 태생의 미국 대기과학자인 베에라브하드란 라마나단은 CFCs의 온실효과를 발견하였다.[34]

견한 것으로 유명한 라마나단은 1944년 11월 24일에 인도 타밀나두 주 바이가이 강 제방에 위치한 마두라이에서 태어났다. 그는 인도 안나말라이 대학교(Annamalai University)에서 공학으로 학사학위(B.Sc.), 인도과학연구소(IIS)에서 석사학위(M.Sc.), 미국 뉴욕주립대학교(스토니브룩)(SUNY-Stony Brook)에서 Ph.D.(지도교수: 로버트 세스)를 받았다. 미국 캘리포니아 주 라호야 캘리포니아 대학교(샌디에이고)(UCSD) 스크립스 해양연구소(SIO) 기후, 대기과학, 해양물리연구부(CASPOD) 응용해양과학 빅터 앨더슨 석좌교수 겸 대기과학센터(CAS) 센터 장을 역임하였다. 그는 환경업적 분야 타일러 상(2009)과 미국 기상학회(AMS)의 카를-구스타프 로스비 연구메달(2002)을 수상하였다.

2004년 5월 12일, 열두 번째 뷔스-발로트 메달 수상자는 미국 기상학자인 에드워드 로렌츠(Edward Norton Lorenz, ForMemRS, 1917~2008; 그림 1-12)로 결정되었다. 그 당시 그가 와병 중이였기 때문에, 메달은 그의 딸에게 수여되었다. 그의 공헌은 날씨의 비선형 역학 시스템과 예측성 그리고 대기대순환에 관한 것이었

34) 사진 출처: http://www.ondacero.es/programas/mas-de-uno/audios-podcast/entrevistas/veerabhadran-ramanathan_20160621576912 2f6584a88907b1620b.html

그림 1-12 미국 기상학자인 에드워드 로렌츠는 카오스 이론의 창시자이다.

다. 1967년 이런 주제로 집필된 WMO 논문집(monograph)(Lorenz, 1967)은 조지 해들리 시대로부터 대기대순환에 관한 이론들을 논평(review)한 것이다. 여기서 그는 기상학의 역사적인 발달에 큰 관심을 표명하였다. 다행히도 2005년 12월에 로렌츠는 네덜란드를 방문할 수 있게 되어 UU와 KNMI에서 세미나를 개최하였다. 이들 세미나로부터 그는 많은 열광적인 환영과 존경을 받게 되었다.

1960년 로렌츠는 대기 중의 대류 계산 과정에서 수학적인 지름길을 취하였을 때 그 영향이 실제보다 크게 나타나는 효과를 발견하였다. 이것은 수천 가지에서 한 부분만 빠져도 그 효과가 매우 다른 날씨 패턴을 나타내는 결과를 가져온다는 것이었다. 더 간단한 컴퓨터 모델로서 연구를 계속한 결과, 그는 일종의 기하학적 구조로 발생하는 것을 감지하기 시작하였다. 이것이 20년 후 카오스(chaos) 연구의 태생이 되있다.

1963년 로렌츠는 그의 결론을 담은 논문 「결정론적 비주기 흐름(*Deterministic Non-periodic Flow*)」을 미국 기상학회 학회지인 『대기과학 저널(*Journal of Atmospheric Sciences*)』에 게재하였다(Lorenz, 1963). 소위 말하는 "나비 효과(butterfly effect)"에 관한 로렌츠의 발견은 수학자, 물리학자, 물리 과학자 사이에 폭넓게 영향을 미치게 되었다. 공식적으로 초기 조건에 대한 민감도로 알려진 나비 효과는 예측하기 어렵고 또한 작은 변화 또는 섭동에 극도로 민감한 날씨와 같은 시스템을 설명한다. 이론적으로는 중국에서 나비가 날개 짓을 하면 수주일 후 미국 대륙 상공의 날씨 패턴에 영향을 줄 수 있다. 물론 예측할 수 있는 것이 아니라 대기 중의 작은 요란이 시간이 지남에 따라 극적으로 성장할 수 있다는 감각적인 방법으로 이루어진다.

에드워드 로렌츠의 업적은 현업 기상학(Operational Meteorology)에 큰 영향을 미쳤다. 시카고 기상학파에 따른 결정론적인 예보는 로렌츠의 발견에 기초한 확률 예보로 대체되었다. 오늘날, 수십 개의 결정론적 계산들의 앙상블은 초기 조건들이 아주 작은 차이로 수행된다(Lablans and Oerlemans, 2006).

2014년 열세 번째 뷔스-발로트 메달은 잉글랜드의 기상학자인 브라이언 호스킨스(Professor Sir Brian John **Hoskins**, FRS, 1945~ ; 그림 1-13)에게 수여되었다. 브라이언 호스킨스는 1945년 5월 17일 잉글랜드 브리스틀에서 태어나, 일생 동안 기상역학과 기후학 분야를 연구하였다. 그는 잉글랜드 케임브리지 대학교(University of Cambridge)에서 수학으로 1966년 학사학위(B.A.)와 1970년 Ph.D.(지도교수: 프랜시스 브레서턴)를 받았다. 그는 잉글랜드 레딩 대학교(University of Reading) 대기모델링 부교수(1976~1981)와 기상학 교수(1981~), 임페리얼 칼리지 런던(ICL) 그랜섬 기후변화 연구소(Grantham Institute

그림 1-13 잉글랜드 기상학자인 브라이언 호스킨스는 기상역학과 기후학 분야를 연구하였다.[35]

for Climate Change) 초대(2008~2014) 소장을 역임하였다. 그는 국제기상학·대기과학협회(IAMAS) 회장(1991~1995)을 역임하였고, 영국 왕립학회(Royal Society) 펠로(1988~)로 선출되었고, 연구교수(2001~)로 활동하고 있다. 그 외에도 미국 기상학회(AMS) 펠로(1985~)와 미국 국립과학원(NAS) 정회원(2002~)으로 선출되었고, 영국 왕립기상학회(RMetS) 76대(1998~ 2000) 회장을 역임하였다. 영국 왕립기상학회의 리처드슨 상(1972), 버컨 상(1976), 시먼스 금메달(2006)과 카를-구스타프 로스비 연구메달(1988), 영국 물리학회(IOP)의 찰스 크리 메달 및 상(1987)을 수상하였다. 그는 2014년 레딩대학교 명예교수인 이안 제임스(Ian N. James)와 함께 『중위도 대기의 유체역학』(Hoskins and James, 2014)을 출판하였다.

35) 사진 출처: http://www3.imperial.ac.uk/newsandeventspggrp/imperialcollege/newssummary/news_27-9-2013-15-14-9

Chapter 02

이온권을 연구한 스코틀랜드 기상학자

밸푸어 스튜어트

스코틀랜드 기상학자 겸 지구물리학자인 밸푸어 스튜어트(Balfour Stewart, 1828~1887; 그림 2-1)가 11년에 걸쳐 기상학에 대해 직접적으로 남긴 공헌의 대부분은 그가 큐 관측소(Kew Observatory, 그림 2-2)의 소장과 1860년대 말 영국 왕립학회(Royal Society) 기상위원회의 서기를 맡고 있던 시절이었다. 큐 관측소 출신의 영국 기상대(UKMO) 사무총장은 "존 웰시(John Welsh, FRS, 1824~1859)[1], 밸푸어 스튜어트, 윌리엄 크리(Sir William Chree, 1858~1936)[2], 조지 휘플(George Matthews Whipple, 1842~1893)[3]과 로버트 휘플(Robert

---

1) 스코틀랜드 기상학자. 스코틀랜드 에든버러 대학교를 1842년 졸업함. 잉글랜드 큐 관측소(Kew Observatory) 감독관(1853~1859) 역임함. 영국 왕립학회 펠로(1857~1859)로 선출됨.

2) 스코틀랜드 기상학자. 지자기 분야를 연구함. 스코틀랜드 애버딘 대학교와 잉글랜드 케임브리지 대학교에서 수학과 물리학을 공부함. 케임브리지 대학교 킹스 칼리지 연구 펠로와 수학 스칼라, 캐번디시 연구소(Cavendish Laboratory)에서 활동함. 영국 왕립기상학회 38대(1922~1923) 회장을 역임함. 영국 왕립기상학회 38대(1922~1923) 회장을 역임함.

그림 2-1 스코틀랜드 에든버러 출생의 물리학자 겸 기상학자인 밸푸어 스튜어트는서 지자기와 태양 물리학에 중요한 기여를 하였다.

Stewart Whipple, 1871~1953)[4] 부자와 같은 우수한 사람의 지도력 때문에 기상학 분야의 많은 혁신이 잉태하였거나 그곳에서 발달하였다."라고 적고 있다(Mason, 1969). 또한 그는 "지자기(terrestrial magnetism)"와 "태양 물리학(solar physics)"에 중요한 기여를 하였다(Wilson, 2002).

밸푸어 스튜어트는 1828년 11월 1일 스코틀랜드 에든버러(Edinburgh)[5]에서

---

3) 영국(잉글랜드) 기상학자. 지자기 분야를 연구함. 런던 대학교 킹스 칼리지에서 1871년 학사 학위(B.Sc.)를 받음. 큐 관측소(Kew Observatory) (1858~1893) 자기 조수(1862~1863), 수석조수(1863~1876), 감독관(1876~1893)을 역임함.

4) 영국(잉글랜드) 과학 측기 수집가. 큐 관측소(Kew Observatory) 조수 역임함. 1944년 휘플 과학사 박물관(Whipple Museum of the History of Science)을 창립함.

5) 영국(스코틀랜드) 로디언 주의 주도. 면적은 264 ㎢, 인구는 44만 9000명(1996년 현재)이다. 스코틀랜드 행정·문화의 중심지이며, 옛 스코틀랜드 왕국의 수도이다. 런던 북쪽 629 km, 글래스고 동쪽 70 km, 북해의 포스 만 남쪽 해안에 있다. 해류와 편서풍의 영향으로 기후가 온화하여 겨울에도 월평균기온이 4 ℃이고 여름은 14 ℃이다.

그림 2-2 영국(잉글랜드) 런던(51°28'N, 0°19'W)에 있는 큐 기상관측소(Kew Observatory)는 조지 3세에 의해서 건립되어 처음에는 천문대로 사용되었다.

차 상인의 아들로 태어났다. 그는 세인트 앤드류(St. Andrew)의 학교에 다녔고, 던디 대학교(University of Dundee)와 에든버러 대학교에 입학하였다. 그러나 항상 그가 상업에 종사하길 원한 가족으로 인해 그는 학위를 취득하지 못하고 에든버러를 떠나 도매상인(Leith merchant)이 되었다. 1855년 그는 그의 사촌 제임스 밸푸어(James Balfour)와 함께 장사 경력을 쌓기 위하여 오스트레일리아로 갔다. 그러나 빅토리아의 철학학회에 과학 논문을 제출했던 그의 마음은 이미 과학으로 꽉 차 있었다(Tait, 1887). 그리고 1년 후 그는 장사를 포기하고 집으로 돌아 왔다.

밸푸어 스튜어트는 아주 짧은 기간 큐 기상관측소에서 조수로 일하였다. 그런 다음 제임스 포브스(James David Forbes, 1809~1868)[6] 교수 밑에서 학위를 취득

6) 영국(스코틀랜드) 지구물리학자, 빙하학자. 열의 전도와 지진학을 연구함. 1842년 지진계(seismometer)를 최초로 발명함. 스코틀랜드 에든버러 대학교를 졸업함. 에든버러 대학교 자연철학 교수(1833~1860), 세인트앤드루스 대학교 연합대학(United College) 총장(1860~1868)을 역임함. 에든버러 왕립학회의 펠로(1828~1868)로 선출되었고, 키스 상(1833~1835, 1841~1843, 1863~1865)을 수상함. 영국 왕립학회 펠로(1832~1868)로 선출되었고, 럼퍼드 메달(1838)과 로열 메달(1843)을 수상함.

하기 위해서 에든버러 대학교로 되돌아 왔다. 또한 그는 포브스의 조수로서 수업과 연구를 하였다. 포브스의 제안에 따라 그는 그 당시 물리학에서 열띤 주제였던 복사에 관해서 연구하였다. 이것에 대한 스튜어트의 공헌은 후에 상당히 중요한 것으로 인식되어 1868년 이 업적으로 영국 학술원으로부터 럼퍼드 메달(Rumford Medal; 그림 2-3)을 수여받았다(Tait, 1887).

에든버러에서 일하고 있던 동안, 밸푸어 스튜어트는 기상학에 대해서 흥미를 가지기 시작하였다. 1838년 그는 영국 학술협회(British Association)에 제출할 기상학의 사정에 관한 상세한 보고서를 준비하였다(Shaw, 1927). 그는 또한 빙하에 대해서도 전문가였다. 분명하게 밸푸어 스튜어트는 기상학과 지구물리학에 강한 매력을 가지고 있었다. 그 이유는 1859년 그가 에든버러를 떠나 존 웰시의 뒤를 이어 큐 기상관측소감독관(Superintendent) 자리로 옮겨간 것으로 미루어 알 수 있다.

큐 기상관측소에 도착했을 때, 밸푸어 스튜어트는 큐 기상관측소가 대단히 활동적인 과학 단체라는 것을 그 자신 스스로 발견하였다. 1849년 영국 학술협회는 관측소를 운영할 큐 위원회(Kew Committee)를 설립하였다. 시작부터 이 위원회의 위원들은 매우 활동적이었다. 특히 에드워드 사빈(General Sir Edward Sabine, FRS,

그림 2-3 1800년에 제정된 영국 왕립학회의 럼퍼드 메달은 짝수 년에 물질의 열적 성질 또는 광학 성질의 분야에서 중요한 발견을 한 과학자에게 수여된다.

1788~1883)[7]과 두 명의 부유한 사업가 겸 과학자인 존 개시오(John Peter Gassiot, FRS, 1874~1942)[8]와 워런 드 라 뤼(Warren De la Rue, FRS, 1815~1889)[9]는 정기적으로 관측소를 방문하였고, 직접 그들이 실험도 하였다.

큐 기상관측소의 기록은 비록 측기 교체와 설치가 변경되었다 하더라도 1842년부터 연속적으로 이루어지고 있다. 예를 들면, 초기에 기온은 관측소의 북문 근처에 설치된 글레이셔 스탠드에서 측정되었다. 이것은 직사광선을 피하기 위해 손으로 돌리도록 만들어졌다. 1854년 존 웰시는 이것을 그 자신이 고안한 비늘창 스크린으로 교체하였고 난간으로부터 눈금을 읽기 편하도록 가까운 곳에 위치하도록 하였다. 1851년 프랑스 물리학자 겸 화학자인 앙리 르뇨(Henri Victor Régnault, ForMemRS, 1810~1878)[10]가 표준 온도계와 검정용 장비들을 제공하여 큐 기상

---

7) 아일랜드 천문학자, 과학자, 측지학자, 탐험가. 지자기장 연구의 선구자. 울리치 왕립사관학교(RMA)를 졸업함. 큐 천문대(Kew Observatory) 대장을 역임함. 영국 왕립학회 펠로(1818~1883)로 선출되었고, 30대(1861~1871) 회장을 역임함. 코플리 메달(1821)과 로열 메달(1849)을 수상함. 스웨덴 왕립과학원(RSAS) 외국인 회원(1867~1883)으로 선출됨. 프랑스 과학원의 랄랑드 상(1826)을 수상함.

8) 영국(잉글랜드) 사업가이자 아마추어 과학자. 전기학에 관심을 가짐. 영국 해군(Royal Navy)에서 수습장교로 복무함. Martinez Gassiot & Co.의 공동 설립자. 1837년에 설립된 런던전기학회(London Electrical Society)에 중추적인 역할을 함. 영국 왕립학회(Royal Society) 펠로(1841~1877)로 선출되었고, 로열 메달(1863)을 수상함.

9) 영국(잉글랜드) 천문학자, 화학자. 천문 사진술(astronomical photography)의 개척자로 알려짐. 태양 물리학을 연구함. "달 분화구 드 라 뤼(lunar crater De La Rue)"로 유명함. 사설 천문대를 설치하여 관측함. 영국 왕립화학학회(RSC) 14대(1867~1869)와 20대(1879~1880) 회장 역임함. 영국 왕립학회(Royal Society) 펠로(1850~1889)로 선출됨. 영국 왕립천문학회(RAS) 15대(1864~1866) 회장을 역임하였고, 금메달(1862)을 수상함. 영국 왕립학회의 로열 메달(1864)과 프랑스 과학원의 랄랑드 상(1865)을 수상함. 1859년 『잉글랜드 천체 사진술에 관해서』를 저술함.

10) 프랑스 화학자, 물리학자. 기체의 열적 성질을 정밀하게 측정하였고, 열역학 분야를 연구함.

관측소는 표준화된 연구소로서 활동할 수 있게 되었다. 스튜어트 시절 동안 측기 검정의 양이 급속도로 증가하였다. 예를 들면, 몇 년 동안 수많은 다른 측기와 더불어 1000개의 온도계가 검증되었다(Barrell, 1969).

예상한 바와 같이, 사빈 경의 참여로 인해 지자기 요소(복각, 수평자기력, 연직자기력)들을 측정하는 장비들이 개발되었고 이들 장비들은 연속 사진 기록을 위해 작동되도록 하였다. 정규적인 자기 측정은 1857년부터 시작되었다(Jacob, 1969). 또한 태양 물리학도 자리를 잡았다. 몇 년 전 천문학자인 존 허셸(Sir John Frederick William Herschel, FRS, 1792~1871)[11)]은 흑점 활동을 매일매일 기록하는 것이 중요하게 될 것이라는 것을 제안하였다. 큐 위원회는 이 제안을 동의하였고 워런 드 라 뤼에 의해 지휘되어 태양 원판의 사진을 찍는 자기 태양 촬영기가 설치되고 사용되었다(Jacob, 1969).

스튜어트는 관측소 일의 모든 면에 그 자신의 몸을 던졌다. 그는 기상학 분야에서

이상기체의 정압 비열에 관한 르뇨법칙으로 유명함. 1832년 파리 광산학교를 졸업함. 리용 대학교, 에콜 폴리테크니크(École Polytechnique), 콜레주 드 프랑스(Collège de France) 물리학 교수 역임함. 영국 왕립학회(Royal Society) 외국인 회원(1852~1878)으로 선출되었고, 럼퍼드 메달(1848)과 코플리 메달(1869)을 수상함.

11) 영국(잉글랜드) 천문학자. 1825년 일사계(actinometer)를 발명함. 이튼 칼리지에서 교육을 받았고,케임브리지 대학교 세인트 존 칼리지를 졸업함. 영국 왕립학회 펠로(1813~1871)로 선출되었고, 코플리 메달을 1821년 에드워드 사빈과 공동 수상함. 1847년에는 단독 수상하였고, 로열 메달(1833, 1838, 1840)을 공동 수상함. 영국 왕립천문학회(RAS) 4대(1827~1829, 1839~1841, 1847~1849) 회장을 역임하였고, 금메달(1826, 1836)을 수상함. 스웨덴 왕립과학원(RSAS) 외국인 회원(1836~1871)으로 선출됨. 프랑스 과학원(French Academy of Sciences)의 랄랑드 상(1825, 1833)을 수상함. 1864년 『성운과 성단의 종합 목록』을 편찬함. 독일 태생 영국(잉글랜드) 천문학자인 윌리엄 허셜(William Herschel, 1738~1822)의 아들이고, 존 허셜 주니어(John Herschel, Jr., 1837~1921)의 아버지임.

측정의 정확성을 개선하는 데, 그리고 측기 특히 온도계와 아네로이드 기압계를 표준화시키고 점검하는 방법을 확립시키는 데 많은 시간을 보냈다. 아네로이드 기압계와 그들의 온도 보정에 대한 매우 폭넓은 검정은 등산가에 의해서 이루어졌다. 그는 수은의 어는점에 기초한 제3의 고정점을 확립시키기 위해서 온도계를 사용하였다. 스튜어트의 값은 −38.85 ℃이었고 현재 값은 −38.86 ℃로 비교된다. 1867년 큐 기상관측소에서 수행된 온도 측정은 유명한 북벽 스크린으로 이동되었다. 그는 영국을 횡단하는 날씨계의 이동 속도를 연구하였다.

1867년 스튜어트의 기상학 책무는 눈에 띠게 증가하였다. 로버트 피츠로이(Admiral Robert FitzRoy, 1805~1865)의 자살 이후, 에드워드 사빈이 위원장을 맡고 있던 기상위원회(Meteorological Committee)가 기상과(Meteorological Department)[12]의 운영을 감독하게 되었다. 밸푸어 스튜어트는 서기로 지명되었고, 위원회가 가장 먼저 한 것은 영국 주변에 자기 날씨 관측소의 관측망을 구축하는 일이었다. 자기 날씨 관측소는 처음에는 큐, 팰머스(Falmouth), 스토니허스트(Stonyhurst), 아르마(Armagh), 글래스고(Glasgow), 애버딘(Aberdeen)에 설치되었고, 뒤따라 발렌시아(Valentia)가 추가되었다. 큐 기상관측소는 선두 관측소가 되었고 자기기록 측기들은 스튜어트의 지시에 따라 기술자인 리처드 버클리(Richard Beckerly)에 의해서 그곳에서 만들어졌고, 이러한 일들은 아주 빠르게 진행되었다. 스튜어트는 여러 지점을 방문하고 1867년 8월에 자기기압계는 준비되었고 다른 측기들도 며칠 안에 준비될 것이라고 위원회에 보고서를 제출할 수 있었다. 12월에 가서 모든 자기기록 측기들이 큐 관측소에서 사용되었고 다른 모든 관측소에서도 1868년 여름까지는 준비되었다(Burton, 1994). 스튜어트는 현 상황에 대한 길고 자세한 보고서를 준비하였고 기상 위원회에 모든 자기기록 측기들의 시연을 마련하였다.

12) The Meteorological Office의 전신임.

큐 기상관측소에 있는 동안 밸푸어 스튜어트는 또한 지자기와 우주 물리학의 여러 방면에 중요한 공헌을 하였다. 사진 기록 자기력 기록계는 대단히 좋은 측기로 생각되고 있고 스튜어트의 소장 시절에 많은 측기들이 만들어져 전 세계 지자기 관측소로 보내졌다. 그는 또한 자기 기록을 분석하는 데 깊이 빠져 들었고 큐 기상관측소 자료를 기초로 하여 논문을 정기적으로 발표하였다. 큐 기상관측소에서 근무하는 기간 동안, 영국 왕립학회 펠로로 선출되었고, 여기서 이룬 많은 업적들은 1869년까지 이어졌다. 이것은 밸푸어 스튜어트가 직접 써서 영국 학술협회의 큐 위원회에 제출한 보고서(Stewart, 1869)와 위원회 회의록에서 찾을 수 있다.

1869년 밸푸어 스튜어트는 기상 위원회의 서기를 사임하였다. 그의 사직서에는 이유가 적혀 있지 않지만 주된 문제는 사빈 경과의 불화로 보이고 다른 문제는 자기 기록 관측 지점이 축소되어야 한다는 데 있는 것으로 보인다(Wood, 1994). 또한 그는 사빈 경이 회의록을 마음대로 수정하는 데도 관련성을 가지고 있었다. 후에 그는 아서 슈스터(Sir Franz Arthur Friedrich Schuster, FRS, 1851~1934)[13]에게 이런 불화가 그의 건강을 해칠까 봐 염려했다고 말하였다.

또한 1869년에 영국 학술협회의 평의원회는 1872년 이후 큐 관측소에 대한 원조 중단을 심각하게 고려하고 있었다. 스튜어트는 이 사실을 알고 있어 맨체스터 오언 칼리지(Owen College)에서 교수 제의가 오자마자 성공적으로 수락하였다. 여러

13) 독일-영국 물리학자, 수학자, 통계학자. 분광학, 전기화학, 광학, 방사선 촬영기술을 연구하였고, 조화분석을 물리학 분야에 응용함. "슈스터의 적분(Schuster's Integral)"으로 유명함. 잉글랜드 맨체스터 오언스 칼리지(Owens College)에서 수학과 물리학을 공부하였고, 독일 하이델베르크 대학교에서 Ph.D.를 받음. 잉글랜드 맨체스터 오언스 칼리지 물리학 시연자, 잉글랜드 맨체스터 대학교 수리물리학 부교수 및 베이어 석좌 응용수학 교수(1881~1888)를 역임함. 영국 왕립학회 펠로(1879~1934)로 선출되었고, 로열 메달(1893), 럼퍼드 메달(1926), 코플리 메달(1931)을 수상함. 에든버러 왕립학회 펠로로 선출됨. 1904년 『광학 이론 개론』을 저술함.

문제로 스튜어트는 맨체스터로 이사하기 위해 소장 직을 사임하였으나 큐 위원회는 1871년까지 큐 관측소 소장 직을 그와 휘플이 함께 근무하면서 맡아주기를 요청하였다. 두 사람 사이에는 업무와 관련된 정규적인 접촉이 있었다. 그러나 1870년 11월 스튜어트는 해로우(Harrow)에서 일어난 기차 사고로 중상을 입었고 1871년에 회복했으나 고통이 심하여 종종 침대에 박혀 있었다. 그래서 그의 활동은 큐 위원회가 원하는 만큼 완벽하지 못하게 되었다. 스튜어트 사후 오랜 세월 후 아일랜드 기상학자인 로버트 스콧(Robert Henry Scott, 1853~1921)[14]은 편지에서 “그가 스튜어트로부터 물려받은 재정 상태를 보고 놀라움을 금치 못하였다.”고 말하고 있다. 스콧의 관점에서 그들은 혼돈이었다. 1869년 전 큐 위원회의 회의록에는 재정과 관련된 어떠한 어려움도 지적되어 있지 않았기 때문에, 스콧이 1869년부터 1871년까지의 기간이 고난의 시기였다고 말하는 것도 가능하다.

1870년 밸푸어 스튜어트는 맨체스터 오언스 칼리지 자연 철학(물리학)의 교수로 임명되었다. 오언스 칼리지는 후에 맨체스터 대학교(University of Manchester)로 개편되었다. 앞서 언급한 대로 열차 사고로 인한 중상으로 그가 교수직을 수행하는 것은 연기되었다. 그의 친구 피터 테이트(Peter Guthrie Tait, 1831~1901)[15]

---

14) 아일랜드 기상학자. 영국 왕립기상학회(RMetS) 18대(1884~1885) 회장을 역임하였고, 영국 기상대(UKMO) 최장수 대장(1867~1900)으로 근무함.

15) 영국(스코틀랜드) 수리물리학자. 매듭이론(knot theory)을 연구하였고 “테이트의 추측(Tait's conjecture)”으로 유명함. 에든버러 아카데미에서 교육을 받았고, 에든버러 대학교를 졸업함. 케임브리지 대학교 피터하우스에서 1852년 수학 수석졸업자로 졸업함. 북아일랜드 벨파스트 대학교 퀸스 칼리지 수학 교수와 스코틀랜드 에든버러 대학교 자연철학 교수 역임함. 에든버러 왕립학회 펠로로 선출됨. 스미스의 상(1852)과 영국 왕립학회(Royal Society)의 로열 메달(1886)을 수상함. 1865년 윌리엄 스틸과 함께 『입자의 역학』, 1867년 윌리엄 톰슨과 함께 『자연철학에 관한 논문』, 1868년 『열역학 스케치』, 1885년 『물질의 성질』, 1901년 밸푸어 스튜어트와 함께 『보이지 않는 우주』를 저술함.

는 다음과 같이 쓰고 있다:

> "그는 영구적인 절름발이가 되었고, 그의 몸은 심각한 상처로 고통받았다. 인생의 주된 활동을 열렬하게 했기 때문에 그는 몇 개월 만에 머리카락이 희게 변하여 노인처럼 보였다. 그러나 그의 특성적인 참을성은 흔들리지 않았고 그의 지능은 녹슬지 않았다 (Tait, 1997)."

그의 동료와 학생들의 회고를 판단해보면, 그는 좋은 강사는 아니었지만, 전반적으로 실험 방법에 대한 그의 아주 주요한 수업 때문에 학생을 고무시키는 선생님 이었다(Schuster, 1932). 맨체스터 시절 동안 그의 학생 중에는 그를 이어 교수가 된 아서 슈스터, 존 포인팅(John Henry **Poynting**, 1852~1914)[16], 그리고 1906년 노벨 물리학상 수상자인 조지프 톰슨(Sir Joseph John **Thomson**, FRS, 1856~1940)[17]과 1927년 노벨 물리학상 수상자인 찰스 윌슨(Charles Thomson Rees

---

16) 영국(잉글랜드) 물리학자, 수학자, 천문학자. 전자기 복사를 연구함. "포인팅 벡터(Poynting vector)", "포인팅 효과(Poynting effect)", "포인팅의 정리(Poynting's theorem)", "포인팅-로버트슨 효과(Poynting-Robertson effect)"로 유명함. 맨체스터 대학교에서 학사학위와 케임브리지 대학교에서 Ph.D.를 받음. 메이슨 과학대학 물리학 교수(1880~1914) 역임함. 영국 왕립학회 로열 메달(1905)을 수상함. 1913년 『지구: 모양, 크기, 무게, 회전』을 출판함.

17) 영국(잉글랜드) 물리학자, 수학자. 전자(electron)와 동위원소(isotopes)를 발견함. "톰슨 산란(Thomson scattering)"과 "톰슨 문제(Thomson problem)"로 유명함. "델타 광선(delta ray)"과 "입실론 복사(epsilon radiation)"란 용어를 제정함. 오언스 칼리지를 졸업하였고, 케임브리지 대학교 트리니티 칼리지에서 수학으로 1880년 학사학위(B.A.)와 1883년 석사학위(M.A.)를 받음. 케임브리지 대학교 캐번디시 연구소 물리학 교수(1884~1940) 역임함. 1897년 전자를 발견하여, 1906년 노벨 물리학상을 단독 수상함. 영국 왕립학회 펠로(1884~1940)로 선출되었고, 43대(1915~1920) 회장을 역임하였고, 로열 메달(1894), 휴스 메달(1902) 초대 수상과 코플리 메달(1914)을 수상함. 프랭클린 연구소

Wilson, FRS, 1869~1959)[18]을 들 수 있다. 오언 칼리지 시절 그는 여러 권의 교과서를 집필하였고 꾸준하게 기상학과 지자기에 관한 논문을 계속해 발표하였다.

1882년 그는 대기과학에 기여한 그의 공헌의 대부분을 이루게 되었고 그 중 일부는 여전히 여러 교과서에서 인정받고 있다. 이것은 고층 대기에 전도층이 반드시 존재해야 한다는 제안이었다. 현재 이 층은 "이온권(ionosphere)" 또는 전리권으로 알려져 있다. 이 제안은 스튜어트가 직접 쓴 『브리태니카 백과사전』의 9판에 나타나 있다.

밸푸어 스튜어트는 아주 좋은 사람으로 알려지고 있다. "온화한 맨체스터 교수"와 같은 언급이 나타난다. 그는 과학적인 동료의 아이들에게는 대부로서 인기가 있었다. 그 중의 한 아이는 그의 이름을 따서 지었다. 그는 독실한 영국 국교도 신자였다. 1875년 피터 테이트와 함께 『보이지 않는 우주(*The Unseen Universe*)』"라는 책을 저술하였다. 이 책은 과학과 종교와의 관계를 일치시키려는 시도로 만들어졌다. 지금은 잊혀졌지만, 이 책은 반향을 일으켜 여러 판을 거듭하였다. 처음에는 익명으로 출판했지만, 후의 판에는 저자 이름이 명기되어 있었다. 그의 여러 과학적인 동기생들과 마찬가지로, 비록 그가 그것을 믿는다고 선언하지는 않았지만 스튜어트 또한 유심론에 흥미를 가지고 있었다. 그러나 그는 그것을 연구할 만한 적절한 성격을 가지고 있지는 않았다.

(Franklin Institute) 물리학 분야 엘리엇 크레손 메달(1910)과 프랭클린 연구소의 프랭클린 메달(1922)을 수상함.

18) 영국(스코틀랜드) 물리학자, 기상학자. 응결핵과 대기 전기학에 대해서 연구함. 잉글랜드 맨체스터 오언스 칼리지에서 생물학과 잉글랜드 케임브리지 대학교 시드니 서식스 칼리지에서 화학과 물리학을 전공함. 안개상자(cloud chamber)를 발명하여, 1927년 노벨 물리학상을 미국 물리학자인 아서 콤프턴과 공동 수상함. 영국 왕립학회(Royal Society) 펠로(1900~1959)로 선출되었고, 휴스메달(1911), 로열 메달(1922)과 코플리 메달(1935)을 수상함. 하워드 포츠 메달(1925)과 프랭클린 연구소의 프랭클린 메달(1929)을 수상함.

밸푸어 스튜어트는 1887년 12월 18일 아일랜드의 드로그히다(Drogheda) 근교의 자기 집에서 크리스마스 휴가를 보내고 있던 중 뇌졸중으로 갑자기 사망하였다.

이온권 연구의 역사

1882년 스코틀랜드 물리학자 겸 기상학자인 밸푸어 스튜어트는 고층 대기에 전도층이 반드시 존재해야 한다는 제안을 처음으로 하였다. 현재 이 층은 이온권으로 알려져 있다. 큐 기상관측소에서 얻은 지자기 기록에 관한 그의 정통한 지식은 자기장에서 정규적으로 일어나는 작은 일 변동의 기원에 대해서 깊이 생각하도록 하였다. 스튜어트는 이러한 변동은 기압이 낮은 대기권의 높은 곳에 존재하는 전도하는 층에서 흐르는 전류의 전자기 효과로부터 일어난다고 제안하였다. 그는 태양 복사가 낮과 밤에 대기를 앞뒤로 흔드는 조석 효과를 일으키고 이들이 전도하는 층이 지구자기장을 통하여 움직임에 따라 다이나모 효과를 일으키고 그 자신이 이 장 내에서 일 변동을 일으키게 된다는 것을 제안하였다. 스튜어트가 제안한 당시에는 이 제안은 신뢰를 얻지 못했으나, 어떤 조건에서의 실험은 전류가 기압이 낮게 제공하는 기체를 통하여 흐를 수 있다는 것을 보여 주었다(Wilson, 2002).

니콜라 테슬라(Nikola Tesla, 1856~1943; 그림 2-4)[19]는 현재 크로아티아 스밀한에서 1856년 7월 10일 태어나 미국 뉴욕 주 뉴욕시티에서 1943년 1월 7일

---

19) 세르비아-미국 발명가, 물리학자, 기계공학자, 전기공학자. 물리학의 아버지로 불림. 라디오, 리모컨, 형광등, 교류 발전기, 교류 모터, 전자레인지 등 800여 개의 발명특허권을 보유함. 오스트리아 그라츠공과대학교에서 공부함. 프랭클린 연구소 공학 분야 엘리엇 크레손 메달(1894)을 수상함.

그림 2-4 세르비아 태생의 미국 발명가, 물리학자, 기계공학자, 전기공학자인 니콜라 테슬라는 물리학의 아버지로 불리고 있다.

86세로 사망하였다. 그는 1893년 미국 펜실베이니아 주 필라델피아에 있는 프랭클린 연구소와 미주리 주 세인트루이스에 있는 국립전등협회의 강연에서 최초로 무선통신에 관한 시범을 보였다. 1899년에는 이온권을 이용하여 무선으로 에너지를 먼 거리로 전송하는 방법을 연구하였다. 그의 실험에서 지구와 현재 "케널리-헤비사이드 층(E층)"이라 불리는 이온권 사이에 극도로 낮은 주파수를 보냈었다. 테스라는 그의 실험에 근거하여 수학적인 계산과 평가를 이루었다. 그는 이 지역에서 현재 허용되는 실험값의 15 % 내외의 공명주파수를 예측하였다. 1950년대 연구자들은 공명주파수가 6.8 Hz 미만에 존재한다는 것을 밝혀냈다.

구글리엘모 마르코니(Marchese Guglielmo Marconi, 1874~1937; 그림 2-5)[20]는 1874년 4월 25일 이탈리아 볼로냐에서 태어나 1937년 7월 20일 로마에서 63세의 나이로 사망하였다. 그는 신호 수집용 400 피트 연 안테나를 사용하여

20) 이탈리아 발명가, 물리학자. "무선전신의 아버지"로 불리고, 이탈리아 인 최초의 노벨 물리학상 수상자임. 볼로냐 대학교를 졸업함. 1897년 "무선전신신호주식회사(The Wireless Telegraph & Signal Company)"를 영국에 설립함. 무선전신기를 발명하여 인류의 생활을 바꾼 마법사로서, 1909년 노벨 물리학상을 독일 물리학자인 카를 브라운과 공동 수상함. 프랭클린 연구소의 프랭클린 메달(1918)을 수상함. 이탈리아 왕립아카데미 원장(1930) 역임함.

그림 2-5 이탈리아의 전기공학자·발명가인 구글리엘모 마르코니는 무선전신의 개발로 독일 칼 브라운과 함께 1909년 노벨 물리학상을 공동 수상하였다.

1901년 12월 12일 캐나다 뉴펀들랜드 세인트존스(St. John's)에서 대서양을 횡단한 신호를 처음으로 수신하였다. 송신소는 잉글랜드 콘월 주 폴두(Poldhu)에 위치한 곳으로 약 500 kHz의 진동수를 가진 신호를 발생시키기 위해서 방전 간극 송신기(spark-gap transmitter)를 사용하였다. 이는 앞서 사용한 어떤 라디오 신호보다 100배의 전력(power)을 가지고 있었다. 전문은 3점으로 된 모스 부호로서 그 뜻은 "S"였다. 뉴펀들랜드에 도달하기 위해서 신호는 이온권에 두 번 반사되어야 하였다. 그러나 캐나다 전파 과학자인 존 벨로우즈(John S. Belrose, 1926~)[21] 박사는 실제 실험에 의해서 뿐만 아니라 이론적인 연구에 기초하여 이의를 제기하였다. 그렇지만 마르코니는 1년 후 캐나다 노바스코샤 주 글레이스 베이(Glace Bay)에 있는 의문의 그림자를 넘어서 대서양 횡단 무선통신을 이루었다.

1902년 잉글랜드 물리학자인 올리버 헤비사이드(Oliver Heaviside, FRS, 1880~

21) 캐나다 전파 과학자. 캐나다 브리티시컬럼비아 주 밴쿠버 브리티시컬럼비아 대학교(UBC)에서 전기공학으로 1950년 학사학위(BASc)와 1952년 석사학위(MASc), 잉글랜드 케임브리지 대학교(University of Cambridge)에서 1958년 전파물리학으로 Ph.D.를 받음. 방위연구원거리통신기구(DRTE)(1957~1998)에서 활동함. 미국 전파클럽(Radio Club of America)의 암스트롱 메달(2007)을 수상함.

그림 2-6 영국(잉글랜드) 물리학자인 올리버 헤비사이드는 이온권의 존재를 제안하였다.

1925; 그림 2-6)[22]는 이온권 내의 "케널리-헤비사이드 층(Kennelly-Heaviside layer)"의 존재를 제안하였다. 헤비사이드의 제안에는 라디오 신호는 지구 곡률을 따라서 전송될 수 있다는 방법도 포함되어 있었다. 흑체에 대한 플랑크 법칙과 연계된 헤비사이드의 제안은 항성체로부터 방출되는 전자기파의 감지를 위한 전파 천문학의 성장과 고주파수 라디오 트랜스시버의 개발을 1932년까지 방해하였다. 또한 1902년 미국의 전기공학자인 아서 케널리(Arthur Edwin Kennelly, 1861~1939; 그림 2-7)[23]는 독립적으로 이온권의 라디오-전기 성질들을 발견하였다.

---

22) 영국(잉글랜드) 전기공학자, 수학자, 물리학자. 벡터분석(vector analysis)과 전리권(ionosphere)을 연구함. 독립적으로 "포인팅 벡터"를 발견함. "헤비사이드 인수 가리기 방법", "케널리-헤비사이드 층", "헤비사이드 계단 함수", "헤비사이드 조건"으로 유명함. 덴마크의 대 북방 전신회사(Great Northern Telegraph Company) 연구원으로 활동함. 영국 왕립학회 펠로(1891~1925)로 선출됨. 패러데이 메달(1922)을 수상함. 1893년 『전자기 이론 1권』, 1899년 『전자기 이론 2권』, 1912년 『전자기 이론 3권』을 저술함.

23) 아일랜드-미국 전기공학자. 이온권의 전파-전기 성질들을 발견함. 잉글랜드 런던 유니버시티 칼리지 스쿨에서 공부함. 미국 토마스 에디슨 웨스트오렌지 연구소(WOL) 연구원(1887~1894), 매사추세츠 주 케임브리지 하버드 대학교 전기공학 교수(1902~1930) 겸 매사추세츠 공과대학교(MIT) 전기공학 교수(1913~1924) 역임함.

그림 2-7 미국 전기공학자인 아서 케널리는 이온권의 존재를 독자적으로 제안하였다.

1912년 미국 상원은 1.5 MHz 이상의 주파수(200 m 미만의 파장)를 운용하는 것에 대한 제한을 위하여 아마추어 라디오 통신사에 대한 1912년 라디오 법령을 제정하였다. 미국 정부는 1.5 MHz 이상의 주파수가 불필요하다고 생각하였다. 이것이 1923년 이온권을 통해 HF 라디오 전파를 발견하도록 하였다.

잉글랜드의 물리학자인 에드워드 애플턴(Sir Edward Victor **Appleton**, FRS, 1892~1965; 그림 2-8)[24)]은 1924년 후반 고층 대기층의 존재[25)]을 증명하는 일련의 실험을 수행하였다. 이 실험들은 영국 BBC[26)] 방송국과 협력하여 본머스 송신기(Boumemouth transmitter)로 고층 대기층을 향해 전파를 발사할 경우 만약 전

24) 영국(잉글랜드) 물리학자, 천문학자. "애플턴 층(Appleton layer)"으로 유명함. 케임브리지 대학교(University of Cambridge)에서 1919년 석사학위(M.Sc.)와 1921년 D.Sc.(지도교수: 조지프 톰슨)를 받음. 케임브리지 대학교, 킹스 칼리지 런던, 스코틀랜드 에든버러 대학교 교수 역임함. 에든버러 대학교 학장 및 부총장(1949~1965) 역임함. 전리권의 F 층을 발견하여 1947년 노벨 물리학상을 단독 수상함. 영국 왕립학회 펠로(1927~1965)로 선출되었고, 휴스 메달(1933)과 로열 메달(1950)을 수상함. 영국 물리학회(IOP)의 찰스 크리 메달 및 상(1947)을 수상함.

25) 현재 이 층을 이온권이라 부름.

26) the British Broadcasting Corporation의 약자임.

그림 2-8 잉글랜드의 물리학자인 에드워드 애플턴 경은 애플턴 층(F층)의 발견으로 1947년 노벨 물리학상을 수상하였다.

파가 반사한다면 되돌아올 것을 보기 위한 것이었다. 실험은 반사가 일어난다는 것으로 판명되어 대성공을 거두었다. 또한 파장의 변화가 아주 작게 일어난다 하더라도 고층 대기층에 반사되어 되돌아온 전파의 이동시간을 측정하는 것은 가능하게 되었다. 전파를 반사하는 층의 위치는 약 100 km 상공에 있는 것으로 확인되었다. 이에 사용된 방법은 현재 "주파수변조 레이더(frequency-modulation radar)"라 칭하는 것이다. 그러므로 이온권은 전파탐지에 의해 감지되는 첫 번째 물체였다. 이온권은 진파연구에 많은 발진을 이루도록 하였고 제2차 세계대전에서 매우 중요한 군사적인 발명(레이더)을 이루도록 하였다.

전 세계를 일주하는 방송(round-the-world broadcasting)의 가능성을 신도하는 여러 실험들이 수행되었고 1926년 애플턴은 240 km 상공에 케널리-헤비사이드 층(E 층)보다 더 높고 전기적으로 더 강한 대기층을 발견하였다. 그의 이름을 따서 애플턴 층(F 층)이라 부르는 이 층은 지구를 둘러싸고 단파를 반사한다. 또한 그는 케널리-헤비사이드 층 아래의 이온권을 D층이라고 명명하였다. 이와 같은 업적으로 에드워드 애플턴은 1947년 노벨 물리학상을 수상하게 되었다.

미국의 지구물리학자인 로이드 버크너(Lloyd Viel Berkner, 1905~1967)[27]는

1905년 2월 1일 미국 위스콘신 주 밀워키에서 태어나 1967년 6월 4일 워싱턴 D.C.에서 62세로 사망하였다. 그는 이온권의 높이와 밀도를 처음으로 측정하였다. 이로 인하여 단파 라디오 전파에 대한 최초의 완벽한 이론을 완성할 수 있도록 하였다.

1936년 잉글랜드의 컴퓨터 과학자인 모리스 윌커스(Maurice Vincent **Wilkes**, FRS, 1913~2010)[28)]와 잉글랜드의 전파물리학자인 존 래트클리프(John Ashworth **Ratcliffe**, 1902~1987)[29)]는 이온권 내의 대단히 큰 파장의 전파에 대한 분야를 연구하였다. 러시아의 이론물리학자 · 천체물리학자인 비탈리 긴즈부르크(Vitaly Lazarevich **Ginzburg**, ForMemRS, 1916~2009; 그림 2-9)[30)]는 이온권과 같은

---

27) 미국 지구물리학자. 이온권을 측정하는 측기를 발명함. 미네소타 대학교(UMN)에서 1927년 학사학위(B.Sc.)를 받음. 워싱턴 D.C. 카네기 협회(CIW) 지자기과에서 연구 활동함. 미국 기상학회(AMS)의 클리블랜드 애비 어워드(1963)을 수상함. 미국 지구물리연합(AGU) 회장(1959~1961)을 역임하였고, AGU의 존 아담 플레밍 메달 초대(1962) 수상과 보위 메달(1967)을 수상함. 미국 예술과학아카데미(AAAS) 펠로(1956~1967)로 선출됨. 전파공학학회 회장(1961) 역임함. 1958년 『로켓과 위성(*Rockets and Satellites*)』, 1961년 『우주 내의 과학(*Science in Space*)』, 1964년 『과학시대(*The Scientific Age*)』를 저술함.

28) 영국(잉글랜드) 컴퓨터 과학자. 1949년 최초의 프로그램 내장 방식을 택한 EDSAC(Electronic Delay Storage Automatic Calculator)를 제작함. 케임브리지 대학교(University of Cambridge)에서 1936년 물리학으로 Ph.D.(지도교수: 존 래트클리프)를 받음. 케임브리지 대학교 수리연구소 교수 역임. 영국 왕립학회 펠로(1956~2010)로 선출됨.

29) 영국(잉글랜드) 전파 물리학자. 전리권(ionosphere)을 연구함. 케임브리지 대학교 시드니 서식스 칼리지(Sidney Sussex College, Cambridge)에서 Ph.D.(지도교수: 에드워드 애플턴)를 받음. 케임브리지 대학교 전파-물리학 그룹 교수, 전파 및 우주연구소 소장(1960~1966) 역임함. 영국 왕립학회(Royal Society) 펠로(1951~1987)로 선출됨. 전기공학협회 회장(1966~1967) 역임함. 영국 왕립학회(Royal Society)의 로열 메달(1966), 공학기술협회의 패러데이 메달(1966), 영국 왕립천문학회(RAS)의 지구물리학 분야 금메달(1976)을 수상함.

30) 러시아 이론물리학자, 천체물리학자. 우주선(cosmic rays)의 기원을 연구함. 모스크바 대학교(MSU)에서 1940년 물리학으로 Ph.D.(지도교수: 이고르 탐)를 받음. 레베데프 물리학연

플라스마 내에서 전자기파 전파의 이론을 개발하였다.

1962년 캐나다 위성인 알루엣(Alouette) 1호가 이온권을 연구하기 위해서 발사되었다. 이의 성공으로 인하여 1965년 알루엣(Alouette) 2호를 발사하였고, 전리권을 측정하기 위해서 1969년 1월 30일과 1971년 4월 1일 2개의 ISIS(International Satellite for Ionospheric Studies) 위성 발사로 이어졌다.

이온권은 대기권 내에 이온과 자유전자가 상당히 밀도 높게 분포되어 있는 영역을 말한다. 이온권의 하부는 보통 지상 약 60 km 상공에 위치하며 상부는 대기권 꼭대기까지 펼쳐져 있으나 대부분은 열권에 포함되어 있다. 이온권은 장거리 무선 통신에 중요한 역할을 하며 "오로라(aurora)"가 발생되는 지역이다. 이온권은 D층(60~90 km), E층(90~140 km), F층으로 구분된다. F층은 F1층(140~220 km)과 F2층(220~400 km)으로 구분된다. D층은 태양의 수소에 의해 방출된 복사 때문

그림 2-9 러시아의 이론물리학자, 천체물리학자인 비탈리 긴츠부르크는 1950년대 수소폭탄 제조에 참여하였고 블라스마 내에서 전자기파 전파의 이론을 개발하였다. 2003년 초전도체와 초유동체 양자물리학 이론으로 노벨 물리학상을 공동 수상하였다.

구소(LPI)에서 연구 활동을 함. 초전도체와 초유동체 양자물리학 이론을 도입하여 2003년 노벨 물리학상을 러시아 이론물리학자인 알렉세이 아브리코소프, 안토니 레게트와 공동 수상함. 영국 왕립학회(Royal Society) 외국인 회원(1987~2009)으로 선출됨. 영국 왕립천문학회(RAS)의 천문학 분야 금메달(1991)과 울프 재단의 물리학 분야 울프 상(1994/1995)을 공동 수상함.

에 형성되며 E층과 F1층은 태양으로부터 들어오는 X선에 기인하는 것으로 알려져 있다. 낮에는 D층, E층, F층이 모두 존재하나 밤에는 F층만이 존재한다.

이온권의 가장 하층인 D층은 낮에는 표준 AM 라디오파를 지구로 반사시키지만 동시에 반사 시에는 흡수함으로써 라디오파를 크게 약화시킨다. 그러나 밤에는 D층이 점차 사라져 AM 라디오파가 D층 위의 E층과 F1층으로 투과될 수 있고 F2층에 반사되어 라디오파는 다시 지구로 반사된다. 밤에는 F2층에서 라디오파가 적게 흡수되기 때문에 F2층에서 지구로, 지구에서 다시 F2층으로 반복 이동하게 되며 이런 방법으로 표준 AM 라디오파는 밤중에 원거리에 도달할 수 있다(그림 2-10 참조).

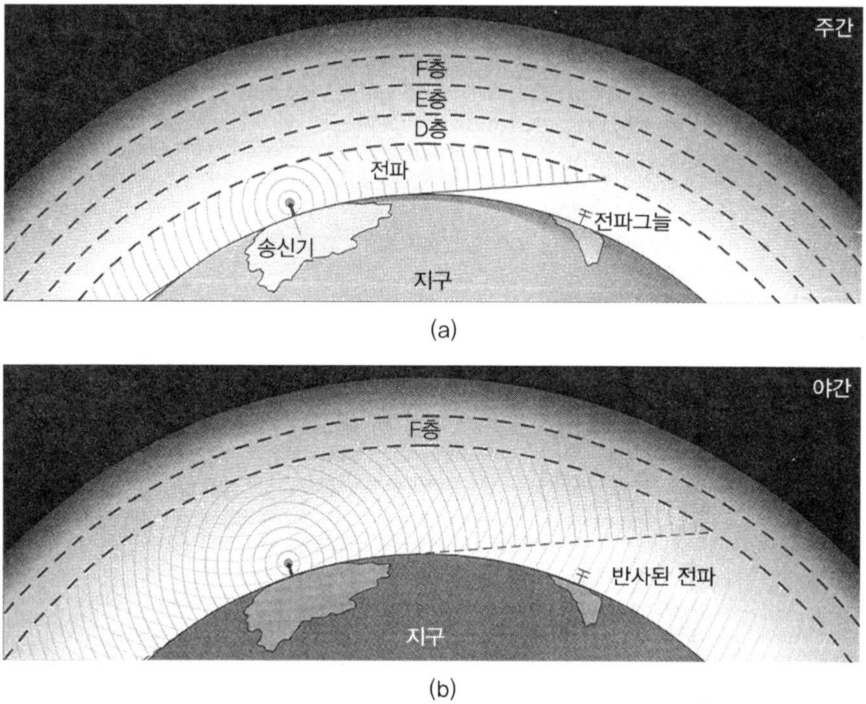

그림 2-10 (a) 주간과 (b) 야간에 형성되는 이온권들을 나타내는 개략도.

이온권의 전기적 상태에 대한 강한 요란은 태양의 플레어에 의해 발생한다. 플레어에 의한 매우 짧은 단파 복사의 폭발은 약 8분 후 이온권에 영향을 미쳐 상층 대기에 이상 이온화 현상을 일으킨다. 플레어와 관련된 X선의 폭발은 D층을 강화시키게 되고 이에 따라 표준 AM 라디오파를 흡수하게 된다. 이런 현상이 심해지면 라디오파의 통신두절 현상이 일어나는데, 이를 발견한 미국 통신 공학자인 존 델린저(John Howard **Dellinger**, 1886~1962)[31]의 이름을 따서 "델린저 현상(Dellinger phenomena)"이라 한다.

---

31) 미국 통신 공학자. 이온권과 우주선이 전파에 미치는 영향을 연구함. 1935년 델린저 현상을 발견함. 오하이오 주 클리블랜드 웨스턴 리저브 대학교(WRU)에서 1908년 학사학위(A.B.)와 뉴저지 주 프린스턴 대학교에서 1913년 Ph.D.를 받았고, 워싱턴 D.C. 조지 워싱턴 대학교(GWU)에서 1932년 과학박사학위(Sc.D.)를 받음. 메릴랜드 주 게이더스버그 국립표준국(NBS)(1907~1948) 물리학자 역임함.

Chapter

03

버컨 냉난기의 이론을 제안한 스코틀랜드 기상학자

알렉산더 버컨

스코틀랜드 기상학자로서 19세기 영국 기상학자 중 가장 유명한 사람으로 칭송되고 있는 알렉산더 버컨(Alexander Buchan, FRS, 1829~1907; 그림 3-1)은 1829년 4월 11일 스코틀랜드 킨로스(Kinross) 주 킨니스우드(Kinneswood)에서 태어났다. 그는 에든버러 프리 처치 칼리지(Free Church College)에서 중등교육을 받았고, 에든버러 대학교(University of Edinburgh)에 진학하여 해양학과 식물학

그림 3-1 스코틀랜드 기상학자인 알렉산더 버컨은 스코틀랜드 기상학회의 초대 간사 직책을 죽을 때까지 47년 동안 유지하였다.[1)]

을 공부하였다. 졸업 후, 1848년부터 1860년까지 교사로서 전 과목을 가르쳤다[2].

1855년 7월 11일 대중 모임이 열린 후, 스코틀랜드 전역에 기상 관측소를 설치하는 목적을 가진 단체가 결성되었다. 이 단체는 스코틀랜드 기상학회(The Scottish Meteorological Society; SMS)로 명명되었고, 1856년부터 1920년까지 기상관측소를 운영하였지만, 그 후 이 임무는 영국 기상대(UKMO)로 이관되었다. 1860년 12월, 알렉산더 버컨은 이 학회의 간사로 지명되었다. 그는 이 직책을 1907년 그가 죽을 때까지 47년 동안 유지하였다.

1864년부터 그는 또한 『스코틀랜드 기상학회 저널(*Journal of the Scottish Meteorological Society*)』의 창간호부터 편집을 맡았고 여러 가지 주제에 대해서 글을 썼다. 그가 편집을 맡고 있던 동안, 학회지에 토마스 스티븐슨(Thomas Stevenson, 1818~1887)[3]의 백엽상에 관한 설명을 게재하였다. 스티븐슨 스크린은 아직도 널리 사용되고 있다.

알렉산더 버컨은 전 세계 기압의 분포를 보여주는 월별 기상도를 1869년에 처음으로 발간하였다. 이들은 오랜 기간 동안 현대 기상학의 발전에 길잡이로 남아 있다. 1883년 SMS는 영국에서 가장 높은 산인 벤네비스(Ben Nevis) 정상에 기상 관측소를 개소하였다. 버컨은 이 기상관측소의 설립에 깊게 관여하였고, 1904년까지 계속해서 관측소 운영에 관여하였다.

---

1) https://en.wikipedia.org/wiki/Alexander_Buchan_(meteorologist)

2) http://www.1911encyclopedia.org/Alexander_Buchan

3) 영국(스코틀랜드) 등대 설계가, 기상학자로서 스코틀랜드에 30개의 등대를 설계함. "백엽상(Stevenson screen)"을 제작함. 스코틀랜드 에든버러 대학교를 졸업함. 북 등대협회에서 활동함. 왕립 스코틀랜드 예술학회(Royal Scottish Society of Arts) 회장(1859~1860)과 에든버러 왕립학회(RSE) 회장(1884~1886)을 역임함. 스코틀랜드 기상학회(SMS)를 공동으로 창립함.

알렉산더 버컨의 학문적인 활동은 기상학, 해양학, 생기상학에 관한 것이었다. 1867년 그의 책인 『기상학편람』(Buchan, 1867)을 출판하여 명성을 얻었다. 이 책은 표준 교과서로 채택되어 오랫동안 사용되었다. 1869년 그는 대기 평균기압과 전 세계 탁월풍과의 관계를 다룬 논문(Buchan, 1869a)을 『에든버러 왕립학회(RSE)』에 제출하였다. 또한 그는 1869년 『스코틀랜드 기상학회 저널』에 논문(Buchan, 1869b)을 게재하였고, 그는 이 논문에서 오늘날 "버컨 냉난기(Buchan spells)"라 부르는 이론을 제안하였다. 1871년 그는 『기상학 개론 교과서』라는 제목의 기상학 교과서(Buchan, 1871)를 발간하였고, 또한 대기의 순환(Buchan, 1889)과 해양 순환(Buchan, 1895)에 대한 논문들도 『스코틀랜드 기상학회 저널』에 각각 게재하였다.

알렉산더 버컨은 1870년에 에든버러 식물학회(The Botanical Society of Edinburgh) 회장으로 선출되었다. 그는 1876년 RSE 도서관의 큐레이터가 되었고, 1887년 에든버러 왕립학회 산하 기상위원회(Meteorological Council)의 위원이 되었으며, 1898년 영국 왕립학회(Royal Society)의 펠로(fellow)로 선출되었다. 그는 에든버러 왕립학회가 수여하는 맥두걸-브리즈번 상(Makdougall-Brisbane Prize)(1876)과 거닝 쥬빌리 상(Gunning Jubilee Prize)(1893)을 수상하였다. 또한 1902년 영국 왕립기상학회(RMetS)가 제정한 시먼스 메달(Symons Medal)의 첫 수상자가 되었다.

알렉산더 버컨은 1907년 5월 13일 스코틀랜드 에든버러 딘 테러스(Dean Terrace) 자택에서 78세의 일기로 사망하여 와리스턴 묘지(Warriston Cemetery)에 안장되었다.

1921년 SMS가 RMetS로 통합됨에 따라, RMetS는 알렉산더 버컨을 기념하기 위해서 "버컨 상(Buchan Prize)"을 제정하여 매년 시상하고 있다. 이 상은 이전 5년동안 RMetS에서 발간하는 『쿼틀리 저널(*Quarterly Journal*)』과 『국제기후학저널(*International Journal of Climatology*)』 또는 『대기과학 레터스(*Atmospheric Science Letters*)』 등에 게재된 논문 중에서 가장 독창성이 뛰어난 내용을 지닌 회원 논문 또는 기상학 발전에 공헌한 회원 논문 중에서 한 사람을 선발하여 시상하고 있다.[4]

버컨 냉난기

버컨 냉난기(Buchan spells)란 계절에 따라 통상적인 온도의 상승 또는 하강이 정지하거나 역전되는 기간을 말한다. 보통 수일 정도 또는 1주일 또는 2주일 정도 일어나며, 날씨가 봄에 더 춥거나 가을에 더 덥게 되는데 이를 사람들은 이상계절로 설명한다. 스코틀랜드 기상학자인 알렉산더 버컨은 이러한 기간은 기후의 정상적인 현상으로 발생한다고 유추하였다. 이런 가능성을 규명하기 위해서, 그는 1857년부터 1866년까지 에든버러의 기온 기록을 1869년 조사하였다. 그는 온도 경향에서 한랭 이탈이 2월 7~14일, 4월 11~14일, 5월 9~14일, 6월 29일~7월 4일에 발생한다는 것을 발견하였다. 가장 온난한 달(최난월)은 7월이었다. 7월 이후 기온은 평균적인 기온 하강을 하는데 온난 기간은 8월 6~11일, 11월 6~13일, 12월 3~14일이었다. 버컨은 아주 일반적으로 적용되는 정규적인 섭동을 발견하였고, 이 기간은 앞설 수도 있고 뒤설 수도 있다는 것이 보편적으로 가정되었다. 이것을 현재는 "버컨 냉난기"라 부른다. 사실 알렉산더 버컨은 그러한 사항을 직접적으로 언급하지 않았다. 그는 해마다 그 시기는 변동할 것이라고 명백하게 밝혔고, 단지 남부 스코틀랜드에만 적용될 수 있음을 밝혔다. 계절에 맞지 않는 유사한 시기들은 여러 장소에

4) https://www.rmets.org/our-activities/awards/buchan-prize

서 발생하지만, 그들이 발생하는 날짜는 변동한다.

현재 이러한 현상을 특이성(singularities)이라고 한다. 이 용어는 1938년 독일 기후학자인 아우구스트 슈마우스(August Schmauss, 1877~1954)[5]가 창안한 것으로 알려지고 있으며, 잉글랜드 기후학자인 찰스 브룩스(Charles Ernest Pelham Brooks, 1888~1957)[6]와 잉글랜드 기후학자인 허버트 램(Hubert Horace Lamb, 1913~1991)[7] 등과 같은 여러 기후학자들에 의해서 더 많은 연구들이 수행되었다(Kingston, 2010).

---

5) 독일 물리학자, 기상학자, 기후학자. 1877년 11월 26일 독일 뮌헨에서 태어나 1954년 10월 10일 사망함. 뮌헨 대학교에서 1900년 물리학으로 Ph.D.를 받음. 뮌헨 대학교 기상학 및 기후학 교수(1922~1948) 겸 뮌헨 기상연구소 소장 역임함. 1929년 독일 대기물리학자 알베르트 비간트와 함께 『콜로이드로서의 대기』를 출판함.

6) 영국(잉글랜드) 기후학자. 1888년 11월 10일 잉글랜드 런던에서 태어나 1957년 12월 14일 서식스 페링에서 사망하였다. 기상통계학을 연구함. 런던 대학교에서 지질학으로 1912년 학사학위(B.Sc.)와 1916년 석사학위(M.Sc.), 1926년 기상학으로 과학박사학위(D.Sc.)를 받음. 영국 기상대(UKMO) 서기(1910~1911), 서기 조수(1911~1913), 전문 조수(1913~1915), 사서(1917~1939)를 역임함. 영국 왕립기상학회(RMetS) 펠로(1913~1957)와 부회장(1932~1933)을 역임함.

7) 영국 기상대(UKMO)와 아일랜드 기상청(IMS)에서 장기예보 분야와 세계기후와 기후변화를 연구함. 1972년 이스트 앵글리아 대학교 환경과학부에 기후연구단(CRU)을 설립하여 초대 단장 역임함. 세계기상기구(WMO) 기후변동에 관한 실무 그룹 멤버로 활동함. 영국 왕립기상학회(RMetS)의 시먼스 금메달(1986), 왕립지리학회(RGS)의 머치슨 상, 스웨덴지리학회의 베가 메달을 수상함. 1977년 『기후, 역사, 현대 세계』와 1990년 『기후 현재 과거 미래』를 저술함.

Chapter 04

오로라 연구를 선구한 덴마크의 기상학자

아담 파울젠

덴마크의 기상학자인 아담 프레데릭 비베트 파울젠(Adam Frederik Wivet Paulsen, 1833~1907; 그림 4-1)은 1833년 1월 2일 덴마크의 뉘보르(Nyborg)[1]에서 태어났다. 어린 시절 그는 덴마크 육군 장교가 되는 꿈을 가졌고, 실제로 1849년부터 1851년까지 독일에 대항하는 전쟁에 참여하였다. 그러나 그가 물리학에 관심을 가지게 됨으로써 그의 인생행로가 변하게 되었다. 아담 파울젠은 1866년 덴마크 코펜하겐 대학교(KU)에서 물리학으로 석사학위를 취득하였고, 2년 후 화학 과정으로 생성되는 전기인 갈바니 전기(galvanism)와 관련된 여러 가지 이론에 대한 에세이로 금메달을 수상하였다(Jorgensen and Rasmussen, 2006).

KU를 졸업한 후, 파울젠은 코펜하겐의 고등학교 교사가 되었다. 그의 나이 47세가 되던 해인 1880년 덴마크 기상대(Danish Meteorological Institute; DMI)[2]

---

1) 덴마크 핀 섬 동부 핀스 주에 있는 항구도시로서 그레이트벨트 해협과 뉘보르 협만을 끼고 있음. 대규모의 석유저장소가 있으며 조선업과 섬유업이 경제적으로 중요한 위치를 차지함.

2) 1872년 해군성 산하에 결성되었고 1990년부터 교통부 산하의 덴마크 기상청으로 개편됨.

그림 4-1 아담 파울젠의 67세 때 모습. 이 그림은 파울젠의 아이슬란드 아쿠레이리(Akureyri) 탐험 기간 중인 1900년 2월 10일에 덴마크 화가 하랄트 몰트케가 연필로 그린 데생이다.

대장의 요청으로 향후 시행될 제1차 국제극년(First International Polar Year, 1882~1883) 동안 덴마크 그린란드 탐험대의 대장으로 임무를 수행하기 위해서 학교를 사직하였다. 북극해에 대한 연구가 부족하였던 관계로 결성된 국제 협회의 일원으로서 덴마크는 기상, 지자기, 오로라 관측을 수행하였다. 오로라 관측에는 오로라의 모양, 색깔, 강세, 이동, 위치 등이 포함되었다. 5명의 대원과 함께 파울젠은 1882년 5월 17일 로열 그린란드 무역과 소속의 3개의 작은 돛을 단 범선인 세레스(Ceres) 호를 타고 코펜하겐 항을 출항하여 그린란드의 서쪽 해안에 있는 작은 마을인 고트호프(Godthaab ; 64°10′N, 51°40′W)로 항해하였다. 4주간의 항해 끝에 그들은 그들의 목적지에 도착하였다. 그림 4-2는 제1차 국제극년에 참가한 각국의 관측지점을 나타낸 것이다.

아담 파울젠 팀은 오로라 관측에 적합한 장소를 물색하였다. 고트호프는 바로 오로라 활동이 최대로 일어나는 벨트의 극 쪽 면에 위치하고 있었기 때문에, 오로라의 주기적인 변동 연구에 유용한 지역이었다. 또한 그들 팀은 오로라와 지자기 사이의 관계를 규명하고, 오로라의 지상고도의 측정을 시도하기로 계획하였다. 왜냐하면 그러한 지식은 오로라 발생 원인에 대한 메커니즘을 논의하는 데 도움을 주기 때문이다.

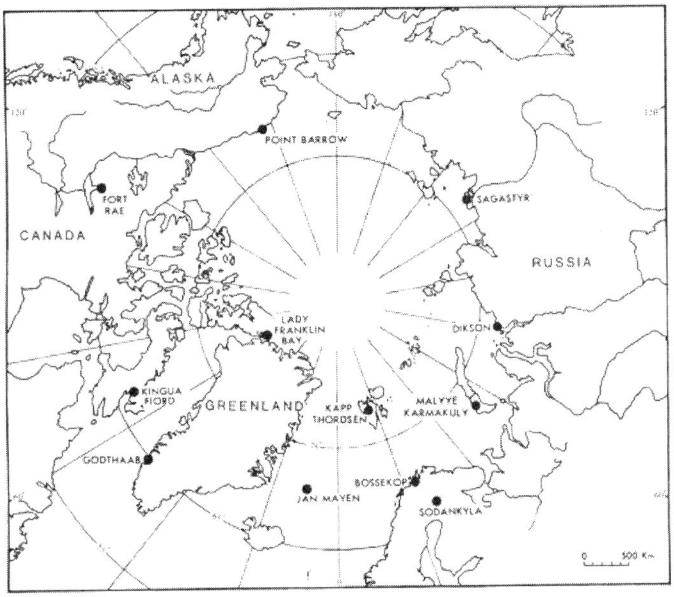

오스트리아: 잔 마이엔 섬(Jan Mayen Island, Norway)
미국 1: 알래스카 주 포인트 배로우(Point Barrow, Alaska ; 71°N)
미국 2: 레이디 프랭클린만(Lady-Franklin-Bay at Discovery Harbor, Ellesmere Isl. ; 81°42'N)
덴마크: 그린란드 서부 고트호프(Godthaab ; 64°10'N, 51°40'W)
잉글랜드와 캐나다: 포트 라이(Fort Rae at the Great Slave Lake)
프랑스: 오렌지베이(Orangebay at the southern tip of Tierra del Fuego ; 남반구)
핀란드: 소단킬란와 쿨탈라(Sodankyla & Kultala at Ivalojoki River)
독일 1: 킨구아 피요르드(Kingua-Fjord at Cumberland Sound, Baffin Island)
독일 2: 몰트케 하펜(Moltke-Hafen at Royal Bay, South Georgia ; 남반구)
네덜란드: 카라 해(Kara Sea near Waigach Island)
노르웨이: 보세콥/알텐(Bossekop/Alten, Altenfjord)
러시아 1: 카르마쿨리(Karmakuly, Moller Bay, Nowaja Semlja)
러시아 2: 사가스타(Sagasta at the Lena estuary)
스웨덴: 캡 소르드젠(Cap Thordsen in the Icefjord, Spitzbergen)

그림 4-2 제1차 국제극년에 참가한 각국의 관측지점.

그러나 고도 측정은 성공하지 못했다. 왜냐하면 지상의 두 관측지점 사이의 거리가 약 5 km로서 삼각측정법을 적용하기에는 너무 짧은 거리였기 때문이다. 그러나 오로라와 자기요란 사이의 관계에 관한 연구는 파울젠으로 하여금 자기장으로 정렬되는 전류인 연자기력선 전류(field-aligned current)가 존재한다는 것을 제안하도록 하였다. 이것이 오로라 연구에 있어서 이정표가 되었다.

파울젠의 탐험 팀은 1883년 가을에 덴마크로 귀환하였다. 그 다음 해인 1883년에 그는 덴마크 기상연구소 소장으로 임명되었고, 1907년 사망할 때까지 이 자리를 유지하였다.

제1차 국제극년동안 그리고 그 다음 해 그린란드에서 관측한 내용을 담은 광범위한 보고서(Paulsen, 1893)에서 파울젠은 다른 여러 발견 가운데 오로라 띠에서 전류의 존재와 방향을 지적하는 관측 내용을 제출하였다.

약 20개 사례에서 관측된 것은 오로라 원호 즉 밴드가 남쪽으로부터 관측소로 접근할 때 자기장이 서쪽으로 편향한다는 것이었다. 또한 오로라가 천정을 통과하는 경우, 나침반은 요란 전의 위치 주위로 진동하였다. 그리고 오로라가 관측소의 북쪽인 극 쪽으로 지나가는 경우, 자기장은 동쪽으로 편향하였다. 이러한 관측 사실에 대한 파울젠의 설명은 전류가 커튼형의 오로라를 통해서 아래와 위쪽으로 달려간다는 것이었다.

물론 이러한 관측으로 파울젠이 어떻게 자기 관측으로 연자기력선 전류의 존재를 지적할 수 있다고 결론을 내렸는지에 대한 여부는 의심의 여지가 있다. 그러나 파울젠은 분명하게 연자기력선 전류의 존재를 최초로 제안하였다. 그러한 전류의 존재는 오랜 세월이 지난 후에야 확인되었다(Cummings and Dessler, 1967). 따라서 오로라 원호는 위로 향하는 연자기력선 전류이다(Klumpar, 1979). 파울젠의 정확한 주장에도 불구하고 지상에서 연자기력선 전류를 관측하는 것은 문제가 있었다. 즉, 연자기력선 전류는 지상에서는 단지 약한 자기신호를 발생한다(Fukushima, 1976).

그러나 극관에서 수행한 로켓실험에 의하면, 지상 수평 자기요란은 머리 위의 수평 전리권 전류보다는 거의 전적으로 다른 요인으로 일어난다는 것을 볼 수 있다(Heppner *et al.*, 1971). 이런 사실로부터 파울젠의 가설은 정확한 것으로 판명되었다.

동일한 논문에서 아담 파울젠은 어떻게 오로라가 만들어질 수 있는지에 대해서 논의하였고 그는 다음과 같이 결론을 맺었다; "그래서 우리는 오로라가 광선의 방향으로 전파하는 에너지의 흡수로 인해 형광 빛으로 나타나는 것으로 고려하게 되었고 방출이 일어나는 원은 대기권의 상층 지역에 위치하고 있다고 본다." 대기권의 상층 지역으로부터 어떻게 방출이 일어난다는 것을 설명하는 것은 수십 년 동안 부족하였다. 그리고 오로라 원호를 만드는 전자는 많은 양의 에너지를 지구 반경의 1배에서 2배 내에서 떨어지는 연직전기력선 전류로부터 얻는다는 제안 이전에 로켓과 위성 관측이 이루어지게 되었다(Evans, 1974).

오로라를 발생시키는 에너지의 성질에 대해서 파울젠은 다음과 같이 언급하였다. "그러나 여러 가지 방법으로 오로라를 발생시키는 복사 활동과 유사한 것을 보여주는 전기적인 현상이 존재한다. 이것은 대단히 희박한 공기로 채워진 튜브 속의 음으로 대전된 막대로부터 방출되는 전기복사이다." 그는 계속해서 "이러한 광선들은 대기압에서 공기를 침투할 수 있고 그들이 흡수되게 되면 빛을 발생시킨다는 것이 알려져 있다."라고 언급하였다. 파울젠은 "전기복사에너지가 형광 빛으로 변한되는 동안 흡수되는 일반적인 능력뿐만 아니라 이러한 전파의 유사성으로부터 오로라를 발생시키는 광선과 음극선이 동일한 성질을 가지는 전기현상이라고 가정할 수 있다."라고 결론지었다.

오로라가 음극선에 의해서 발생한다는 이러한 제안은 최초의 일이었다. 파울젠의 제안은 그의 동료인 크리스티안 비르켈란(Kristian Birkeland, 1867~1917)[3)]이 이러한 메커니즘에 대해서 언급한 내용으로 미루어 알 수 있다. 즉, "최근에 덴마크 기상학자인 아담 파울젠 씨가 오로라는 대기권의 최상부에서 오는 음극선에 기인한 공기의 발광현상이라고 가정하였다."라고 언급하였다(Birkeland, 1896). 이러한 사실은 로켓으로부터 직접 오로라를 발생시키는 입자들이 전자라는 사실을 관측하기 전까지 약 60년 동안 그대로 알려졌다. 또한 1916년, "물리학의 관점에서, 태양광은 음전하 혹은 양전하 어느 한 쪽으로 완전히 치우친 것이 아니라, 양쪽을 모두 가지고 있는 것으로 보인다."라고 언급함으로써, 태양풍이 음전하를 띤 전자와 양전하를 띤 이온으로 구성되어 있을 것으로 예측하였다.

아담 파울젠은 태양이 오로라의 발생에 중요한 역할을 할 것이라고 확신하였고 다음과 같이 언급하였다. "오로라를 일으키는 에너지는 태양에 기원을 두고 있다고 확신한다. 이것은 태양활동과 오로라 모두에서 11년 주기가 보여주는 것으로 알 수 있다."

아담 파울젠은 일생 동안 오로라에 대해서 관심을 계속 가지게 되었고, 1899년 늦은 여름 그는 또 다른 탐험을 수행하였다. 하지만 그는 그해 1월 67세 생일을 맞이한 젊은 사람이 아니었고, 백내장으로 거의 실명상태에 있었지만 수술을 받아 한 쪽 눈이 회복된 후, 아이슬란드의 북부 해안에 자리한 작은 마을인 아쿠레이리에서 오로라 연구를 수행하면서 겨울을 보내기로 결정하였다. 그는 얼음 경사면을 걸어갈 수 있도록 단철 스파이크를 부츠 밑에 동여매고 관측소까지 걸어가서 추운 겨울밤에 수 시간 동안 앉아서 관측한 내용들을 노트에 필기하곤 하였다. 그의 무모함은 위기를 자초하기도 하였다. 예를 들면, 어느 날 그는 눈 더미 속에 있는 채로 발견된 적도 있고, 안경을 눈보라 속에서 잃어버리기도 하였다. 그러나 그는 이것을 위험 상황

---

3) 노르웨이 오슬로 태생 우주물리학자로서 인공 오로라를 제작함. "비르켈란-에이데 과정(Birkeland-Eyde process)"과 "비르켈란 전류(Birkeland current)"로 유명함. 공기 중의 질소를 고정하여 질산칼슘을 제조하는 방법을 발명함. 오슬로 대학교를 졸업하였고, 오슬로 대학교 교수 역임함. 『노르웨이 북극광 탐사 1902~1903』을 저술함.

으로 여기지 않고 모험이라고 생각하였다.

아이슬란드 탐험에 파울젠이 동반한 세 사람은 파울젠의 거의 손자뻘 되는 22세에서 27세의 젊은 사람들이었다. 그들 중 가장 나이가 많은 사람은 화가인 하랄트 몰트케(Harald Moltke, 1871~1960)로서 그는 시골에서 출생하여 덴마크 예술원(The Danish Academy of Arts)에서 교육을 받은 사람이었다. 그 당시 고속 필름 위에 짧은 노출을 시킬 만한 사진술이 충분하지 못하였기 때문에 파울젠은 오로라를 그림으로 남기길 원했고, 오로라를 유화로 그릴 사람을 대동하게 된 것이다. 몰트케는 아주 훌륭하게 임무를 수행하였고, 그의 작품 중의 한 예는 이더(Eather, 1980)에 의해서 저술된 『장엄한 빛(Majestic Lights)』이란 책에서 찾을 수 있다. 원화들은 코펜하겐의 덴마크 기상대에 소장되어 있다. 그림 4-3은 하랄트 몰트케가 그린 오로라의 유화 중 하나이다.

그림 4-3 1899년 11월 11일 아이슬란드 아쿠레이리에서 북서쪽으로 향하는 오로라의 모습. 앞쪽에 보이는 것은 기둥 모양의 분광계이다. 이 그림은 덴마크의 화가 하랄트 몰트케가 그린 유화(60×60 cm)이다.

아이슬란드 탐험에서의 또 다른 임무는 오로라 스펙트럼들의 사진을 찍는 것이었다. 장시간 동안 노출을 수반하는 이 기술은 새로운 것으로서 파울젠은 이러한 기술의 창시자 중의 한 사람이 되었다(Chamberlain, 1961). 여러 가지 새로운 스펙트럼선들이 발견되었고, 오로라 스펙트럼과 산소와 질소로 채워진 튜브 속에 음극으로 둘러싼 지역으로부터 방출되는 스펙트럼 사이에는 아주 근사한 일치가 존재한다는 것을 발견하였다(Paulsen, 1900). 이것은 오로라 방출이 20세기 시작 무렵 제안된 크립톤과 지오코로늄(geocoronium)과 같은 희귀하고 신종의 원소에 의한 것이라기보다는 주요 대기 성분과 관련된다는 것에 대한 초기 지적이었다(Eather, 1980).

파울젠은 오로라에 관한 책을 집필하기로 계획하여 오로라를 도해하기 위해서 몰트케의 그림을 석판화로 제작하였다. 11개의 석판화를 만들어 인쇄하였지만 파울젠의 건강이 나빠졌기 때문에 책을 완성하지 못하였다. 아담 파울젠은 23년 동안 DMI의 대장으로 재직하는 동안 오로라에 대한 선구적인 연구를 수행하였고, 1907년 1월 10일 고향에서 사망하였다(Jorgensen and Rasmussen, 2006).

Chapter 05

열대 폭풍에 이름을 부여한 잉글랜드 기상학자

클레멘트 래지

잉글랜드 기상학자이고 오스트레일리아에서 역동적으로 활동한 클레멘트 린들리 래지(Clement Lindley **Wragge**, 1852~1922; 그림 5-1)는 1852년 9월 18일 잉글랜드 우스터셔(Worcestershire)[1] 주 스토어브리지(Stourbridge)에서 사무변호사의 아들로 태어났다. 그는 잉글랜드 스태퍼드셔 주 유톡시터 그래머 스쿨(Uttoxeter Grammar School)에서 중등교육을 받았다. 그의 관심은 아버지의 발자취를 뒤따르는 것이었지만, 법학에 매력을 느끼지 못하였다. 젊은 그는 모험에 목말라 하여 바다로 달려 나갔다. 좋은 학교에서 기초 지식을 배운 그였기에, 선원들에게 인기가 있었고 그들에게서 항해술을 배움으로써 천문학과 기상학에 지속적인 흥미를 가질 수 있었다(Newman and Deacon, 1956).

여러 해 동안 선원 생활을 한 후, 1876년 래지는 오스트레일리아 사우스오스트레일리아 주의 국유지 감독과에 취직하여 플린더스 산맥(Flinders Ranges)[2]과 맬

1) 영국(잉글랜드) 중서부의 옛 주 명칭임.

그림 5-1 잉글랜드의 기상학자인 클레멘트 래지는 오스트레일리아에서 주로 활동하였고 열대 폭풍에 이름을 부여한 것으로 유명하다.[3]

리(Mallee)[4] 잡목 지대(scrub areas)의 측량에 참여하였다. 1878년 영국으로 귀국한 후, 그는 스코틀랜드의 기상학자인 알렉산더 버컨을 만나기 전까지 스태퍼드셔(Staffordshire) 북쪽에 있는 기상관측소에서 일하였다. 그 당시 버컨은 스코틀랜드 기상학회의 간사로서 벤네비스 산(정상높이 1,343 m)[5]에서 관측을 시작하기 위해 준비를 하고 있었다. 버컨은 래지를 설득하여 이 작업을 맡도록 하였고 1881년 여름 동안 매일 산을 오르도록 하였다. 래지가 벤네비스 산 정상을 오르면서 일정한 간격으로 관측을 수행하는 동안, 래지의 부인은 포트 윌리엄(Fort William)[6]에서 동시에 해수면 근처의 기상 요소들의 눈금을 읽었다. 7월 1일부터 10월 14일까지 결

---

2) 오스트레일리아 사우스오스트레일리아 주 최대의 산맥으로 선캄브리아대의 동물인 에디아카라 화석동물상이 발견됨. 최고봉은 세인트메리 봉으로 약 1,300 m임.

3) 사진출처 : https://en.wikipedia.org/wiki/Clement_Lindley_Wragge

4) 오스트레일리아 남부해안을 따라 형성된 관목지 식생. 유칼립투스(Eucalyptus) 속에 속하는 목본성 교목과 관목으로 이루어져 있음.

5) 영국(스코틀랜드) 하일랜드 주의 로카버 구에 위치한 산으로 영국 제도에서 가장 높은 산임.

6) 영국(스코틀랜드) 하일랜드 주의 로카버 구에 있는 작은 특권도시. 벤네비스 산기슭, 린에 호 북동부 끝에 있음.

측 없이 이어진 관측으로 인하여 래지는 1882년 스코틀랜드 기상학회로부터 금메달을 수여받았다(Newman and Deacon, 1956).

부자였던 고모가 많은 부를 래지에게 남기고 사망한 후, 그는 1884년 오스트레일리아 사우스오스트레일리아 주 애들레이드 교외에 좋은 저택을 마련하여 그곳에 정착하였다. 여기서 그는 개인 기상 관측소를 설립하였고, 곧이어 애들레이드 근처에 위치한 로프티 산에 기상 관측소를 설립하였다. 1886년 그는 오스트레일리아 왕립 기상학회(Royal Society of Australia)를 창립하는 주동적인 발의자가 되었다. 그의 활동은 퀸즐랜드 주 정부의 관심을 끌었고 식민지에 기상 기구를 설립하는 데 대한 보고서를 부탁한 후, 1887년 1월 퀸즐랜드 주 정부 기상학자로 임명되었다. 그해 래지는 오스트레일리아 최초의 기상도를 매일 발간하였고, 오스트레일리아 식민지뿐만 아니라 뉴질랜드까지 날씨예보를 하였다.

클레멘트 래지는 1887년부터 1893년까지 퀸즐랜드 주 전체에 걸쳐서 16개 지점의 1급 관측소, 36개 지점에 2급 관측소, 45개 지점의 3급 관측소, 398개 지점의 우량 관측소 망을 구축하였다.[7] 1890년 병을 얻은 후 건강을 회복하기 위해서 뉴칼레도니아(New Caledonia)[8]와 뉴헤브리디스(New Hebrides)[9]에 요양 가는 도중에 누메아(Noumea)[10]와 아네이티움(Aneityum)[11]에 기상 관측소를 설치하였고 또한 돌아오는 도중에는 노폭 섬(Norfolk Island)에 기상 관측소를 설치하였다. 이러한 필수적인 지상 관측소가 구축된 후, 래지는 관심을 고산 지역 관측소로 다시 돌렸다. 1895년 태즈메이니아(Tasmania)[12]를 방문하여 웰링턴 산(정상높이

7) http://www.austehc.unimelb.edu.au/fam/0824.html

8) 오스트레일리아 동쪽의 섬; 뉴칼레도니아와 그 주변 섬들로 이루어진 프랑스령의 군도.

9) 오스트레일리아 북동 남태평양상의 군도.

10) 남태평양 프랑스령 뉴칼레도니아 섬의 남서부에 위치한 수도.

11) 바누아투 제도에서 최남단에 위치한 섬.

1,245 m) 정상 부근 호바트(Hobart)를 내려 볼 수 있는 지점에 관측소를 설치하였다. 뉴사우스웨일스에 위치한 코지어스코 산(정상높이 2,228 m)[13]은 오스트레일리아에서 가장 높은 산으로서 래지가 관측소를 설치하고자 한 마지막 장소였다. 1897년 12월에 그곳에 관측소가 설치되었고 벤네비스 산의 경우와 마찬가지로, 비교 관측을 위해서 뉴사우스웨일스 주의 남쪽 연안인 메림불라(Merimbula)에 해수면 근처의 관측소를 설치하였다. 이곳에서의 기상 관측은 래지가 오스트레일리아를 떠날 때까지 수년 간 계속되었다.

퀸즐랜드 주 정부 기상학자로서 래지는 여러 번 국제학회에 참석하였다. 1891년 뮌헨, 1898년 파리, 1900년 파리 만국박람회 등이다. 이러한 열정적인 기간 동안 래지의 여러 활동 중 하나는 퀸즐랜드 기상국(Queensland Weather Bureau)의 지국을 창설하여 표류 병(drift bottle)을 이용하여 해류 탐사를 한 것이었다. 브리즈번 타링가(Taringa)에 위치한 그의 집 카펨바(Capemba)는 기상관측소일 뿐만 아니라 영락없는 열대 식물원이었다.

1901년 오스트레일리아 연방(Commonwealth Federation)이 출범하였을 때, 기상국에 대한 주 정부의 관심이 줄어들게 되었고 결국 1902년에는 정부 보조금으로 운영되는 준 기관으로 전락하게 되었다. 한정된 기금으로 기상대를 유지한다는 것에 회의를 느낀 래지는 1903년에 연방의회와의 싸움을 포기하고 뉴질랜드 오클랜드로 이주하였다. 1908년 최초의 오스트레일리아 연방 기상학자로 임명되는 것 등의 여러 기회가 여러 요인으로 깨어지게 되었다.

뉴질랜드에 체류하면서, 래지는 태평양 여러 섬을 돌아다녔고 통가(Tonga)에서

---

12) 오스트레일리아 남동쪽에 위치한 섬으로 이루어진 주. 주도는 호바트임.

13) 오스트레일리아 뉴사우스웨일스 주 남동부의 오스트레일리아 알프스 산맥에 있는 스노이 산지에 속하며, 시드니에서 남서쪽으로 390 ㎞ 떨어져 있음.

는 오랫동안 머물기도 하였다. 그곳에서 그는 원주민 생활에 대해 자세히 알게 되었고 그 경험을 바탕으로 하여, 1906년 『남쪽 바다의 로맨스』를 출판하였다(Wragge, 1906). 그 후 래지는 잉글랜드 스태퍼드(Stafford)[14]에 "래지 민족지학, 지질학, 자연사 박물관(Wragge Museum of Ethnography, Geology and Natural History)"을 설립하였다.

퀸즐랜드 주에 머물던 마지막 몇 년 동안 래지는 여러 번 강연 여행을 다녔었다. 그는 천문학, 기상학, 다른 과학적인 토픽에 대해 가장 재미있게 강의하는 사람이었다. 1910년 경 그는 뉴질랜드와 오스트레일리아에 또 다른 강연 여행을 다녔지만 이 여행은 그 당시 활동사진 쇼의 인기가 너무 좋았기 때문에 재정적으로 실패하고 말았다. 당분간 그는 그의 망원경을 가지고 달의 형상, 목성의 위성 등과 같은 것을 돌아다니면서 보여주는 여행을 축소하게 되었다. 외견상으로 그의 다양한 관심과 모험심을 견지하기에 그의 재산이 넉넉하지 못한 것처럼 보였다.

그는 뉴질랜드로 돌아왔고 오클랜드 버컨헤드(Birkenhead)에 위치한 그의 개인 기상관측소와 열대 정원이 있던 집에 정착하였다. 그러나 1904년 오스트레일리아 퀸즐랜드 북부 지방을 다시 여행하였다. 그의 여행 목적은 열대 저기압 경보센터를 설립하는 가능성을 타진하는 것이었다. 제1차 세계대전이 발발하면서 이 계획은 중단되고 그는 오클렌드로 돌이왔다. 그리고 1922년 12월 10일 사망하였다. 그 해 오스트레일리아 연방 정부는 퀸즐랜드에 영향을 미치는 열대 저기압 활동이 경고를 제공하기 위해서 윌리스 섬(Willis Island)에 관측소를 설립하였다.

클레멘트 래지는 큰 키에 호리호리하고 붉은 머리카락을 가진 내향적인 사람이었다. 그는 발이 커서 항상 블루처 신발을 신었다. 붉은 머리카락은 그의 성격을 나타

---

14) 잉글랜드 스태퍼드셔 주의 주도로서 런던 북서쪽 약 200 ㎞의 트렌트 강 지류인 소강 연안에 있음.

내는 중요한 단서였다. 정열적인 사람으로 타협하지 않고 관습에 얽매이지 않는 행동으로 그는 때때로 적을 만드는 것도 두려워하지 않았다. 심지어 그는 사우스오스트레일리아 주의 찰스 토드(Sir Charles **Todd**, 1826~1910), 뉴사우스웨일스 주의 헨리 러셀(Henry Chamberlain **Russell**, FRS, 1836~1907), 빅토리아 주의 로버트 엘러리(Robert Lewis John **Ellery**, FRS, 1827~1908), 뉴질랜드의 제임스 헥터(Sir James **Hector**, 1834~1907)와 같은 다른 주의 천문학자와 기상학자들을 경멸하는 태도를 보였다. 이들은 오스트레일리아 전체를 위한 예보에 충족시키지 못하였고, 어떤 경우에는 래지가 평의원으로 있던 영국 왕립기상학회에 의해 권유되는 아이디어들을 잘 수행하지 못하였다. 후자의 결점이 래지에게는 용서할 수 없는 것이었다.

클레멘트 래지는 1890년대 중반 일기도에 동반하는 저기압 시스템과 열대 저기압에 이름을 부여하는 것을 실용화시켰다. 처음에는 그리스 알파벳순으로 산호 해(Coral Sea)[15]에 발생하는 열대 저기압에 주로 적용되었다. 그런 다음 그리스와 로마 신화 이름을 그 다음에는 여성 이름을 마지막에는 정치인 이름을 사용하였다. 일반적으로 알파벳 순서로 이름을 부여했지만 갑작스런 착상으로 인하여 순서가 바뀌기도 하였다. 특히 피해를 주는 남극 요란에는 래지와 의견을 달리한 정치인의 이름을 따서 "레지나(Lesina)", "멜바(Melba)" 등으로 명명하기도 하였다. 1902년 래지는 이름을 부여하는 범위를 확대하였다. 열대 저기압 이름에는 군사 지도자(예; Xerxes, Hannibal, Blucher 등), 남극 요란에는 여러 명의 연방 국회 지도자들의 이름(예; Drake, Barton, Deakin 등), 몬순 저기압의 이름에는 곤충(예; Blastus) 또는 성서(예; Ramoth, Teman)에서 인용하기도 하였다(Adamson, 2003).

1898년 클레멘트 래지는 『오스트레일리아 날씨 편람과 역서(*Australian Weather*

15) 태평양 남서쪽, 오스트레일리아 북동 해안에 접한 바다임.

Guide and Almanac)』를 출판하였다. 이것은 기상학, 지질학, 미개지에서 살아가는 방법을 다룬 약 300쪽에 달하는 책이었다. 또한 이 책은 농업, 광업, 물 공급에 관한 전문가들의 공헌과 우편 정보와 여러 가지들에 대해서도 다루었다.

클레멘트 래지는 유명한 "스타이거 볼텍스 건(Steiger Vortex Gun)"[16)]을 가지고 인공 강우 실험을 감행하였다. 이것은 약 4.5 m 길이를 가진 원뿔 모양의 대포로서 수직으로 세우면 맨 위쪽은 종 모양의 입구를 가진 것으로 약 227 g의 폭약으로 장전된다(그림 5-2). 실험에 상용된 여섯 개의 대포는 브리즈번에서 제작되어 내륙도시인 샤를빌(Charleville)로 수송되었다. 대포들은 1.2 km 간격으로 두 줄로 설치되었다. 1902년 축제일인 9월 26일은 두꺼운 구름이 전 하늘을 덮고 있었고 정

그림 5-2 1902년 클레멘트 래지에 의해서 비 만드는 실험에 사용된 스타이거 볼텍스 건(Crowder, 1995)이다.

16) 1896년 경 오스트리아 시장이었던 알버트 스타이거가 발명함.

오에 발사 명령이 내려졌다. 약간의 물방울이 떨어졌고 2시간 후 약한 소나기가 내렸다. 시간차를 두고 발사하는 것이 일반적인 견해라서 오후에는 더 많은 폭약을 장착하여 짧은 시간 간격으로 발사하였다. 2개의 대포가 발사되었지만 비는 내리지 않았다. 결국 래지는 비를 만드는 실험(rain-making experiment)을 포기하였다. 그 중 1개의 대포가 현재 보존되어 있고, 1948년 샤를빌 100주년 기념식에 그 모습을 드러내었다.

퀸즐랜드 기상대를 관장하고 있던 동안, 래지는 예보가 하루 이상 넘지 않는 전통적인 날씨 예보 방법을 견지하였다. 그 당시 장기 예보에 대한 그의 태도는 1890년 발행된 홍수 보고서에 나타난 대로 비관적인 견해였다. 그러나 몇 년 지나지 않아 래지는 계절 예보의 도전에 직면하게 되었다. 그는 당시 체신부 장관이었던 테오도르 운마크(Theodore Oscar Unmack, 1835~1919)의 지휘를 받게 되었다. 운마크는 35년 주기인 "브뢰크너 주기(Brückner cycle)"[17]을 고안한 독일의 지리학자 겸 빙하학자인 에두아르트 브뢰크너(Eduard Brückner, 1862~1921)[18]의 연구에 깊

17) 브뢰크너 주기(Brückner cycle)는 약 35년 주기로 일어나는 날씨의 주기적인 변화를 말함. 잉글랜드의 과학자인 프랜시스 베이컨(Francis Bacon, 1561~1626)은 1626년 자신이 죽기 직전 35년 날씨 주기의 존재를 제안한 최초의 사람이었는데, 1890년 독일의 지리학자, 빙하학자인 에두아르트 브뢰크너는 이에 대한 명백한 증거를 만들었음. 그는 수많은 세월 동안 날씨 기록을 상세하게 검증해 이러한 기반을 이룩하였음. 브뢰크너는 유럽의 기온과 강수량이 34.8±0.7년 동안 변동한다는 것을 발견하였음. 각각의 주기는 서늘함, 수분 반이고 온난, 건조 반으로 구성됨. 각각의 주기에서 기온은 1.1 ℃ 이상 강수량은 8~9 % 이상 변동하지 않음. 파동의 진폭은 작은 편이지만 그래프 상에 기입할 경우 뚜렷하게 인식할 수 있음. 현대 기후학자들은 브뢰크너 주기가 날씨 패턴을 결정하는데 그다지 중요하지 않다고 인식하고 있음.

18) 기후 연구에 선도적인 과학자로서, 브뤼크너 주기(약 35년 주기)를 발견함. 도르파트 대학교(1981~1985)에서 기상학과 물리학을 공부하였고, 그 후 드레스덴 대학교와 뮌헨 대학교에서 수학함. 독일 함부르크 해양기상대 직원(1985~1988); 스위스 베른 대학교 교수(1888~

은 인상을 받고 있었다. 1892년 11월 1일 의회 의사록에 의하면, “운마크는 래지에게 오스트레일리아 날씨 예보에 브뤼크너 주기의 적용을 고려하도록 권고하였다.”라고 기록하고 있다. 래지는 신중한 사람으로 가능성을 고려하는 데 시간을 요청하였고 북위 40°에서 남위 55°, 동경 30°에서 서경 120° 지역을 나타내는 확장된 기상도 준비를 요청하였다. 1893년 선거로 인해 래지에게 부여된 이러한 압박은 덜어졌다.

이러는 동안 애들레이드 기상대와 그 후 멜버른 기상대에서 근무한 존 기돈즈(John Harcourt Giddons)는 1898년 후반 태양-달 중력 이론에 기초하여 계절 예보를 시작하였고, “연방 일기도”(그림 5-3)라는 제목으로 예보를 1927년까지 28년 동안 발령하였다. 1903년 래지가 마침내 퀸즐랜드 주 기상학자 자리를 은퇴했을

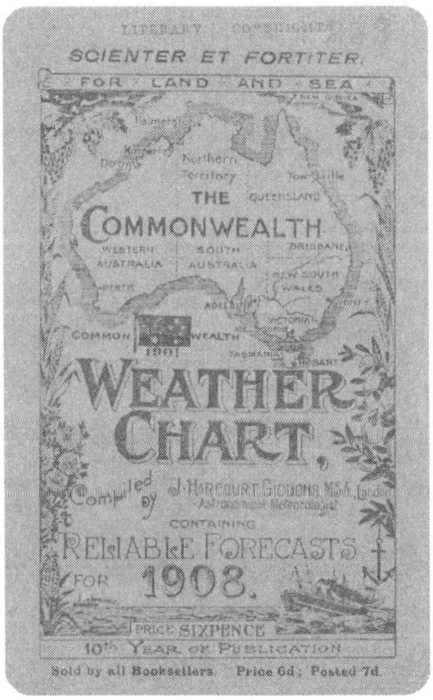

그림 5-3 존 기돈즈가 1908년에 발행한 『연방일기도(The Commonwealth Weather Chart)』의 표지이다.

1904) 및 학장(1899~1904); 독일 할레 대학교 교수(1904~1906); 오스트리아 비엔나 대학교 교수(1906~1927) 역임함.

때, 그는 흑점과 브뢰크너 주기에 기초한 계절 예보 프로그램을 개시하였다. 한때 기돈즈는 래지에 대해서 강하게 비판했지만 래지의 명성은 대중들에는 절대적이었다. 물론 계절 예보에 대한 일반적인 관심은 영국 제도보다 오스트레일리아에서 훨씬 높았다.

1922년 12월 10일 클레멘트 래지가 심장마비로 사망한 후, 16세의 나이로 래지와 함께 일하였던 퀸즐랜드 주 크로햄허스트(Crohamhurst)의 이니고 존스(Inigo Owen Jones, 1872~1954)[19]가 계절 예보를 떠맡게 되었고, 이 일은 사람들로부터 상당한 지지를 구축하였다. 래지 방법에 더하여 존스는 그 자신의 특성적인 방식들을 첨가하여 결과적으로 흑점, 브뢰크너 주기, 목성 주기, 토성 주기 등에 기초한 매우 유연한 시스템으로 진화하게 되었다. 크로햄허스트에서의 작업은 그 뒤 워커(R. L. Walker)로 이어졌다.

오스트레일리아 기상학의 초기 역사

1788년 1월에 오스트레일리아 시드니 부근에 도착한 1차 이주선단(the First Fleet)에는 대기와 해양 현상들에 각별한 관심을 가진 해군과 육군 장교들이 다수 포함되어 있었다. 이들의 과학적인 지식에는 천문학이 포함되어 있었다. 천문학은 항해와 지도 작성에서 즉각적으로 실용적인 방면으로 응용되었다. 잉글랜드를 떠나기

19) 잉글랜드에서 출생한 오스트레일리아 기상학자로써 흑점주기의 변동을 연구하여 계절예보를 시행함. 퀸즐랜드 주 기상학자인 클레멘트 래지로부터 예보훈련(1888~1893)을 받음. 퀸즐랜드 주 크로햄허스트기상대를 설립하여 운영함. 영국 왕립천문학회(RAS) 펠로와 영국 왕립기상학회(RMetS) 펠로로 선출됨.

직전, 선장인 필립은 왕립해병대(Royal Marines)의 사관들 중의 한 사람인 윌리엄 도스(William **Dawes**, 1762~1836) 중위의 추천을 받아, 경도 위원회(Board of Longitude)로부터 천문 · 기상 측기 한 세트를 받게 되었다. 윌리엄 도스는 시드니 보타니 만 해안에서 관측하는 임무를 위탁받게 되었다. 1788년 더 좋은 부지인 시드니 코브에 정착지가 조성되었을 때, 도스는 현재 시드니 하버 브리지의 남동쪽 탑문 근처인 도스 포인트(Dawes Point)에 초기 관상대를 건설하는 감독을 맡았다. 윌리엄 도스는 오스트레일리아에 최초의 관상대를 설립하고, 1788년 9월 14일부터 1791년 12월 6일까지 하루 5번 또는 6번 기상관측을 실시하였다.

처음 4년간 정착지에서의 윌리엄 도스의 활동에 관한 내용은 로버트 맥아피(Robert J. **McAfee**)에 의해서 잘 설명되었다(McAfee, 1978; McAfee, 1981). 맥아피의 설명에 따르면, 도스의 관상대는 단지 1791년 12월까지만 운영되었다. 그 이유는 도스가 원주민인 애버리지니에 대한 필립 총독의 정책에 대해 논쟁을 벌여, 1791년 12월 천문 · 기상 측기들을 가지고 잉글랜드로 귀환하였기 때문이다.

윌리엄 도스의 귀환 후에 이루어진 영국 식민지 시대의 오스트레일리아에서의 기상 기록들은 시드니 지역 주변 여러 곳에서 아마추어 관측자들에 의해서 수집된 천태만상의 관측 자료였다(Williams, 1984). 1803년 3월부터 1805년 5월까지의 기간 동안의 기상 관측 자료들은 오스트레일리아 최초의 신문인 『시드니 가제트(*Sydney Gazette*)』지에 실렸다. 이들 자료들은 1개월을 망라하는 것으로 하루 한 번 관측한 자료들이 제시되었다. 이것은 후에 1주일 동안을 나타내는 새로운 표로 판형을 바뀌었고 시드니 총독 관저에서 하루에 4번 관측한 자료를 실었다.

그 다음 주요한 발전은 뉴사우스웨일스 식민지 총독으로 부임한 군인 과학자인 토마스 브리즈번(Major-General Sir Thomas Makdougall **Brisbane**, 1773~1860)[20]이 1822년 관상대를 설치한 것이었다. 이것은 전적으로 사비를 털어 만들었고, 관상대는 시드니 서쪽 20 km 떨어진 패러매타(Parramatta)에 있는 총독 공관 근처에 세워졌다. 1825년 브리즈번이 잉글랜드로 귀환하였을 때, 패러매타 관상대 프로그램은 브리즈번의 조수였던 제임스 던럽(James Dunlop, FRS, 1793~1848)[21] 또는 카를 륌커(Carl Ludwig Christian Rümker, ForMemRS, 1788~1862)[22]에 의해서 일부 중단된 경우도 있으나 1926년까지는 계속 운영되었음에도 불구하고 그 후 방치되어 파손됨에 따라서 1847년 폐쇄되었다. 그러나 브리즈번은 오스트레일리아 철학학회(Philosophical Society of Australia)를 설립하여 천문학과 기상학에 대한 상당한 과학적인 지식을 산출하였다.

그 당시 뉴사우스웨일스 식민지는 포트 필립 구역과 퀸즐랜드를 포함하고 있었고, 1840년 식민지 정부는 시드니의 사우스 헤드(South Head), 시드니에서부터 북동쪽 300 km 떨어진 포트 맥쿼리(Port Macquarie), 포트 필립(Port Phillip)을 내

---

20) 영국(스코틀랜드) 육군 장군, 천문학자. "달 분화구 브리즈번"으로 유명함. 뉴사우스웨일스 주 패러매타에 오스트레일리아 최초 관상대를 설립함. 스코틀랜드 에든버러 대학교에서 천문학과 수학을 전공함. 오스트레일리아 뉴사우스웨일스 총독(1821~1825) 역임함. 영국 왕립학회 펠로와 에든버러 왕립학회 펠로로 선출되었고, 에든버러 왕립학회 회장(1832)을 역임함. 영국 왕립천문학회(RAS)의 금메달(1828)을 공동 수상함. 1835년 『남반구 7,385개 항성의 브리즈번 목록』을 출판함.

21) 영국(스코틀랜드)-오스트레일리아 천문학자. 전파은하 "NGC 5128; Centaurus A"를 발견함. 오스트레일리아 뉴사우스웨일스 주 시드니 패러매타 관상대 토마스 브리즈번 경조수 및 감독관 역임함. 영국 왕립학회 펠로, 영국 왕립천문학회(RAS) 펠로, 스코틀랜드 에든버러 왕립학회 펠로(1832~1848)로 선출됨. RAS의 금메달(1828)을 공동 수상하였고, 프랑스 과학원의 랄랑드 상(1835)을 공동 수상함. 1828년 『뉴사우스웨일스에서 관측된 성운과 성단 목록』을 편찬함.

22) 독일 천문학자. 1822년 "주기 혜성(2P/Encke)"을 발견함. 오스트레일리아 뉴사우스웨일스 주 패러매타 관상대 대장과 독일 함부르크 천문대 대장 역임함. 영국 왕립학회 외국인 회원(1855~1862)으로 선출됨. 프랑스 과학원의 랄랑드 상(1823)과 영국 왕립천문학회(RAS) 금메달(1854)을 수상함. 천문학자인 게오르크 륌커(Georg Friedrich Wilhelm Rümker, 1832~1900)의 아버지임.

려다보는 멜버른 플래그스태프 힐(Flagstaff Hill)에 기상 · 신호소(meteorological and signal station)를 설립하였다. 관측은 교육을 받은 죄수들에 의해서 이루어졌고 1850년대까지 계속되었다.

1840년대와 1850년대에서 기상 활동은 윌리엄 클라크(William Branwhite Clarke, 1798~1878)[23]와 윌리엄 제번스(William Stanley Jevons, 1835~1882)[24]에 의해서 이루어졌다. 그들은 시드니 지역의 여러 지역에서 관측했을 뿐만 아니라 기상학 주제에 대해서 신문과 잡지에 기사를 투고하였다. 1800년대 후반과 1900년대 초반까지 시드니 신문들은 시드니 관상대 소속 헨리 러셀(Henry Chamberlain Russell, FRS, 1836~1907)[25]의 기상 활동을 설명하는 많은 기사들을 실었다. 클라크에 의한 30편의 기사들이 1840년대 『시드니 모닝 헤럴드』지에 게재되었고, 제번스에 의한 다른 기사들은 1859년 『보의 오스트레일리아 책력』과 『시드니 과학예술 매거진』지에 발표되었다.

패러매타 관상대의 폐쇄 이후, 필립 킹(Phillip Parker King, 1791~1856) 선장은 패러매타에 설치된 브리즈번의 관측 장비들을 시드니 코브 서쪽에 위치한 플래그스태프 힐로 이진하고자 노력하였으나, 런던의 궁중천문학자의 허가를 얻지는 못하였다. 그러나 1856년 킹의 사망 전, 새로 임명된 총독인 윌리엄 데니슨(William Thomas Denison, 1804~1871)은 그 자리에 천문대 건설을 허락하였다. 플래그스

---

23) 잉글랜드 지질학자 겸 목사임.

24) 잉글랜드 경제학자, 논리학자로서 오스트레일리아의 최초 사회 과학자로 다방면에 유명하였고 19세기 위대한 영국인 중의 한 사람이 됨.

25) 오스트레일리아 천문학자, 기상학자. 이중성을 연구함. 자기기압계, 자기온도계, 자기풍향풍속계, 자기 우량계 등을 발명함. 뉴사우스웨일스 주 시드니 대학교에서 1859년 학사학위(B.A.)를 받음. 시드니 관상대(1859~1870) 스태프, 천문학자 보, 대장 대리; 뉴사우스웨일스 주정부 천문학자(1870~1905) 역임함. 영국 왕립학회 펠로(1886~1907)로 선출됨.

태프 힐에 건설된 건물은 1859년 1월에 완공되었다(그림 5-4). 이 자리는 도스의 원래 관상대 부지에서부터 남남서쪽으로 600 m 떨어진 곳이었다. 새로 건립된 관상대에서의 기상 관측은 1859년 1월 1일에 개시되었다.

케임브리지 대학교를 졸업한 윌리엄 스콧(William Scott, 1825~1917)[26]은 궁중천문학자의 추천으로 뉴사우스웨일스 주 정부 천문학자로 임명되어 1856년 10월 오스트레일리아에 도착하였다. 데니슨과 스콧 사이의 관상대 빌딩의 부지와 설계

그림 5-4 윌리엄 도스의 원래 관상대 부지에서부터 남남서쪽으로 600 m 떨어진 플래그스태프 힐에 건설된 시드니 관상대의 모습. 이 건물은 1858년 4월부터 1859년 1월까지 건설되었다.

26) 영국(잉글랜드) 태생의 오스트레일리아 천문학자, 수학자. 블런델 스쿨에서 중등교육을 받았고, 케임브리지 대학교에서 학사학위를 받음. 잉글랜드 케임브리지 대학교 시드니 서식스 칼리지 펠로와 수학 강사; 오스트레일리아 뉴사우스웨일스(NSW) 주 정부 천문학자(1856~1862); 시드니 관상대 초대 대장을 역임함.

에 대한 논의 후 작업이 시작되었고 천문학자의 주택에 1858년 4월 입주하였다. 1859년 스콧은 새로 설립된 시드니 대학교에서 오스트레일리아 출신 졸업생인 헨리 러셀을 계산원으로 임명하였다. 1862년 5월 스콧은 건강악화로 사임하였고, 러셀이 임시 천문학자가 되었다. 또 다른 케임브리지 대학교 출신인 조지 스몰리(George Robarts Smalley, 1822~1870)가 궁중 천문학자의 추천으로 주 정부 천문학자로 임명되었고, 그는 1864년 업무를 시작하였다. 스콧은 뉴사우스웨일스 식민지 내에 브리즈번과 록햄프턴을 포함한 12개의 관상대를 설립하였다. 1870년 뉴사우스웨일스 주 의회에 제출한 스몰리의 보고[27]에 따르면, 전문으로 보고되는 30개 지점과 그 외 13개 지점들의 목록이 제시되어 있었다. 스몰리의 보고는 그가 사망한 해인 1870년 3월 23일자로 되어 있었다. 헨리 러셀은 조지 스몰리의 뒤를 이어 주 정부 천문학자로 임명되었고 1905년까지 그 자리를 지켰다.

빅토리아 주가 1851년 7월 독립 식민지로 선포되었다. 1853년 외과의사인 로버트 엘러니(Robert Lewis John Ellery, 1827~1908)가 멜버른에서부터 남서쪽으로 8 km 떨어진 윌리엄스타운에 간이 천문대를 설립하였다. 여기서 그는 기상관측을 실시하였다. 바다에 대한 애정이 남달랐던 젊은 독일 박사인 게오르크 폰 노이마이어(Georg Balthazar von Neumayer, ForMemRS, 1826~1909)[28]는 친구의 배표를 얻어서 1852년 오스트레일리아로 항해하는 선박에서 일하였고 빅토리아 주

---

27) Smalley, J. R., 1870. List of stations supplied with meteorological instruments 23 March 1870. Printed for New South Wales Legislative Assembly.

28) 독일 극지탐험가, 지구물리학자, 수로학자. 뮌헨 대학교에서 지구물리학과 수문학을 전공함. 1858년 오스트레일리아 빅토리아 주 멜버른에 플래그스태프 관측소를 설립하여 빅토리아 주의 자기조사를 수행함(1858~1864). 초기 오스트레일리아 과학계를 선도한 사람이고 극지탐험에 관심을 가짐. 영국 왕립학회 외국인 회원(1899~1909)으로 선출됨. 1869년 "1858년부터 1864년 동안 수행된 빅토리아 식민지의 자기조사 결과"와 1886년 2권으로 된 "국제극지연구"를 저술함.

벤디고(Bendigo)의 금광에서 얼마간의 시간을 보냈다. 그는 1854년 바바리아(Bavaria)로 돌아갔고 막시밀리안 2세 왕으로부터 자금을 조달하여 오스트레일리아로 되돌아와 멜버른 플래그스태프 힐에 설치된 신호소(그림 5-5)에 관상대를 설치하였다. 이 관상대는 그가 1857년 1월 멜버른으로 되돌아온 후 건축되었다. 그곳에서 그는 정규적인 기상관측을 실시하였고 빅토리아 주에 많은 기상관측소를 설치하였다. 1863년 노이마이어가 독일로 돌아간 후, 엘러니가 빅토리아 주 정부 천문학자가 되었고, 새로운 관상대가 멜버른 시 남쪽 경계에 위치한 멜버른 도메인(Melbourne Domain)에 건립되었다.

1855년 30세의 찰스 토드(Sir Charles Todd, 1826~1910)[29]가 전신 감독관과 사우스오스트레일리아 주 정부 천문학자로서 잉글랜드 케임브리지에서 오스트레일리아 사우스오스트레일리아 주 애들레이드에 도착하였다. 수십 년에 걸쳐서, 그는 뉴사우스웨일스 주, 빅토리아 주, 노던 준주 다윈 시에 전신선을 건설하면서, 모든 길에 기상 관측소를 설치하였다. 그는 또한 웨스턴오스트레일리아 주 기상 발달을 육성하였고 다른 식민지의 천문학자와 기상학자 사이의 협력 체제를 구축하였다. 그는 전보로 자료를 실시간 수집할 수 있다는 것을 깨달았고 종관일기도를 준비하기 시작하였다.

현재 태즈메이니아(Tasmania)로 불리는 반 디에맨즈 랜드(Van Diemen's Land)는 뉴사우스웨일스의 식민지 일부가 아니었다. 그곳의 모든 활동은 런던 왕실에서 관장하였다. 1841년 임페리얼 천문대(Imperial Observatory)가 호바트(Hobart)에

---

29) 영국(잉글랜드) 태생의 오스트레일리아 천문학자, 기상학자. 1874년과 1882년 금성의 자오면 통과를 관측함. 오스트레일리아를 횡단하는 전신망을 최초로 구축함. 그리니치 왕립천문대(RGO) 천문 계산원(1841~1847); 케임브리지천문대 조천문학자(1847~1854); 오스트레일리아 사우스오스트레일리아 주 애들레이드 천문대(1855~1906) 천문 및 기상 관측자; 정부 천문학자; 전신 감독관을 역임함.

그림 5-5 1850년대 빅토리아 주 멜버른 플래그스태프 힐에 설치된 신호소로서 그 주변에 폰 노이마이어가 관상대를 설립하였다.

설립되었고, 1841년부터 1848년까지 기상대가 설립되었다. 태즈메이니아 주 의회가 1842년 설립되었지만, 기상관측들은 1855년 개인 관측자에 의해서 호바트에서 재개 되었지만 공식적인 관측은 쇼트(Captain Shortt, 1838~1892) 선장이 최초 태즈메이니아 주 정부 기상학자로 임명된 해인 1882까지 이루어지지 않았다.

퀸즐랜드(Queensland)의 최초 주 의회가 1859년 뉴사우스웨일스로부터 독립하여 설립되었고 지역 외과의사인 바튼(Barton)이 브리즈번에서 관측을 실시하였다. 바튼이 사망하여 초대 주 정부 기상학자로 맥도널(E. MacDonnell)이 임명되었고, 클레멘트 래지가 1887년 그의 뒤를 이었고 뉴기니, 뉴칼레도니아, 노퍽 아일랜드, 피지까지 관측망을 확장하였다(Webb, 1997).

웨스턴오스트레일리아 주인 경우, 기상관측이 1857년부터 1876년까지 아마추어와 시간제 관측자에 의해서 여러 장소에서 실시되었다. 1876년 기상지대가 웨스턴

오스트레일리아 측량-총무부 내에 설치되었다. 1896년 퍼스 천문대가 설립되었고, 주 정부 천문학자인 윌리엄 쿡(William Ernest Cooke, 1863~1947)[30]이 기상관측활동에 대한 임무를 떠맡았다. 1890년까지 웨스턴오스트레일리아에는 자치 정부가 구성되지 못하였다.

1878년에 이르러 오스트레일리아 내에 전신망이 광범위하게 발달함에 따라서, 헨리 러셀, 로버트 엘러리, 찰스 토드, 제임스 헥터[31]가 오스트레일리아 내의 기상 활동에 대한 상호협조를 논의하기 위한 콘퍼런스에 참가하기 위해 시드니에서 만났다.

이들 기상대들의 하나의 기능은 시간을 정확하게 유지하는 것이었다. 도스의 임무 중에서 가장 중요한 임무가 선장이 선박의 시계를 검사할 수 있도록 하는 공식적인 시간 유지자를 관리하는 것이었다. 시드니에서는 1858년 6월 5일부터 '타임 볼(time ball)'에 의해서 항구에 정박 중인 선박에게 시간을 알려주었다. 관상대 지붕

---

30) 오스트레일리아 천문학자. 천문관측 기술과 항성 목록 시스템을 개발함. "Satellite 3894 Williamcooke"과 퍼스 천문대 창립자로 유명함. 사우스오스트레일리아 주 애들레이드 대학교에서 1883년 학사학위(B.A.)와 1889년 석사학위(M.A.)를 받음. 사우스오스트레일리아 주 애들레이드 천문대 시니어 과학자, 웨스턴오스트레일리아 주 초대 정부 천문학자, 정부 기상학자, 뉴사우스웨일스 주 정부 천문학자, 뉴사우스웨일스 주 시드니 대학교 천문학 교수 역임함.

31) 영국(스코틀랜드) 태생의 뉴질랜드 지질학자, 박물학자, 외과의사. 영국 북미탐사대인 존 팰리서 탐사대(1857~1859)에 외과의사와 지질학자로 참여함. 에든버러 아카데미를 졸업하였고, 에든버러 대학교에서 의학을 전공하여 1856년 학사학위를 받음. 뉴질랜드 지질조사국(NZGS)을 설립함. 뉴질랜드 연구소에서 30년간 활동함. 뉴질랜드 대학교 총장(1885~1903) 역임함. 영국 왕립학회 펠로(1866~1907)로 선출됨. 런던지질학회의 라이엘 메달(1877)을 수상함. 뉴질랜드 왕립학회(RSNZ)에서 "헥터 기념 메달(Hector Memorial Medal)"을 제정하여 뉴질랜드에서 활동하고 있는 지질과학 연구자들을 대상으로 1912년부터 매년 수상하고 있음.

에 설치된 검은 공 모양의 타임 볼의 꼭대기에 장대를 설치하여 정해진 시간에 장대가 아래로 떨어지도록 하여 볼이 움직이도록 하였다. 처음 채택된 시간은 정오였지만, 1858년 말경 오후 1시로 변경되었다. 왜냐하면 이 시각이 선상의 감시 선원들에게 편리하였고, 정오에 감시 선원들이 교대하였기 때문이었다. 타임 볼이 떨어지면 대포가 발사되었다. 도스 포인트에서 처음으로 실시되었고 베넬롱 포인트에서 멀지 않은 현재 시드니 오페라 하우스 자리인 핀치가트 섬으로 확대되었다. 선박의 크로노미터(chronometer)의 수정에 도움을 주는 이러한 타임 볼은 1853년 윌리엄스타운 근처 포인트 젤리브랜드, 1882년 호바트, 브리즈번, 퍼스, 뉴캐슬의 탑 또는 깃발 게양대에 설치되었다.

1850년부터 1900년까지의 기간 동안, 게오르크 폰 노이마이어, 찰스 토드, 헨리 러셀, 로버트 엘러리, 클레멘트 래지는 기상 관측 자료와 과학 논문을 남겼고, 그들의 파노라마적인 관심의 범위를 나타내는 증거들을 남겼다. 노이마이어는 로버트 버크(Robert O'Hara Burke, 1821~1861)와 윌리엄 윌리스(William John Willis, 1834~1861)로 구성된 비운의 탐험대를 결성하는 구성 위원회의 중심 위원이었다. 이때 젊은 윌리스는 노이마이어의 멜버른 관상대의 직원이었다. 찰스 토드는 애들레이드-다윈 대륙 횡단 전신망을 구축하는 재원을 사우스오스트레일리아 식민지 정부가 담당하도록 설득시켰다. 토드는 이것을 계획하고 개인적으로 소언을 하였다. 래지는 벤네비스, 코시쿠스코 산, 웰링턴 산, 로프티 산에 산악 관측소 건설에 참여하였다. 래지의 동료인 이니고 존스는 행성의 위치가 날씨 패턴에 영향을 줄 수 있다고 제안하였다. 100,000년 주기로 나타나는 기후 변동성은 행성 위치들에 의해서 영향을 받는 지구 궤도의 특성 변화에 관련된다는 것과 일치하는 것이었다. 물론 존스의 장기 예보는 시간 규모 상으로 매우 짧은 것이었고 과학적인 내용은 의심스러웠다.

1820년대 초반, 뉴사우스웨일스 식민지 총독이었던 토마스 브리즈번은 기상학의 학문적인 면에 강한 관심을 가지게 되었다. 몇 십 년 후, 노이마이어, 토드, 러셀은 과학적인 논의에 관심 있는 사람들의 모임을 주선하였다. 1888년 러셀은 오스트레일리아 과학진흥협회(AAAS)의 창립자들 중의 한 사람이었고, 초대 회장으로 활동하였다. 토드도 역시 이러한 활동의 중심인물이었다. 토드, 러셀, 노이마이어, 엘러리, 래지는 기상학의 이론적인 면에 깊은 관심을 가진 업적들을 출판하였다. 이 후 헨리 헌트, 그리피스 테일러(Thomas Griffith Taylor, 1880~1963)[32], 에드워드 키드슨(Edward Kidson, 1882~1939)[33], 에드윈 퀘일(Edwin Thomas Quayle, 1862~1955)[34], 헨리 바클리(Henry Barkley)는 그들의 연구 결과들이 담긴 논문들을 발표하였다. 그들은 시드니 대학교와 멜버른 대학교와 밀접한 관계를 맺고 있었다.

---

32) 영국(잉글랜드) 태생의 오스트레일리아 지리학자, 지질학자, 기상학자, 탐험가. 초기 남극 탐험대에의 지질학자로 참가함. 오스트레일리아와 캐나다의 최초 지리학 교수를 역임함. 오스트레일리아 뉴사우스웨일스 주 시드니 대학교 교수(1920~1928); 미국 일리노이 주 시카고 대학교 교수(1928~1935); 캐나다 온타리오 주 토론토 대학교 교수(1935~1951) 역임함. 1913년 헨리 헌트, 에드윈 퀘일과 함께 오스트레일리아 최초 기상학 교과서인 『오스트레일리아의 기후와 날씨』를 저술함.

33) 영국(잉글랜드) 태생의 뉴질랜드 자기학자, 기상학자. 구름 높이와 남극 기상학을 연구함. 뉴질랜드 최초의 기상학자로 활동한 것으로 유명함. 뉴질랜드 넬슨 칼리지에서 1900년 학사학위, 캔터베리 칼리지에서 1905년 전기학과 자기학으로 석사학위(M.Sc.), 1906년 석사학위(M.A.), 뉴질랜드 대학교에서 1924년 과학박사학위(D.Sc.)를 받음. 크라이스트처치 자기관측소 조 자기관측원(1905~1908); 미국 워싱턴 D.C. 카네기 협회(CIW) 지자기과 연구원(1908~1914); 영국 왕립공병대 기상대 장교(1915~1919); 영국 기상대(1919~1919); 오스트레일리아 웨스턴오스트레일리아 와더루 CIW 자기 관측자(1919~1921); 오스트레일리아 멜버른 기상국 자문 기상학자(1921~1923)와 국장 보(1923~1927); 뉴질랜드 기상대 자치령 기상학자(1927~1939) 역임함. 영국 물리학회(IOP) 펠로(1924~)로 선출됨.

34) 오스트레일리아 기상학자. 남방진동지수(SOI)로 유명함. 멜버른 관상대(1890~1908)와 오스트레일리아 연방 기상국(BoM)(1908~1924)에서 활동함. 그리피스 테일러, 헨리 헌트와 함께 오스트레일리아 최초 기상학 교과서인 『오스트레일리아의 기후와 날씨』를 저술함.

1800년대 중반 전신 통신이 도입됨에 따라, 광범위한 장소에서 관측된 기상 자료들을 즉시 모을 수 있게 되었고 시간 지연 없이 이들 자료들을 종관 일기도를 기입할 수 있게 되었다. 오스트레일리아에서 최초로 신문(1877년 2월 3일 오전 9시 자료)에 발간된 일기도를 그림 5-6(a)에 나타내었고, 멜버른에서 최초로 발간된 일기도(1881년 9월 24일 오전 3시 자료)를 그림 5-6(b)에 나타내었다.

과거에는 일반 사회와 농업과 해운업에 종사하는 특별한 사용자에게 적절하게 현재 날씨, 예보, 경보를 전달하는 수단이 없었다. 1800년 중반부터, 대부분의 주민들은 식민지 기상대에서 제공되는 기상 알림판에 근거하여 정규적으로 발행되는 신문

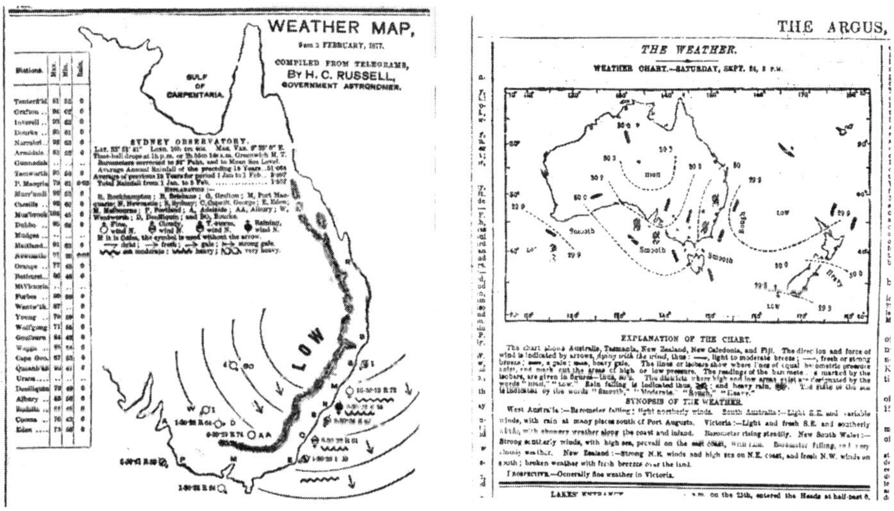

(a) (b)

그림 5-6 (a) 1877년 2월 5일 시드니 모닝 헤럴드 지에 실린 오스트레일리아 최초의 신문 일기도. 이 일기도는 1877년 2월 3일 오전 9시 자료를 기초로 하여 시드니 주 정부 기상학자인 러셀에 의해서 마련되었다. (b) 1881년 9월 24일 오후 3시 관측 자료를 기초로 하여 작성한 멜버른의 최초 신문 일기도. 이 일기도는 빅토리아 주 정부 천문학자인 엘러리에 의해서 마련되었고 1881년 9월 26일 멜버른 『아르구스(*Argus*)』지에 실렸다.

에 게재되는 기상 정보를 얻게 되었다. 날씨 정보를 널리 유포하는 다른 방법은 수도와 지역 도시에 소재한 우체국 밖의 게시판을 사용하는 것이었다. 게시판에는 날씨 통보, 예보, 경보 등이 게시되었고 기상관서, 항무관(특히 열대저기압이 주목되는 지역), 상업적인 건물 지붕 위에는 깃발 신호들이 휘날렸다. 강우 정보는 많은 요구가 있었다. 농산물 가격은 성공적인 수확 전망과 적절한 방목과 물 저장에 의해서 크게 좌우되었다. 그러한 정보를 얻기 위한 특별한 해외 전보의 요구는 런던에 주재한 오스트레일리아 고등 판무관 사무소에서 전송 준비를 하였다. 그래서 잉글랜드에서 휴가를 즐기는 부자 목축업자들은 오스트레일리아에 그들의 행운을 기대하면서 눈을 돌렸다.

오스트레일리아는 세계에서 가장 길고, 가장 면적이 넓고 매우 신뢰할 수 있는 강우량 기록을 가진 나라 중의 하나이다. 이들 기록들은 우량 관측 망에서 수고하는 자원 관측자들 때문에 신용할 수 있다. 애들레이드, 멜버른, 시드니에서는 130년 이상 중단 없이 광범위한 기상 기록들을 가지고 있고, 다른 지역의 기록들도 많은 부분이 100년 이상을 넘기고 있다. 현재 일 강우량은 6,000개 지점에서 기록되고 있다.

초기 식민지 개척자들과 오스트레일리아에서 태어난 그들의 자녀들은 식민지 기상학자들에 의해서 공유된 생각과 활동에 엄격하면서도 독립심이 발달하였다. 특히 이들은 이 나라에서 기상학을 발달시키기 위해서 초기의 독립된 활동을 계획하고 있었다. 최초 오스트레일리아 태생 식민지 정부 기상학자인 헨리 러셀은 오스트레일리아 지역에 이동하는 고기압에 고려하는 앞서가는 아이디어들을 불어넣었다(Russell, 1893). 이들에 대해서 일부 영국 기상학자들에게 비웃음을 받았다. 스코틀랜드 사학자인 윌리엄 달림플(William Dalrymple, 1965~)에 의하면, "쿡이 거대한 남반구 대륙의 면적을 결정하는 임무를 부여 받았을 때인 19세기에도 이와 유사한 편협한 태도들이 왕립학회에 의해서 채택되었다는 역사적 기록도 있다."라는 설명이 있다. 일부 영국 기상학자들이 식민지 기상학자들에 대한 편협한 자세는 1940년대까지 지속되었다. 그들은 2차 세계대전 동안과 직후까지도 열대 대기와 아열대 제트류를 고려하는 오스트레일리아 기상학자들의 견해에 대해서 회의적으로 대하였다. 일부 오스트레일리아 기상학자들은 그들의 아이디어에 대한 악의적인 비판에 대해서 분개하였다. 회고해보면, 오스트레일리아 기상학자들은 독립적으로 발전을 거듭하였고, 영국 기상학자들은 동반자 격인 오스트레일리아 기상학자들에 대해서 아는 것이 적었기 때문에 양측 모두에게 해가 되었다. 기상국에서 근무하던 오스트레일리아 태생의 기상학자들과, 멜버른 대학교와 오스트레일리아 연방 과학·산업연구원(CSIRO)에서 활동하던 해외 출신 기상학자들과의 긴밀한 접촉들은 상호 존중과 이해를 꾸준히 도모하였다.

오스트레일리아 기상학의 발전 속도는 국가 경제 상황과 어깨를 나란히 하였다. 유럽 정착민의 이주의 시작으로부터, 식민지의 부는 농업과 광업의 성공, 바다표범과 고래잡이 산업의 증대 그들 생산품에 대한 해외 수주와 관련이 있었다. 1788년 불확실한 식민지 경영 시작 이후, 양모, 바다표범과 고래잡이 산업들이 설립되었다. 이러한 3가지 산업들은 19세기 중반 몇 십 년 동안 일시적인 하락을 맞이하기도 하였지만 금광 발견과 이에 따른 택지 개발 붐에 의해 상황은 반전되었다. 따라서 19세기 후반에는 기상 활동들이 급격하게 발달하였다. 20세기에 들어와 택지 개발 붐이 붕괴되고 1901년에 발생한 극심한 가뭄으로 인하여, 새로운 오스트레일리아 연방정부는 위태로운 출발을 하게 되었다. 20세기의 특성으로 간주되는 반복적인 상대적인 풍요함과 극심한 경제 위기는 기상 발달을 촉진하는 기간과 휴식하는 기간으로 반영되었다.

Chapter

06

기상측기들을 선도적으로 발명한 잉글랜드 기상학자

윌리엄 다인스

잉글랜드 기상학자인 윌리엄 헨리 다인스(William Henry Dines, 1855~1927; 그림 6-1)는 당시 대영제국에서 기상 측기들을 선도적으로 발명한 사람으로, 그리고 측기들로부터 수집된 관측 자료들을 선도적으로 설명한 사람으로, 우뚝 선 사람이었다. 그는 1855년 8월 5일 잉글랜드 런던에서 조지 다인스(George Dines, 1812~1887)의 아들로 태어났다. 윌리엄 다인스는 유일하게 생존한 아들로서 몸은 튼튼한 편은 아니었고 위로 두 명의 누나[1]가 있었다.

윌리엄의 할아버지인 찰스 다인스(Charles Dines, 1782~?)는 하트퍼드셔[2] 주에 있는 휘트브레드 집안의 사냥터지기로서 어떠한 기상 조건 하에서도 야외에서 작업을 하는 사람이었다. 윌리엄의 아버지인 조지 다인스(George Dines, 1812~1887)는 건설 현장 감독으로서 할아버지와 마찬가지로 야외에서 일하였다. 조지 다

1) 한 사람은 1846년 5월 16일 생인 헤티 루이사 사라(Hetti Louisa Sara)이고 다른 한 사람은 1849년 5월 16일 생인 에밀리 매리(Emily Mary)임.

2) 영국(잉글랜드) 동남부의 주로서 주도는 하트퍼드임.

그림 6-1 1872년 서식스 주 이스트본의 트리니티 칼리지 재학 시절인 16세 무렵 윌리엄 헨리 다인스의 모습이다.[3)]

인스는 토머스 큐빗(Thomas Cubitt, 1788~1855)의 수석 건축가가 되었고, 빅토리아 여왕의 건축 고문으로 와이트 섬(Isle of Wight)[4)]의 오스본 하우스(Osborne House)와 윈저 궁 내에 프록모어 왕릉(Frogmore Mausoleum)을 설계하고 건설하는 데 참여하였다.

조지 다인스는 책임을 지는 위치에 있던 건축가였기 때문에, 특별히 총 강우량과 강우 분포에 대해서 관심을 가지고 있었다. 특히 그는 새로운 주택이 들어설 적절한 장소에 대한 습도와 풍력 측정에도 관심을 가지고 있었다. 이런 연유로 그는 습도계를 발명하기도 하여, 1864년 영국 기상학회의 펠로로 선출되었다. 그의 집안은 런던 핌리코(Pimlico)에서 서리(Surrey)[5)] 주의 카범(Cobham)으로, 다시 서비턴

3) 사진 출처: Pike, William, 2005. William Henry Dines (1855~1927). Weather, 60(11), 308-315.

4) 영국(잉글랜드) 남부 해안 아래에 위치하는 섬으로 빅토리아 시대 휴양지로서 아름다운 경관을 가지고 있음.

5) 영국(잉글랜드) 남동부의 주로서 주도는 킹스턴 어폰 템스(Kingston-upon-Thames)임.

(Surbiton)으로, 1876년에는 허섬(Hersham)에 우드사이드(Woodside)라 불리는 큐빗 스타일(Cubitt-style)의 새집으로 이사하였다(Pike, 2005).

8세에서 14세 사이, 윌리엄 다인스는 서리 주 윈들즈엄(Windlesham)에 소재한 우드코트 하우스 스쿨을 다녔었다. 그의 성적표에 의하면, 수학에 탁월한 재능을 보였다는 것을 알 수 있다. 14세 때인 1869년 12월에 수석 남학생(Head Boy)이 되었고, 1년 앞당겨 이스트본(Eastbourne)[6]의 트리니티 칼리지에 입학하였다(Pike, 2005).

윌리엄 다인스는 이스트본에서 새로운 수학 튜터를 맞이하였는데 수학에 대한 스타일 차이로 인하여 그들 사이에는 갈등과 비판이 일어났다. 이로 인하여 시험 성적이 시종일관 곤두박질을 쳤다. 등록금 또한 우드코트 하우스 스쿨보다 훨씬 많았기 때문에 트리니티 칼리지에 단지 1년만 다니고 16세 때 아버지에 의해서 집으로 돌아오고 말았다.

그는 집에서 마치 방학을 즐기는 것처럼 아버지가 작성하고 있던 차트인 "런던지구 강우량(1813~1872)"에 필요한 월 평균 강수량에 대한 표를 작성하였다. 이 방대한 차트는 1873년 옥스퍼드의 말트비 상사(Maltby & Co)에 의해서 발간되었다. 후에 그는 이러한 젊은 시절에 관심을 가졌던 평균에 대해서 언급한 적이 있고, 이에 대한 2편의 강의록을 작성하였다. 이들 강의록은 후에 2편의 논문(Dines, 1886; Dines, 1902)으로 발표되었다.

런던과 사우스웨스턴 철도회사가 급격히 번창할 때 다인스는 런던 배터시에 소재한 나인 엘름스 기관차 제작소에서의 4년간 공학 도제로서 근무하였다. 나인 엘름스에 근무하던 동안, 그는 정밀 기계 도면 기술을 습득하였다. 이 기술은 여러 가지 새로운 기상 측기를 혁신적으로 디자인하는 데 사용되어, 실용적인 측기들을 만들어

---

6) 영국(잉글랜드) 동남부 서식스 주 동부의 항구 도시로 휴양지임.

내는 데 많은 도움을 주었다. 윌리엄 다인스에 의해서 제작된 도면들은 1886년 1월 30일자로 취득한 마찰과 무관한 풍속계(특허 번호 No. 1345; 그림 6-2(a)와(b))와 "나선형 풍속계(helicoid anemometer; 그림 6-3)"에 중요한 부분이었다(Dines and Whipple, 1888; Gold, 1928).

풍속과 기압의 실제 관측은 테이 브리지(Tay Bridge) 사고[7]을 일으킨 원인을 규명하기 위한 엔진 시험 운행 동안, 다인스가 기관사가 서는 곳에서 기관차를 타고

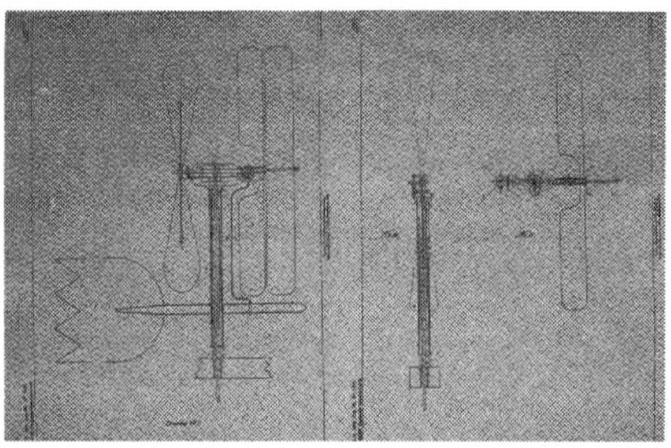

(a)

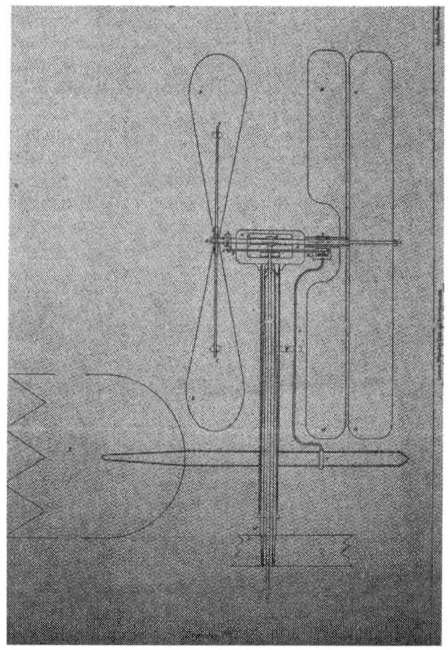

(b)

그림 6-2 (a) 윌리엄 다인스에 의해서 1886년 1월 30일자로 출원한 마찰과 무관한 나선형 풍속계로서 특허번호 No 1345인 도면 신청서이다. (b) 나선형을 상세하게 보여주는 그림이다.[8]

7) Burt, P. J. A., 2004 : The Great Storm and the fall of the first Tay Bridge. *Weather*, 59, 347-350.

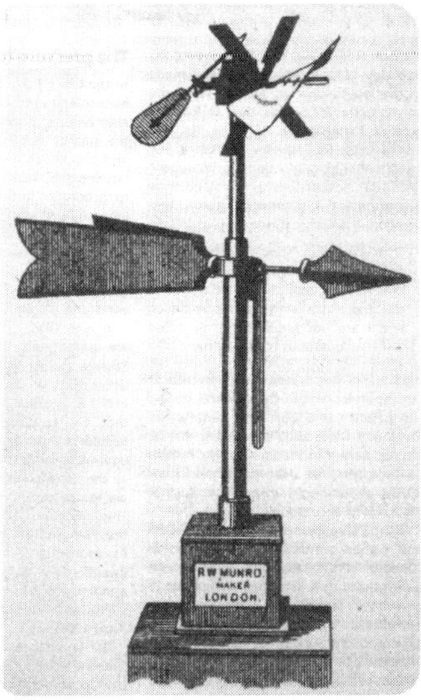

그림 6-3 나선형 풍속계(helicoid anemometer)[9]

가는 동안 이루어졌다. 이런 이유로 2년 후 케임브리지에서 대학을 다닐 때 이 일에 대해서 깊은 관심을 가지게 되었다.

공학 도제를 완전히 마친 윌리엄 다인스는 1877년 10월 케임브리지 대학교 코퍼스 크리스티 칼리지[10]에 진학하여 수학을 전공하였다. 집에 보낸 편지에 의하면 그는 주기적으로 배탈이 나 기분이 좋지 않은 시간을 보낸 것으로 추측할 수 있다. 그러나 실버 스트리트 23번지에 식료품 가게를 하는 새로운 하숙 여주인인 미세스 앨리슨(Mrs. Allison)을 만나고 나서부터 매우 행복한 시간을 보내었다.

미세스 앨리슨 식료품 가게 위층에서 같이 생활한 룸메이트이고 다인스의 가장 친

---

8) 그림 출처: Pike, William, 2005 : William Henry Dines(1855~1927), *Weather*, 60(11), 308-315.

9) 그림 출처: Pike, William, 2005 : William Henry Dines(1855~1927), *Weather*, 60(11), 308-315.

10) 1352년에 설립된 아주 오래된 칼리지임.

한 친구인 허버트 테그웰(Herbert Tugwell, 1855~1936)[11]은 그의 누이인 캐서린 엠마(Catherine Emma)를 다인스에게 소개해 주었다. 다인스는 그 뒤 엠마와 결혼하였다.

1879년 12월 28일 올드 테이 브리지를 지나가던 기차가 강한 바람으로 강에 빠지는 사건이 일어남에 따라, 기상학자와 공학자 모두는 공학적인 구조물에 풍력이 어느 정도 허용되어야만 하는지에 대한 결정에 관심을 가져야 한다는 점을 강력히 요청하였다(Pike, 1989). 이 사고에 대한 연구에서 다인스의 수학적인 재능이 발휘되어 1880년 모손 장학금을 받게 되었다. 그러나 비극적인 인명 손실은 다인스로 하여금 순수 학문적인 경력을 따르기보다는 "압력관 풍속계(pressure tube anemometer; PTA)"를 개발하도록 하는 충분한 동기를 부여하였다.

헨리 다인스는 케임브리지 대학교에서 1881년 수석 졸업자로 학사학위를 취득하였다. 1882년 그는 수학 코치로 케임브리지 대학교에 남았었다. 비록 그가 1882년과 1883년 기간 동안 버기스힐 연구소(Burgess Hill Institution)에서 강의를 받는 학생들을 가르치는 수학 튜터로서 남아 있었지만, 다인스는 영국 기상대(UKMO) 대장인 네이피어 쇼에게 그 당시 관행으로 바로 상위 학위를 주는 데 대해서 믿을 수 없는 일이라고 말하였다(Shaw, 1937). 그래서 그 자신은 과학박사 학위 취득을 위한 공부를 하지 않았다.

윌리엄 다인스의 아버지인 조지 다인스는 상당히 성공하여 런던 여러 곳에 부동산을 소유하게 되었다. 이들로부터 일정한 수입이 들어옴에 따라, 아버지와 아들은 열정적인 아마추어로서 기상학에 그들이 실제 관심을 가지고 있던 부분을 자유롭게 확장시킬 수 있었다. 윌리엄 헨리 다인스는 그 당시 기상학회의 회원으로 선출되기 위해서 1881년 10월 19일 당시 학회장인 조지 시먼스(George James Symons,

11) 후에 나이지리아 주교가 되었음.

1838~1900), 전임 학회장인 찰스 그리브즈(Charles Greaves, 1816~1883)[12], 존 트라이프(John William Tripe, 1821~1892)[13]로부터 각각 추천을 받았다.

테이 브리지 사고 당시, UKMO는 다양한 풍속계를 사용하고 있었다. 1846년부터 사용된 작은 로빈슨 풍속계와 같은 회전 컵 측기와 1867년 베클리(Beckley)에 의해서 독자적으로 개발된 대형 큐 표준 풍속계는 마찰 때문에 실제 풍속을 구하기 위해서는 측정된 풍속에 3.1을 곱하여 보정되었다. 독일 기상학자인 블라디미르 쾨펜(Wladimir Peter Köppen, 1846~1940)[14]은 풍력을 추정하는 여러 방법들을 비교할 때 존재하는 엄청난 혼란에 대해서 통렬하게 지적하였다(Köppen, 1885).

1886년 6월 영국 왕립기상학회(RMetS)는 풍력위원회 위원(Wind-Force Committee)들을 임명하였다. 이 위원회에서 윌리엄 다인스는 가장 활동적인 위원이 되어 보퍼트 풍력계급에 해당하는 풍속을 이끌어내는 관계식을 유도하였다. 또한 그는 매우 작은 오차를 가진 '단일 형태(single figure)'로부터 40 %의 공차

---

12) 영국(잉글랜드) 토목공학자, 기상학자로서 고전·수학학교(Classical and Mathematical School)를 졸업함. 도제제도로 토목공학 교육을 받음. 잉글랜드와 인도 캘커타에서 교량 건설 감독으로 활동함. 이스트 런던 워터워크 컴퍼니(1851~1875) 사장 및 자문 공학자(Consulting Engineer) 역임함. 영국 지질학회 펠로로 선출됨. 영국 왕립기상학회(RMetS) 펠로(1851~1883)로 선출되었고, 15대(1878~1879) 회장 역임함.

13) 잉글랜드 의사, 기상학자로써 의학 기상학을 연구함. 머천트 테일러스학교(Merchant Taylor's School)를 졸업하였고, 런던 병원에서 최초로 의학을 전공하였고, 세인트 앤드루 병원에서 수련과정을 밟아 1846년 약학 박사학위(MD)를 받음. 1848년 잉글랜드 왕립내과의사회 회원(MRCS)이 되었고, 1879년에 에든버러의 내과의사회 회원(MRCP)을 취득함. 영국 왕립기상학회(RMetS) 펠로(1856~1892)로 선출되었고, 부회장 및 12대(1871~1872) 회장 역임함.

14) 독일 지리학자, 기상학자, 기후학자. 근대기후학의 아버지. 쾨펜 기후분류시스템을 확립함. 러시아 상트페테르부르크 대학교를 졸업하였고, 독일 하이델베르크 대학교에서 수학하였고, 독일 라이프치히 대학교에서 1870년 Ph.D.를 받음. 러시아 기상대, 독일해군관측소 해양기상과 과장 역임함.

(tolerance)를 가진 3가지 유의 형태(significant figure)에 대한 풍력 방정식을 개정하였다. 그는 17년 동안 풍속뿐만 아니라 풍향도 기록할 수 있도록 고안된 기계를 포함한 풍속 측정용 압력 튜브 풍속계를 개발하였다. 문제점을 포함하고 있음에도 불구하고, 이 풍속계는 그의 가장 유명한 발명품으로 자리 잡았다. 잉글랜드의 기상학자인 어니스트 골드(Ernest **Gold**, 1881~1976)[15]는 이 풍속계를 통해 우리가 알고 있는 바람의 구조를 거의 새롭게 가르쳐 주었고(Gold, 1928), 혁명적인 풍속 측정법(Gold, 1936)이라고 말하고 있다.

즉각적인 작업은 회전하는 기계를 사용하는 것이었고 증기기관과 이것을 운전하는 사람을 고용하는 것이었다. 그런 다음 여러 종류의 풍속계를 비교하여 허섬(Hersham)에서 제작하였다. 다인스는 큐 기상관측소 감독관인 조지 휘플(George Matthews **Whipple**, 1842~1893)에 의해서 도움을 받고 있었다. 조지 휘플은 1870년 베클리의 딸인 엘리자베스와 결혼했으며 풍속계의 회전 컵 형태를 주창한 사람이었다. 회전기가 57 mph의 속력에 도달하게 되면 나선형 풍속계는 붕괴된다(Dines and Whipple, 1888). 조지 휘플은 나선형 풍속계는 일반적으로 사용하는데 충분히 튼튼하지 않다고 기술하였다. 다인스는 불운을 극복할 수 있는 사람으로서 더욱더 튼튼한 실용적인 풍속계를 제작할 수 있었다.

윌리엄 다인스는 오직 로버트 먼로(Robert **Munro**)와 함께 1888년 후반부터 1889년 초반까지 합동으로 다인스의 제작소에서 초기 PTA 헤드를 제작하였고, 풍향계는 부구가 장착된 탱크가 설치되어 있는 먼로의 제작소에서 조립되었다

15) D-Day 예보에 참여함. "온도풍(thermal wind)"이란 용어를 제정함. 케임브리지 대학교 세인트 존 칼리지를 졸업함. 영국 기상대(UKMO) 기상학자 및 부대장 역임함. 영국 왕립학회 펠로(1918~1976)로 선출됨. 영국 왕립기상학회(RMetS) 44대(1934~1935) 회장을 역임하였고, 시먼스 금메달(1926)을 수상함. 세계기상기구(WMO)의 3번째 IMO 상(1958)을 수상함. RMetS 44대(1934~1935) 회장을 역임함.

(Knowles-Middleton, 1969). 허섬에 있는 다인스 가족 집에 찾아온 유명한 방문객은 알렉산더 허셸(Alexander Stewart Herschel, 1836~1907)[16] 교수로서 그는 1889년 여름 동안 새로운 풍속계를 시험하는 것을 참관하기 위해서 초청된 독자적인 참관인이었다.

비교가 끝난 다음, 다인스의 결과는 1889년 11월 12일 열린 풍력위원회에서 낭독되었다. 그의 결론은 큐 표준 풍속계의 평균 계수는 3보다 2.15에 근접한다는 것이었다. 이것의 의미는 공식적인 기록이 실제 풍속과 압력보다 1/3 이상 과장되었다는 것이다.

1889년 12월 18일에 열린 차후 위원회에서, 다인스는 탁자 위에 그 자신이 만든 원형 PTA 헤드를 보여주었고 허셸 교수는 그것의 가능성을 설명하였다. 그런 다음 다인스는 일반적인 컵 풍속계에 관한 명세서를 만들었다. 여러 가지 실험을 거친 후, 다인스는 출입구를 바람 속으로 직접 열리도록 한 수평 튜브를 부착하면 어떤 방향에도 15도 이상의 큰 경각 공차를 가진다는 것을 발견하였다(Dines, 1890).

이러한 논쟁을 해소하기 위해서, 1890년 5월에 소집된 풍력 위원회는 8개의 풍속계(로빈슨, 규 형, 리처드, 헬리코이드, 공기 물, 압력 판, 압력 듀브, 브라이들)를 동시에 비교하도록 요청하였다. 비교 실험을 수행하기 위해서, 다인스는 이런 목적으로 평편한 지붕으로 설계된 옥쇼트에 있는 새로운 집으로 1891년 5월 이사하였다.

---

16) 영국(케이프 식민지)-영국(잉글랜드) 천문학자. 유성 분광학(meteor spectroscopy)의 선구자. "허셜 그래프(Herschel graph)"로 유명함. 잉글랜드 케임브리지 대학교 트리니티 칼리지를 졸업함. 런던왕립광업학교(RSM), 스코틀랜드 글래스고 앤드소니언 대학교(1866~1871), 잉글랜드 더럼 대학교(University of Durham)(1871~1886) 교수 역임함. 1813년 스웨덴 왕립과학원(RSAS) 외국인 회원으로 선출됨. 영국 왕립천문학회(RAS) 설립에 도움을 줌. 잉글랜드 천문학자인 존 허셜(John Frederick William Herschel, 1792~1871)의 둘째 아들임.

그는 실험 결과를 다음 해 3월 발표하였다(Dines, 1892).

그러나 노출에 대한 주된 의문은 조정하지 못하였다. 비록 풍속계가 평편한 지붕 위 5.5 m 높이에 설치되어 있었지만, 나무와 집 자체로부터 생성된 맴돌이들은 여전히 눈금에 영향을 미쳤다. 그럼에도 불구하고, 1892년 5월 3일 소집된 15차 풍력 위원회는 다인스와 먼로에게 PTA가 실제 작동하는 모습을 준비하도록 요청하였다. 그 해 후반 최초의 PTA가 먼로의 런던 제작소에서 만들어졌다. 해상용 휴대용 PTA도 그 해에 출시되었다.

윌리엄 다인스는 하나의 PTA보다는 이들을 병렬로 연결할 수 있도록 하였고, 돌풍은 1초 또는 2초 이상 동안 좀처럼 전체 힘을 유지하지 않는다는 사실을 발견하였다. 그래서 최대값은 수십 cm 이상 측면 거리상에는 기록되지 않을 수도 있게 된다(Dines, 1894). 또한 위원회 중에 커티스(R. H. Curtis)란 위원이 있었는데, 그는 UKMO 관측소에서 장비를 설치하는 임무를 수행하였다. 이들 두 사람은 친밀한 사이가 되어 커티스는 다인스의 PTA을 위한 마찰이 없는 펜을 디자인하였다. 이 펜은 먼로가 납품한 최초의 PTA에 장착되어 UKMO 본대 지붕에 설치되어 1893년 11월 18일과 19일 밤 동안 51 mph의 돌풍을 측정하였다(Gold, 1936). 크류(M. E. Crewe)의 회고에 의하면, 이러한 우정이 UKMO와의 직접적인 협력의 시작으로 이러한 관계는 다인스의 여생 동안 유지되었다(Crewe, 1995). 커티스는 다른 관측소에도 PTA를 설치하였다. 즉, 1895년 콘월 주 실리 제도에서는 약 10 m 높이에 설치하였고, 홀리헤드(Holyhead)에서는 13 m에 설치하였다. 그 당시에는 표준 높이가 설정되지 않았다.

현재 표준 높이로 사용되는 40 피트는 3개의 높이에 5대의 PTA를 내부로 연결시켜 켄트 주 그린히더 항에 정박 중이던 우스터(*HMS Worcester*) 호에 설치하여 구해진 것이다. 이 일은 해군 훈련소 윌슨 바커(Captain Sir David Wilson Barker, 1858~1941)[17] 선장의 요청으로 이루어진 것이다(Dines and Barker, 1899;

Dines, 1902b). 이러한 결과로부터 커티스는 선박의 방벽 위 40 피트에 설치된 활대 팔에서의 풍력은 50 피트 이상의 돛대 머리에서와 거의 같아진다는 것을 알게 되었다. 이런 이유로 최저 높이인 40 피트가 지상 바람에 의한 맴돌이를 제거한다는 것으로 받아들여지게 되었다.

윌리엄 다인스의 두 아들인 루언 다인스(Lewen Henry George Dines, 1883~1965)와 존 다인스(John Somers Dines, 1885~1980)는 모두 UKMO에서 근무하였다. 루언 다인스에 따르면, "네이피어 쇼 박사가 1900년 UKMO 대장으로 임명되었을 때, 우드사이드에 있는 다인스의 가족 주택에서 네이피어 쇼는 윌리엄 다인스와 활기찬 대화를 나눈 것"으로 알려지고 있다. 이들 두 친구는 프랑스, 독일, 미국이 상층 대기를 탐사하는 데 분주한 반면 잉글랜드에서는 그러한 일이 일어나지 않는다는 것을 애석해하였다. 다인스는 잉글랜드에 그런 일을 할 사람이 누구이고 누가 그런 일을 할 수 있을지 모르겠다고 말하였다. 네이피어 쇼는 도전적으로 "Why not you?"라고 대답하였다(Dines, 1947).

윌리엄 다인스는 1901년과 1902년 영국 왕립기상학회의 학회장이었지만, 노동조합 주의자인 솔즈베리(Salisbury) 총리 정부와 기상학에 대해서 다소 이견을 보이고 있었다. 네이피어 쇼는 비공식적으로 다인스의 비용으로 200 파운드의 사례금을 모금하였다(Gold, 1928). 이 모금액에는 영국 과학진흥협회(British Association for the Advancement of Science)에 기부된 72 파운드가 포함되어 있었는데, 이

17) 영국(잉글랜드) 선장, 기상학자. 웨이머스 경 그래마 스쿨을 졸업하였고, 항해 훈련 칼리지인 "우스터(HMS Worcester)" 호의 사관후보생이 됨. "블랙월 라인(Blackwall Line)" 범선에서 종사, "수퍼브(Superb)" 호의 1등 항해사, "다키아(Dacia)" 호의 선장, "우스터" 호의 선장 감독관 역임함. 연 위원회의 위원장 역임함. 영국 왕립지리학회(RGS) 회원, 영국 왕립기상학회(RMetS) 29대(1903~1904) 회장 역임함. 에든버러 왕립학회의 펠로(fellow)로 선출됨. 1912년 『바다의 과학』을 출판함.

는 10년(1902~1911)간 상층 대기에 관한 보고서를 다인스가 쓰는 조건이었다.

다인스는 프랑스제 단일 리처드 자기 기록 기상계를 구매하였지만, 다른 장비들 특히 접이식 다이몬드 형 기상 연은 그 자신이 직접 디자인하고 제작하였다. 그리고 그 자신의 제작소에서 증기 힘으로 작동하는 연줄을 감는 장치를 개발하였다(Dines, 1903). 옥쇼트에서의 초기 실험을 거친 다음, 1902년 여름 아가일셔 주 킨타이어 반도의 크리넌으로 옮겨 6주 동안 그 지역에서 빌린 작은 증기 예인선의 선상에서 작업을 수행하였다. 자기기상계 중의 하나는 갑자기 불어 닥친 강풍에 의해서 바다에 빠져 잃어버리게 되었다. 측기를 매단 4개의 연이 상공으로 날려져 4.5 km 까지 올라갔고, 9.5 km 상공까지 올라갔을 때 피아노선을 사용한 연줄이 끊어졌다. 관측을 끝낸 후 집으로 돌아온 다인스는 자기 기상기록계를 개량하였다. 이 개량된 기상계는 습도, 압력 고도, 온도, 풍속이 값싼 작은 시계에 의해서 구동되는 간단한 원형 디스크 위에 놓인 카드에 기록되도록 하였다.

기상 연, 연실을 감는 장치, 다인스 연 자기기상계의 대량 생산이 가능해짐에 따라, 네이피어 쇼는 1903년 6월 2일 『더 타임스』에 편지를 보내 기상 연을 날려 보낼 수 있는 증기 요트의 소유주에게 자원 봉사를 호소하였다. 이러한 호소는 찰스 케이브에 의해 응답을 받았다(Cave, 1947). 그는 1904년 초 바베이도스(Barbados)에서 실시된 관측에 두 대의 관측기계를 가지고 참여하였다. 케이브는 다인스의 기상 연이 다른 사람들이 만든 모조품보다 훨씬 낫다고 언급하였다.

또한 1904년, 다인스는 앞서 크리넌에서의 수행한 연구를 더 진척시키기 위해서 증기 예인선인 "시홀스(HMS Seahorse)" 호를 해군분부로부터 임대하였다. 1904년 여름 "시홀스" 호에서 단아하게 차려입고 기상 연을 띄우는 다인스의 사진을 1947년 발표된 루언 다인스의 논문(Dines, 1947)에서 찾을 수 있다. 여기에서 다인스가 크리넌에서 참가한 여러 사람의 도움을 어떻게 받았는지에 대해서 언급하고 있다. 다인스의 가장 큰 영광은 1905년 영국 왕립학회의 펠로(FRS)로 선출된 것이었고, 1906년에 중요한 결과들을 영국 왕립학회에 발표하였다(Dines, 1906). 그는 1916년 벤슨 기상관측소에서 수행한 안개 예보를 위한 연구로 인해, 1917년 영국 왕립항공학회(Royal Aeronautical Society)의 초대 명예 펠로로 선출되었고, 1905년부터 1918년까지 3편의 논문(Dines, 1905; Dines, 1918)들을 『항공저널(*Aeronautical Journal*)』지에 게재하였다. 또한 1905년, UKMO는 그들의 비공식적인 "고층 기상 관측소장"에게 500 파운드를 지불할 수 있게 되었고, 설비 공급을 위해서 베이커(W. H. Baker)를 전임 기술 조수로 임명하였다(Crewe, 1895).

베이커와 함께, 다인스는 무게 100 g의 경량인 새로운 형태의 기구 부착용 자기기상계를 고안하여 제작하였다(Dines, 1906b). 기록은 훈연된 금속의 조각으로 만들어진 날카로운 펜촉에 의해서 이루어진다. 경량화 된 두 번째 자기기상계의 무게는 단지 60 g에 불과하였다. 기록은 우표 크기의 작고, 부식 방지된 은으로 도금된 판 위에 이루어지기 때문에, 중앙 기상대에 회수될 때 이 기록은 현미경으로 읽혀졌다. 자기기상계 내에 시계와 드럼을 일체 형으로 설치함에 따라, 더 작은 기구의 사용이 가능하게 되었다. 1928년 잉글랜드 기상학자인 찰스 케이브(Charles John Philip Cave, 1871~1950)[18]는 "혁명적인 다인스 자기기상계가 부착됨으로써, 맨체스터 대학교 물리학과는 24시간 동안 매시간마다 기구를 두 번 올릴 수 있게 되었다."라고 언급하였다(Cave, 1928). 다인스는 또한 자기기상계를 조정할 수 있는 대단히 성공한 설비를 설계하였다. 이들 측기들은 런던의 힉스(J. J. Hicks) 제작소에

---

18) 영국(잉글랜드) 기상학자. 기상 연을 이용한 상층대기 관측을 수행하였고 개인 관측소를 운영함. 에드그베스턴의 오라토리 학교에서 교육을 받았고, 케임브리지 대학교 트리니티 칼리지에서 1893년 학사학위(B.A.)와 1896년 석사학위(M.A.)를 받음. 영국 왕립기상학회(RMetS) 펠로(1899~1950)로 선출되었고, 34대(1913~1914)와 39대(1924~1925) 회장을 역임함. 영국 왕립천문학회(RAS) 펠로(1918~1950)로 선출됨. 1912년 『맑은 날씨에서 대기의 구조』와 1926년 『구름과 날씨현상』을 저술함.

의해서 대량 생산되었다.

옥쇼트가 기상 연 비행에 너무 비좁게 됨에 따라, 1906년 옥스퍼드셔 주 칠턴스(Chilterns)의 서쪽 사면에 위치한 한적한 파이턴 힐(Pryton Hill)의 저택을 다인스가 임대하였다. 이 대저택은 고층기상 관측의 중앙관측소로 간주되었다. 다인스는 1906년 12월 1일부터 강우량을 기록하기 시작하였다. 그는 계속하여 관측 결과들을 출판하였지만, 자기기상계를 회수하는 것이 지연되기 일쑤였다. 영국 제도에 산재한 여러 관측소를 묶어 대단위 관측망을 구성하는 계획은 그 당시보다 수십 년 이전에 구축되었지만, 1940년대 라디오존데가 일반화될 때까지 기다려야 하였다. 그러나 파이턴 힐은 기상 연을 올리는 장소로는 최적이었다. 그림 6-4는 기상 연을 올리기 위해 기다리는 다인스의 모습을 담은 사진이다. 이 사진은 1907년 9월 30일에 촬영된 것으로 그를 도운 사람은 아들인 루언 다인스였다.

윌리엄 다인스의 자기기상계는 10 km 이상에서 이루어지는 대기 과정에 의해서 하층 순환이 일어난다는 이론적인 개념을 확립시켜 주었다. 이것은 특히 미국에서 "다인스 보상"으로 알려지고 있다(Newton, 1980). 1926년 독일의 한과 쉬링에 의해 저술된 독일의 고전적인 교과서(Hann and Süring, 1926)에서 보면, 이런 원리를 나타내는 표를 제시하고 있으며 이러한 아이디어가 다인스에 의해서 이루어진 것으로 설명하고 있다. 다인스는 1915년과 1916년 두 편의 논문(Dines, 1915; Dines, 1916)을 미국 기상학회의 『먼슬리 웨더 리뷰(*Monthly Weather Review*)』에 더 발표하였고, 그의 연구는 미국 기상학자들에게도 폭넓게 관심을 끌게 되었다.

한과 쉬링은 또한 자유대기 내의 연속적인 높이에서 평균 온도를 확립하는 데 관련된 다인스의 연구를 가치 있는 연구로 인용하고 있다. 이 연구는 1902년과 1904년 스코틀랜드 서부 해안인 크리넌과 1908년부터 1915년까지 남동 잉글랜드의 해상에서 수행된 기상 연 관측에 의해서 이루어진 것이다. 자기기상계를 부착한 기상 연 관측은 최소 3.5 km 이상 14 km 상공 사이에서 이루어졌다. 윌리엄 다인스는

그림 6-4 1907년 9월 30일로 추정되는 사진으로 윌리엄 다인스가 파이턴 힐에서 기상 연을 올리기 위해 기다리고 있는 모습이다 (Pike, 2005).

1914년 상층 대기의 구조에 관한 연구로 인해 RMet의 "시먼스 메달"을 수상하였다.

파이턴 힐의 소유주가 그의 거주를 위해 반환을 요구함에 따라, 1914년 후반 윌리엄 헨리 다인스는 옥스퍼드셔 주 벤슨(Benson)에 있는 대저택인 콜른 하우스(Colne House; 그림 6-5)를 구매하였다. 그는 계속해서 연과 기구에 측기를 매달아 상층 대기 관측을 하고자 하였다. 이러한 관측은 맨 처음 서리 주 허섬에서 시작되어 1906년부터 1914년까지 벤슨에서 동북동쪽 약 9 km 떨어진 워트링턴(Watlington) 근처의 파이턴 힐 하우스(Pyrton Hill House)에서 계속되었다. 영국 기상대는 다인스의 작업실과 측기를 벤슨으로 이전하는 데 도움을 주었다. 후에 벤슨 관측소(Benson Observatory)로 알려지게 된 콜른 하우스는 벤슨 브룩(Benson Brook)의 좁은 계곡 속에 위치한 마을의 동쪽 끝에 위치하고 있었다. 마을을 통하여 지하수가 흘러 관측소로부터 서남서 약 1 km에 있는 템스 강으로 흘러 들어갔다.

관측소에서 초기에 수행한 실험은 다인스가 직접 고안한 상자 연 아래에 측기를 매

그림 6-5 윌리엄 다인스의 저택이자 벤슨 관측소로 알려진 콜른 하우스이다.

달아 대기 중으로 띄워 측정하는 것을 포함하고 있었다. 이러한 실험 비행의 결과로서, 이 관측소가 또한 UKMO 상층 기상관측소로 알려지게 되었다. 사용된 측기 가운데는 연과 기구에 부착된 자기 기상계뿐만 아니라 26 m 높이에 설치된 압력 튜브 자기풍속계가 포함되어 있었고 이들 모두는 윌리엄 헨리 다인스가 발명한 것이다. 종관 상태에 따라 대기 중의 기압, 기온, 습도의 상세한 변동은 이러한 비행으로부터 알려지게 되었다.

이러한 연구들은 제1차 세계대전 동안 육군과 초기 육군 항공대에 의해서 유용한 것으로 나타났다. 초기에 시도된 연구에는 제플린(Zeppeline)으로 정찰하는 장거리 비행을 수행하는 비행사에게는 매우 유용한 안개 예보, 돌풍도와 경도풍 사이의 관계, 연속적으로 관측된 강우의 유효성을 들 수 있다(Pike, 2005). 강우 효율성 연구는 경사 사이펀 우량계에 의해서 이루어졌으며 이 측기는 아직도 영국 기상대 산하 관측소에서 개량된 것이 채택되어 사용되고 있다. 그 당시 압력 튜브 자기풍속계에 대한 여러 가지 변형은 관측소에서 함께 근무하던 지오프리 테일러(Sir Geoffrey

Ingram Taylor, 1886~1975)[19]와 어니스트 빌엄(Ernest George Bilham, 1891~?)[20]에 의한 제안에 따라 이루어졌다. 이러한 변화들은 나무에 의해서 만들어지는 난류와 이들에 의해서 관련되는 환경기온감률을 찾는 실험을 하도록 하였다. 1919년부터 관측소에 합류한 유명한 직원은 수치날씨예보의 아버지로 불리는 루이스 리처드슨(Lewis Fry Richardson, 1881~1953)[21]이었다. 실제로 수치예보는 콜리스(R. Corless)와 윌리엄 다인스의 관측에서 예상되는 오차의 추정에 관한 연구(Corless and Dines, 1915)의 일부분에 기초를 두고 있다. 벤슨 관측소와 그 주변 상공의 대류권에서 관측된 바람 측정 또한 중위도 날씨 시스템과 관련된 상층 바람 유형을 확실히 알기 위해서 윌리엄 다인스에 의해서 이루어졌다(Dines and Dines, 1923).

1919년부터 윌리엄 다인스는 관측소에서 태양과 지구 복사에 대해서 연구하였다. 이러한 연구 결과들은 영국 왕립기상학회지인 『쿼틀리 저널(*Quarterly Journal*)』 등에 여러 편의 논문(Dines, 1920; Dines, 1921; Dines and Dines, 1927)으로

---

19) 영국(잉글랜드) 수학자, 물리학자, 기상학자. 유체역학과 파동 이론의 권위자로 20세기 최고의 물리 과학자 중의 한 사람임.

20) 영국(잉글랜드) 기상학자. "빌엄 스크린(Bilham screen)"으로 유명함. 1938년 『영국 제도의 기후』를 저술함.

21) 영국(잉글랜드) 수학자, 물리학자, 기상학자, 심리학자. "리처드슨 외삽(Richardson extrapolation)"과 "리처드슨 수(Richardson number)"로 유명함. 더럼과학대학을 다녔고, 케임브리지 대학교 킹스 칼리지에서 1903년 자연과학으로 학사학위를 받음. 런던 대학교에서 수리심리학으로 Ph.D.를 받음. 웨일스 에버리스트위스 대학교 유니버시티 칼리지(1905~1906), 맨체스터공대(1912~1913), 영국 기상대(UKMO) 에스크데일뮤어 관측소(Eskdalemuir Observatory)(1913~1916) 감독관, 웨스트민스터 훈육대학(1920~1929) 물리학과 학과장, 페이즐리 기술대학(1929~1940) 학장 역임함. 영국 왕립학회(Royal Society) 펠로(1926~1953)로 선출됨. 1997년 유럽지구물리연합(EGU)에서 "루이스 프라이 리처드슨 메달"을 제정하여 1998년부터 매년 수여하고 있음.

발표되었다.

벤슨 관측소에서는 기온, 습도, 평균해면기압, 풍속, 날씨, 구름양과 구름모양을 매일 관측한 다음 1915년 5월부터 런던 사우스 켄싱턴(South Kensington)에 소재한UKMO 본부에 관측 내용을 통보하였다. 기온은 지상 30 cm와 120 cm에서 관측하였고, 날씨는 보퍼트 약자와 기호로 기록하였다. 그 당시 종관 기상 통보를 UKMO에 제출한 관측소는 잉글랜드 서리 주의 큐 관측소, 스코틀랜드 덤프리스셔 주의 에스카데일뮤어 관측소, 잉글랜드 켄트 주의 빅인 힐 관측소, 아일랜드 케리 카운티의 발렌티아 관측소였다.

지상관측과 기후기록은 처음부터 하루에 2회 또는 3회 실시되었고 이를 위하여 습도계, 기압계, 여러 종류의 우량계가 또한 사용되었다. 지상관측이 실시되는 시간의 일부를 할애하여 다인스 나선형 풍속계를 사용하여 또한 관측을 실시하였다. 다인스 나선형 풍속계는 압력 튜브 풍속계의 윗부분보다는 더 지상 가까이에 설치되었다(Galvin, 2003).

1922년 윌리엄 다인스가 파킨슨병에 걸리게 되어, 그는 장남인 루언 다인스에게 벤슨 기상관측소의 운영을 넘겼다. 1922년 말 경, 벤슨 기상관측소에서의 상층 대기 관측은 중단되었고, 모든 자료들은 큐 기상관측소로 이관되었다. 그 이유는 루언 다인스가 1922년 UKMO 상층대기과의 조 감독관으로 임명되어 떠났기 때문이었다(Meteorological Office, 1925). 그러나 강우 기록은 1927년 12월 윌리엄 다인스가 죽기 전까지 UKMO에 계속해서 제출되었다.

윌리엄 다인스는 많은 기상측기를 발명한 사람으로 기억될 것이다. 독일에서는 윌리엄 다인스를 리하르트 아스만과 연관시켜 생각하고 있다(Knowles-Middleton, 1969). 그가 발명한 여러 측기들은 다른 사람들과 함께 공동으로 제작되었다. 맨 처음에는 습도를 연구하고 있던 그의 아버지를 도우면서 시작되었고, 이런 과정에서 그는 수증기의 분압을 직접 결정하는 장치를 고안하였다(Dines, 1883).

1896년 사우드포트의 편리 기상대에 다인스의 PTA가 설치됨에 따라, 감독관인 조지프 백센들(Joseph Baxendall, 1869~1940)은 직경 2.54 cm의 관을 PTA에 설치하여 새로운 자기풍속계를 만들어 설치함으로써 그 당시 너무 빈번하게 보고되는 많은 '무풍'을 제거할 수 있을 것으로 생각하였다(Baxendall, 1889; Baxendall, 1937). 이러한 자기풍속계를 두 사람의 발명가의 이름을 따서 "다인스-백센들 자기풍속계(Dines-Baxendall anemograph)"로 부른다(Baxendall, 1903). 이 측기는 기록계가 PTA 헤드 바로 밑에 고정되어 있기 때문에 연결 로드의 마찰 때문에 소음이 나는 문제점을 가지고 있었으나, 1922년 초 개량된 헤드가 개발되기 전까지 그대로 사용되었다(Sharp, 1995).

다른 공동 벤처는 "다인스-쇼 미자기기압계(Dines-Shaw micro barograph)"를 예로 들 수 있다(Shaw and Dines, 1905). 최초의 측기는 1903년 가을 윌리엄 다인스에 의해서 제작되었다. 그는 가장 뚜렷한 기압 피크는 소나기구름이 최대로 어두워질 때 함께 나타난다는 것을 발견하였다. 쇼는 이 측기가 주요 기상대에 적절한 측기로 생각하였다.

"다인스 경사 사이펀 강우 기록계(Dines tilting syphon rain recorder)"는 벤슨 기상관측소에서 5년간 시험을 거친 후, 윌리엄 다인스에 의해서 최초로 설명되었다. 제작자인 먼로가 생산 개수를 기록하지는 않았지만, 이것은 가장 널리 사용되었고, 이 측기는 직접 또는 대리점을 통해 판매되었다. 이 측기는 여름에는 수집 관에 튀어 들어오는 빗방울을 막는 장치를 부착하였고, 겨울에는 눈을 녹여서 수집 관에 들어오도록 하는 장치를 부착하였다. 1916년 12월 20일 자 윌리엄 다인스가 아들 루언에게 보낸 편지에 의하면, 1년간 시험을 거친 후 이 측기의 작동에 대해서 매우 만족하였다는 알 수 있다. 이 측기는 시간에 따라 매우 좋은 기록을 나타내었고, 다인스는 곧 그 자신의 강수 기록을 가지게 되었다. 때로는 기상대에 보내는 강우 기록표 뒷면에 메모를 남기기도 하였다. 예를 들면, 1924년 윌리엄 다인스는 아래와 같은 메모를 남겼다.

> "5월 20일 강한 뇌우가 발생하여 18분 동안 26.7 mm를 기록하였다. 여러 곳에서 홍수가 발생하였고, 번개에 의해 가옥 한 채가 피해를 입었다."

사이펀 되는 시간을 줄이기 위해서, 제작자들은 2개의 사이펀 튜브를 설치하여 시간이 6~8초로 줄어들게 하였다. 중위도 지방 용과 열대 지방 용 모두 그 가격이 2,000파운드 이상으로 증가하였다. 그 이유는 구리 가격 상승과 제작 경비의 상승 때문이었다.

다인스는 실제적이고 목표 의식이 뚜렷한 사람이었다. 하나의 연구가 끝나게 되면, 그 결과를 꼭 발표하였고 항상 그 다음 연구 과제와 그 다음의 측기를 계획하였다. 벤슨 기상관측소에서 그는 복사를 연구하기 시작하였다(Dines, 1920).

윌리엄 다인스는 200편 이상의 논문, 노트, 레터를 저널과 신문에 발표하였다. 이들 중에 85편이 1883년부터 1923년까지 『시먼즈 기상 잡지』에 게재되었고, 1887년부터 1926년까지 57편이 RMetS의 『쿼틀리 저널』에 발표되었다. 또한 그는 1903년부터 1927년까지 34편을 『네이처』지에 기고하였다.

윌리엄 다인스는 1927년 12월 26일 사망하였다. 12월 31일, 여러 신문의 사망기사 란에 그의 사망을 알리고 있다. 『더 데일리 익스프레스(*The Daily Express*)』지는 그를 기상학 논문에 혁혁한 공헌을 한 사람으로 언급하였다. 『더 데일리 텔레그래프(*The Daily Telegraph*)』지는 1911년 『시먼즈 기상 잡지』에 발표한 그의 논문(Dines, 1911) '겨울 고기압에서 가정되는 추위(*The supposed cold of winter anticyclone*)'를 길게 인용하면서, 특별한 관심을 나타내었다. 『더 옥스퍼드 크로니클(*The Oxford Chronicle*)』지는 네이피어 쇼가 12월 30일 벤슨 교회에서 거행된 다인스의 장례식에 참석했음을 알리고 있다.

윌리엄 다인스는 그 당시 대영제국의 기상학 분야에서 대가로 인정을 받았고, 새롭게 대두되는 기상학 문제를 해결하는 도전자로 간주되었다. 1924년 RMetS로부터 "버컨 상"을 수상하였다. 그러나 그는 결코 공직을 가지지 않았고 UKMO에 고용되길 원하지 않았다. UKMO가 그의 주변을 맴돌았다는 표현이 알맞을 것이다. 이러한 점에 비추어보면 그가 독립적인 정신이 강한 사람이었음을 알 수 있다.

1928년 찰스 케이브가 윌리엄 헨리 다인스의 사망기사 란에 기고한 글에 다음과 같이 언급하고 있다(Cave, 1928):

> "아마도 그는 결코 어떠한 정부 기관에 근무 또는 어떠한 공직을 가지고 있지 않았기 때문에, 그리고 그는 대단히 겸손하고 수줍은 성격이었기 때문에…… 그는 아무런 명성을 받지 못하였다."

Chapter 07

기상역학을 창시한 오스트리아 기상학자

막스 마르굴레스

오스트리아 기상학자인 막스 마르굴레스(Max Margules, 1856~1920; 그림 7-1)는 1856년 4월 23일 현재 우크라이나 서부지방인 브로디(Brody)에서 출생하였다. 비엔나 대학교(University of Vienna)에서 수학과 물리학을 전공하였고, 1876년 박사학위(D.Phil.)를 취득하였다. 1882년 그는 조수로서 비엔나 기상대에 들어와서 1906년까지 24년간 근무하였다(윤일희, 2007).

막스 마르굴레스는 1881년에 「액체의 수평운동으로부터 마찰 계수와 미끄럼 계수 결정에 관한 연구」란 논문(Margules, 1881)을 발표하였다. 1890년에는 「주기적으로 가열된 공기의 진동에 관해서」란 내용의 논문(Margules, 1890)을 발표하였다. 1893년 마르굴레스는 "라플라스 조석방정식(Laplace tidal equation)"을 분석하여, 태양 복사 강제에 기인한 대기압의 일 변동과 반일변동을 연구하여 두 개의 특정한 해를 유도하였다(Margules, 1893). 그들 해를 "첫 번째 종류의 파동(Wellen erster Art)"과 "두 번째 종류의 파동(Wellen zeiter Art)"이라 부른다. 이 논문은 뚜렷한 파동의 실체를 처음으로 인식한 것으로 현재 이들은 "관성중력파(inertia-

그림 7-1 오스트리아의 기상학자인 막스 마르굴레스로서 기상역학의 창시자 중의 한 사람이다.[1)]

gravity wave)"와 "회전파(rotational wave)"로 알려지고 있다. 또한 그는 "혼합공기 내의 포화 수증기의 조성에 관하여"에 대한 연구(Margules, 1893)와 「비엔나 주변 몇 몇 장소에서의 자기기압계 관측 비교」란 논문도 발표하였다(Margules, 1897).

막스 마르굴레스는 폭풍의 에너지원에 대한 연구로 눈을 돌려, 1905년 폭풍의 에너지론을 발표하였다. 이 논문에서 그는 온도가 다른 기단이 병존하는 경우 상대적인 이동이 일어나 안정한 성층에 도달할 때까지 위치에너지가 감소하여 운동에너지로 변환되는데 이로 인해 폭풍이 발생한다고 주장하였다(Margules, 1905). 이 가설은 "노르웨이 기상학파"의 저기압이론의 근거가 되었다. 또한 그는 전선의 양쪽 기단의 풍속과 기온으로부터 전선의 경사를 결정하는 "마르굴레스 방정식(Margules's equation)"을 유도하였다. 그의 마지막 연구는 "정상상태로 이동하는 잔잔한 공기의 온도 성층"에 관한 것이었다(Margules, 1906).

대기에 적용되는 마르굴레스 방정식은 경계면에 평행하게 정상상태로 지균 운동을 하는 온도가 다른 두 개의 균질한 기단을 분리시키는 경계면의 평형 경사에 관한

1) 사진 출처: https://austria-forum.org/af/Biographien/Margules%2C_Max

방정식이다. 즉, 경사각은 다음과 같은 식으로 계산된다.

$$\tan\alpha = \frac{f}{g}\frac{(T_2 v_1 - T_1 v_2)}{(T_2 - T_1)}$$

여기서 α는 수평면에 대한 경계면의 경사각이고, f는 코리올리 매개변수, g는 중력가속도, T_1과 T_2는 절대온도로 표시되는 각 기단의 온도이고, v_1과 v_2는 각 기단에서의 풍속이다. 이 평형 조건은 전선면의 경사를 계산하는 데 사용되고 있다 (AMS, 2000).

마르굴레스 방정식은 해양에서도 적용된다. 만약 해양이 그림 7-2처럼 2층으로 된 경압 유체로 가정하면, 위층의 지형류 속도는 자유표면의 경사에 의해서 결정되며 다음 식으로 표현된다.

$$\rho_1 f v_1 = \frac{\partial p}{\partial x} = \frac{(\rho_1 - \rho_0) g \Delta Z_1)}{\Delta x} = \rho_1 g i_1 .$$

아래층의 지형류 속도는 다음과 같이 표현된다.

$$\rho_2 f v_2 = \frac{\partial p}{\partial x} = \frac{(\rho_1 - \rho_0) g \Delta Z_1)}{\Delta x} + \frac{(\rho_2 - \rho_1) g \Delta Z_2)}{\Delta x} = \rho_2 g i_2 ,$$

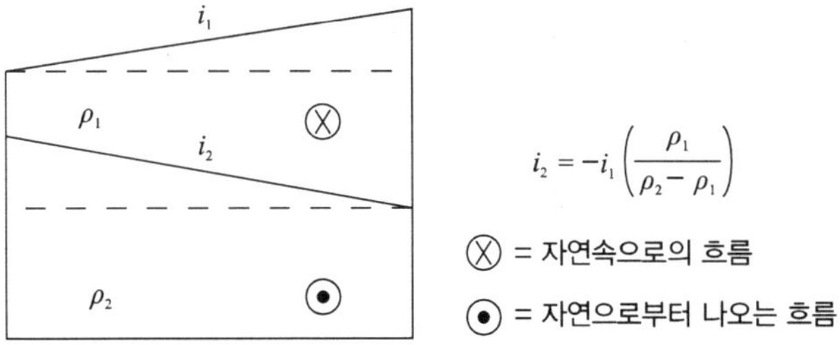

그림 7-2 주어진 밀도, 지형류 속도, 층들 사이의 경계면의 경사 관계로서 아래층에서 운동이 없는 두 층으로 된 해양의 경우(안희수와 오임상, 1998)이다.

이것을 정리하면, 경사각은 다음과 같다.

$$i_2 = \frac{f}{g}\left(\frac{\rho_2 v_2 - \rho_1 v_1}{\rho_2 - \rho_1}\right).$$

따라서 밀도를 아는 두 층에서 경계면의 경사와 위층의 지형류를 알면 아래층의 지형류를 계산 할 수 있게 된다(안희수와 오임상, 1998).

막스 마르굴레스는 1904년 그의 스승인 유명한 물리학자인 루트비히 볼츠만(Ludwig Eduard **Boltzmann**, ForMemRS, 1844~1906)[2)]의 60번째 생일을 기리는 회갑기념논문집에 발표한 짧은 논문(Margules, 1904)으로 기상학계에 공헌하였다. 이 논문에서 그는 연속방정식을 사용하여 기압변화를 예측할 수 있는 가능성을 고려하였다. 그는 기압경향의 정확한 추정을 얻기 위해서는 바람 자료가 실용적인 한계를 넘는 정확도를 가져야 한다는 것을 입증하였다. 그는 이러한 방법으로 종관변화를 예보하는 시도를 한다면, 백발백중 실패할 것이라고 결론을 내렸다(Lynch, 2003).

막스 마르굴레스는 내성적인 성격을 가지고 있어 결혼하지도 않고 다른 과학자들과는 공동으로 연구하지 않았으며 모두 단독으로 활동한 고독한 사람이었다. 그는 연구에 대한 식견이 부족한 것에 대해 실망하고 환멸을 느껴 1906년 50세의 나이로 비엔나 기상대를 은퇴하여 아주 적은 연금으로 살아가게 되었다. 그의 연금은 제1차 세계대전 동안에는 매우 삭감되어 현재 가치로 1유로 해당하는 월 400크라운

---

2) 오스트리아 이론물리학자. 열복사법칙을 이론으로 확립함. "슈테판-볼츠만의 법칙"으로 유명함. 비엔나 대학교에서 1866년 Ph.D.(지도교수: 요제프 슈테판)를 받음. 그라츠 대학교 교수, 비엔나 대학교 교수, 독일 뮌헨 대학교 교수, 독일 라이프치히 대학교 교수, 그라츠 대학교 총장 역임함. 오스트리아 임페리얼 과학원(Imperial Austrian Academy of Sciences) 정회원(1885~1906), 스웨덴왕립과학원(RSAS) 정회원(1888~1906), 영국 왕립학회(Royal Society) 외국인 회원(1899~1906)으로 선출됨.

에 불과해 최소한의 끼니를 해결하기에도 충분하지 못하였다. 동료들은 그를 돕기 위해 부단히 노력하였지만, 그는 매번 거절하였다. 막스 마르굴레스는 1920년 10월 4일 비엔나 근처의 페르히토르츠도르프에서 아사하였다. 기상역학의 창시자 중의 한 사람인 마르굴레스는 의심할 바 없는 두뇌가 날카로운 이론가로서 그의 업적에 대한 평가는 그의 사후 직후에 찬사를 받았다(윤일희, 2007).

오스트리아 기상학파

1890년부터 1925년까지 오스트리아의 많은 저명한 과학자들이 기상학 연구를 활발하게 수행하여 기상역학, 종관기상학, 기후학 분야에 큰 발전을 이루었다. 이러한 최초의 기상학 연구 그룹을 "비엔나 기상학파(Vienna School of Meteorology)" 또는 "오스트리아 기상학파(Austrian School of Meteorology)"라 부른다. 오스트리아 기상학파의 가장 주요한 과학자 중에는 율리우스 한, 요제프 페르트너, 빌헬름 트라버트, 펠릭스 엑스너-에바텐, 빌헬름 슈미트, 하인리히 폰 피커, 알베르트 데팡트, 막스 마르굴레스 등이 있었다.

오스트리아 기상학파의 창시자인 율리우스 페르디난트 폰 한(그림 1-3)은 "현대 기상학의 아버지"로 불리고 있고, 산곡풍에 대한 이론을 개발하였으며, 이산 창 함수인 "한 함수(Hann function)"로 유명하다. 그는 1839년 3월 23일 오스트리아 린츠 부근 바르트베르크 오브 데어 아이스트에서 태어나 1921년 10월 1일 비엔나에서 사망하였다. 크렘스뮌스터에서 중등교육을 받았고, 비엔나 대학교(University of Vienna)로 진학하여 수학, 화학, 물리학을 전공하고 졸업하였다. 그 후 에두아르트 쥐스(Eduard Suess, 1831~1914)[3] 교수의 지도로 지질학과 고생물학을 공부하였고, 프리드리히 시모니(Friedrich Simony, 1813~1896)[4] 교수에게는 자연지리학을 사사 받았다.

율리우스 폰 한은 린츠에 소재한 오베르레알슐레 교장(1865~1968), 비엔나 대학교(1877~1897) 기상학 교수 겸 중앙기상지구자기대(ZAMG) 대장, 그라츠 대학교(University of Graz)(1897~1900) 기상학 교수, 비엔나 대학교 우주물리학 석좌교수(1900~1910)를 역임하였다. 그는 『기상학 잡지(*Zeitschrift für Meteorologie*)』의 초대편집인으로도 활동하였다.[5)]

율리우스 폰 한은 그 당시 대기과학에 대한 탁월한 지식의 소유자로서 유명했다. 그는 "지권, 대기권, 수권"(Hann, 1872), "기후학 입문"(Hann, 1883), "기상학 교본(Hann, 1901)"을 출판하였다. 오스트리아 기상학파의 기상학자들은 날씨예보의 불완전성 때문에 비과학적으로 예보를 고려하였다. 이러한 사실은 그 당시 물리 법칙에 기초를 둔 예측의 가능성을 함축하고 있던 라플라스 결정론 해석의 견해를 가지고 있던 대부분의 과학들에게 받아들여진 견해였다. 그러나 오스트리아 기상학파의 일부 구성원들조차도 날씨예보는 기상학자들에게 부적절하고 위험하다고 생각하

---

3) 영국(잉글랜드)-오스트리아 지질학자, 고생물학자. 대륙표이설을 주장하였고, 지각수축설을 주창함. "초 대륙 곤드와나(supercontinent Gondwana)"와 "테티스 해(Tethys Ocean)"의 이름을 창안함. 오스트리아 비엔나 대학교에서 지질학을 공부함. 비엔나 대학교 고생물학 교수(1856~1861)와 지질학 교수(1861~1901), 오스트리아 과학아카데미 원장(1898~1911) 역임함. 스웨덴왕립과학원(RSAS) 정회원(1895~1914)과 영국 왕립학회 외국인회원으로 선출되었고, 코플리 메달(1903)을 수상함. 영국 지질학회의 울러스턴 메달(1896)을 수상함. 3권(1885~1909)으로 된 『지구의 생김새』를 저술함.

4) 오스트리아 지리학자. 알프스 산맥 지리학을 연구함. 비엔나 대학교에서 자연과학을 공부함. 클라겐푸르트(Klagenfurt)에 소재한 자연사박물관 큐레이터(1848~1849); 비엔나 임페리얼 지질연구소(Imperial Geological Institute) 수석 지질학자(1849~1851); 비엔나 대학교 최초 지리학 교수(1851~) 역임함. 3권(1889~1895)으로 된 『다흐슈타인 산맥: 오스트리아 북부 알프스의 지형적 특성』을 저술함.

5) https://en.wikipedia.org/wiki/Julius_von_Hann

였다.

오스트리아 물리학자 겸 기상학자인 요제프 마리아 페르트너(Josef Maria Pertner, 1848~1908)는 오스트리아 기상학파의 한 사람으로, 1848년 5월 15일 오스트리아 노이마르크트에서 태어나 1908년 12월 20일 이탈리아 트렌티노 아르코에서 사망하였다. 그는 인스부르크 대학교(University of Innsbruck)에서 수학 및 물리학을 전공한 후, 1878년부터 비엔나 대학교에서 수학한 후 1882년 박사학위(D.Phil.)를 받았다. 그 후 비엔나 대학교 조수(1880~1882), 비엔나 중앙기상대(ZAM) 부교수(1882~1883), 비엔나 대학교(1893~1908) 우주물리학 교수 겸 비엔나 중앙기상지자기대(ZAMG) 대장을 역임하였다.[6)]

요제프 페르트너는 인스부르크 대학교 시절 기체 및 수증기에서 이루어지는 햇빛 흡수에 관한 연구(Pertner, 1880)와 습윤 기단을 혼합시킬 때의 강수량 계산에 관한 연구(Pertner, 1882)를 발표하였다. 그의 초기 연구는 고산기상문제와 관측에 관한 연구로서 1888년에 손블리크 산(정상높이 3,106 m)과 라우리스 계곡에서 이루어진 최초의 방사선 측정 결과에 관한 것이었다(Pertner, 1888). 1883년 8월 27일 인도네시아 수마트라 섬에 위치한 크라카타우 화산 분화 이후 발생힌 박명현상에 큰 관심을 가져 1889년 「크라카타우 화산 분화와 그 효과에 대하여」란 논문(Pertner, 1889)과 "무시개 이론"에서는 특히 자주색 빛의 특성을 연구하였다(Pertner, 1897). 또한 1895년 인스부르크에서 발생하는 푄현상의 발생빈도, 기간, 기상특성에 관한 논문(Pertner, 1895a)과 풍향의 일일 주기 변동에 관한 연구(Pertner, 1895b)를 발표하였다. 그는 1902년 대기광학에 대한 연구결과들을 종합하여 『기상광학』이라는 책(Pertner, 1902)을 출판하였다.

오스트리아 기상학자인 빌헬름 트라버트(Wilhelm Trabert, 1863~1921)는

---

6) https://de.wikipedia.org/wiki/Josef_Maria_Pernter

1863년 9월 17일 오스트리아 프랑켄베르크에서 태어나 1921년 2월 24일 비엔나에서 사망하였다. 그는 오스트리아 기상학파 중의 한 사람으로 비엔나 대학교에서 1887년 박사학위(D.Phil.)를 받았다. 그의 경력은 비엔나 중앙기상대(Vienna Meteorological Central Institution) 조수(1890~1893), 비엔나 대학교 기상학 교수(1893~1902), 인스부르크 대학교(1902~1908) 물리학 교수, 마지막으로 비엔나 대학교(1908~1915) 기상학 교수 겸 비엔나 중앙기상지자기대(ZAMG) 대장을 역임하였다. 그는 연구결과들을 집대성하여, 『기상학』(Trabert, 1904), 『기상학과 기후학』(Trabert, 1905), 『우주물리학 교재』(Trabert, 1911)를 저술하였다.

오스트리아 기상학자 겸 지구물리학자인 펠릭스 마리아 폰 엑스너-에바텐(Felix Maria von **Exner-Ewarten**, 1876~1930)은 1876년 8월 23일 비엔나에서 출생하여 1930년 8월 23일 비엔나에서 사망하였다. 그는 이론기상학의 선구자로서, 대기물리학, 기상학, 날씨예보를 연구하였다. "엑스너 방정식"과 "엑스너 함수"로 유명하다. 그는 비엔나 대학교에서 수학, 물리학, 화학으로 1900년 박사학위(D.Phil.)와 1904년 교수자격학위(Habilitation)를 받았다. 비엔나 중앙기상대(ZAMG) 과학조수(1901~1910)를 시작으로 인스부르크 대학교 기상학 교수(1910~1915), 신설된 군 기상대대장(1915~1917), 그리고 비엔나 대학교 기상학 교수 겸 ZAMG 대장(1917~1930)을 죽을 때까지 역임하였다. 그는 1917년 『기상역학』을 저술하였다.[7)]

오스트리아 기상학자인 빌헬름 마테우스 슈미트(Wilhelm Matthäus **Schmidt**, 1883~1936)는 1883년 1월 21일 비엔나에서 태어나 1936년 11월 27일 비엔나에서 사망하였다. 그는 오스트리아 기상학파 중의 한 사람으로서 비엔나 대학교에서 수학과 물리학을 전공하여, 1905년 물리학으로 박사학위(D.Phil.)를 받았다. 그는

---

7) https://de.wikipedia.org/wiki/Felix_Maria_von_Exner-Ewarten

오스트리아 과학원에서 화학 및 물리학에 관한 연구가 산업 응용 분야에서 큰 실용적인 것으로 판명된 과학자에게 수여하는 하이팅거 상을 1912년 수상하였다. 그의 스승 중에는 루트비히 볼츠만과 펠릭스 폰 엑스너-에바텐이 있었다. 그의 경력은 비엔나 대학교 지구물리학 강사로 시작하여 비엔나 고등 농업학교 교수를 거쳐 마지막으로 비엔나 중앙기상지구역학대(ZAMFG) 대장(1933~1936) 겸 비엔나 대학교 기상학 교수로 끝을 맺었다.

빌헬름 슈미트는 1914년 「천둥의 본질에 대하여」란 논문(Schmidt, 1914)을 발표하였다. 그리고 1915년에는 「비엔나 기후에 영향을 미치는 용융열의 영향」이라는 논문(Schmidt, W. M., 1915a)과 「자유 수면에서의 복사 및 증발」이란 논문(Schmidt, 1915b)을 발표하였고, 여기에서 최초로 증발을 추정하였다. 1917년에는 "탁 트인 공기에서 무질서한 흐름 내의 질량 교환과 그 결과"에서 "교환(Austausch)"이라는 개념을 도입하였다(Schmidt, 1917). 1918년에는 『대도시 가장자리에서 공기의 먼지 핵 함량 측정』(Schmidt, 1918)과 「자유대기 중의 방사성 가스 분포에 관한 연구」(Schmidt and Hess, 1918)를 발표하였다. 이들 연구는 현재 이루어지는 대기오염 연구의 시초가 되었다.

독일과 오스트리아 기상학자, 지구물리학자인 하인리히 폰 픽커(Heinrich von Ficker, 1881~1957)는 1881년 11월 22일 독일 뮌헨에서 태어나 1957년 4월 29일 오스트리아 비엔나에서 사망하였다. 그는 오스트리아 기상학파 중의 한 사람으로, 알프스 산맥의 푄 바람의 역학, 한대전선, 열파 등을 연구하였다. 그는 오스트리아 인스부르크 대학교에서 1906년 박사학위(D.Phil.)를 받았다. 그의 경력은 오스트리아 그라츠 대학교(1911~1923) 기상학 교수 겸 학과장을 시작으로 하여, 독일 베를린 프리드리히 빌헬름 대학교(1923~1937) 기상학 교수 겸 프로이센 기상연구소 소장(1923~1934)을 역임하였고, 다시 오스트리아로 돌아와 비엔나 대학교(1937~1952) 기상학 교수 겸 비엔나 중앙기상대(ZAMG) 대장으로 활동하였다.

오스트리아 기상학자, 해양학자인 알베르트 요제프 마리아 데팡트(Albert Joseph Maria Defant, 1884~1974)는 1884년 7월 12일 트리엔트에서 태어나, 1974년 12월 24일 인스부르크에서 사망하였다. 그는 인스부르크 대학교에서 수학, 물리학, 지구물리학을 공부하였고, 1906년 기상학으로 박사학위(D.Phil.)와 비엔나 대학교에서 1909년 교수자격학위를 받았다. 비엔나 중앙기상대(ZAMG)(1907~ 1918) 기상학자, 인스부르크 대학교(1919~1926) 우주 물리학 교수, 독일 베를린 프리드리히 빌헬름 대학교(1926~1945) 해양학 교수 겸 해양과학 연구소 겸 박물관관장, 인스부르크 대학교(1945~1955) 기상학 및 지구물리학 교수 및 ZAMG 대장을 역임하였다. 그 후 미국 캘리포니아 대학교(샌디에이고)(UCSD) 스크립스 해양연구소(SIO) 방문 과학자(1949~1950), 인스부르크 대학교 총장(1950~1951), 독일 함부르크 대학교(U-H)(1952~1956) 방문 교수, 베를린 자유대학교(1956~1958) 방문 교수로 활동하였다. 1933년 미국 국립과학원(NAS)의 알렉산더 애거시 메달을 수상하였다.

요제프 데팡트는 오스트리아 기상학파 중의 한 사람으로, 대기권의 물리학을 연구하였고, 해양물리학의 창립자 중의 한 사람으로 알려지고 있다[8]. 인스부르크 대학교 교수 재임 시절, 그는 중위도에서의 대기 순환(Defant, 1921), 온도의 남북분포와 적도와 극 사이의 질량교환(Defant, 1922), 육지 근처 바다의 조석 문제(Defant, 1925), 날씨와 날씨예보(Defant, 1926)에 관한 논문들을 발표하였다.

독일 베를린 프리드리히 빌헬름 대학교 해양학 교수 시절에는 초기에는 대기에 관한 논문(Defant, 1928a; Defant, 1928b)과 해양학 특히 해양물리학에 관한 논문(Defant, 1928c; Defant, 1932; Defant, 1943)들이 발표되었다. 오스트리아로 돌아온 후 그는 1950년 인스부르크 대학교 총장 취임사에서 “지구물리학과 다른 자

---

8) https://en.wikipedia.org/wiki/Albert_Defant

연과학들 사이에서의 등급에 대해서"란 제목으로 연설하였다(Defant, 1951). 그는 독일 함부르크 대학교 방문교수로 지속적으로 해양물리학에 대한 연구를 계속 수행하였다(Defant, 1953; Defant, 1957).

요제프 데팡트는 여러 저서들을 저술하였다. 여기에서 대기물리학과 관련된 저서에는 『대기역학』(Defant, 1957)과 『대기의 물리역학』(Defant, 1958)이 있고, 해양물리학과 관련된 저서들에는 『역학 해양학』(Defant, 1929), 『썰물과 조류』(Defant, 1958; Defant, 1960), 두 권으로 된 『물리해양학』(Defant, 1961a; Defant, 1961b)이 출판되었다.

Chapter

08

자연의 물을 연구한 스코틀랜드 기상학자

휴 밀

스코틀랜드 지리학자 겸 기상학자인 휴 로버트 밀(Hugh Robert Mill, 1861~1950; 그림 8-1)은 1861년 5월 28일 스코틀랜드 동북부에 위치한 케이스네스 주 서소에서 태어났다. 이 지역은 스코틀랜드의 북쪽에 멀리 떨어져 있었기 때문에 날씨가 밀의 생애에 일찍 인상을 남긴 것은 놀랄 일이 아니었을 것이다. 그가 일곱 살 때 "그해 여름은 살인적인 더위를 가져왔고 무시무시한 뇌우가 뒤따랐다."고 그는 회상하고 있다(Burton, 1993).

휴 밀은 아버지인 제임스 밀(James Mill)과 어머니인 해리어트 고든(Harriet Gordon)의 11명의 자녀 중 10번째로 태어났고, 철학자이고 경제학자인 존 스튜어트 밀(John Stuart Mill, 1806~1873)의 손자였다. 그의 아버지는 그린란드 해까지 항해하는 던디 포경선에서 외과의사로서 근무를 시작하였고 그의 어머니는 지리학에 매력을 느끼고 있었다. 그의 부모는 밀의 생애에 가졌던 오랜 관심에 분명하게 영향을 미쳤다. 특히 결핵의 발병으로 인하여 학교생활을 9살에 끝내야 했기 때문에 부모의 영향은 그에게는 매우 컸다. 그 당시에 그가 기억하는 것은 아주 간단하고 명

그림 8-1 31대(1907~1908) 영국 왕립기상학회 회장을 역임한 휴 밀은 해양, 호수, 강 특히 비와 같은 자연의 물에 대한 연구에 생애를 바쳤다.

백하게 대기압을 설명하고 기압계의 작동 원리를 설명하던 교장 선생님이었다. 그는 알렉산더 버컨이 저술한 『기상학편람』에 빠졌고, 『브리태니커 백과사전』의 여덟 번째 판의 대부분을 읽은 독서광이 되었다.

1876년 밀은 과부가 된 엄마와 함께 에든버러로 이사하였고, 그 자신 스스로 비록 사용하기에는 불가능한 것이지만 대충 기상 측기들을 갖추었다. 다음 해에 건강이 회복됨에 따라 그는 와트 회관과 예술 학부(Watt Institution and School of Arts; 그림 8-2)의 저녁 강의에 등록하였고, 1880년 에든버러 대학교(University of Edinburgh) 입학시험에 응시하여 7과목 중 5과목에서 훌륭한 성적을 거두었다. 1883년 화학과 자연철학 과목의 메달리스트로서, 그 해의 최우수 졸업생으로 학사 학위(B.Sc.)를 받았다. 대학 생활을 하는 동안 화학 전공이 갑자기 기상학으로 바뀌게 되었다. 그는 항상 포켓용 분광기를 가지고 다녔고, 대기 중의 수증기가 흡수선을 일으킨다는 것을 알게 되면서, 흡수 강도로서 강수를 예보할 수 있을지에 대해서 연구하였다. 그 결과들은 1883년 그의 최초의 논문(Mill, 1882)으로 발표되었다.

1884년 대학을 갓 졸업한 휴 밀은 챌린저 호 탐험(Challenger Expedition)에 참여한 존 머리(Sir John Murray, 1841~1914)[1]에 의해서 그랜턴에 신설된 스

그림 8-2 와트 회관과 예술 학부(Watt Institution and School of Arts)를 나타내는 문서이다.

코틀랜드 해양관측소(Scottish Marine Station)의 화학자와 물리학자로서 3개의 선발 장학금 중의 하나를 획득하였다. 의무 사항은 알레산더 버컨 밑에서 기상관측을 수행하는 것이 포함되어 있었다. 밀은 어떻게 그의 최초 월간 관측표를 제출하였는지 기억하고 있었다. 그의 관측은 완벽에 가까웠기 때문에 알렉산더 버컨에 의해

---

1) 영국(스코틀랜드)-캐나다 해양학자, 해양생물학자, 육수학자. 에든버러 대학교를 졸업함. 챌린저 탐험위원회 박물학자(1872)와 위원장(1882), 왕립 스코틀랜드 지리학회(Royal Scottish Geographical Society) 회장(1898~1904)을 역임하였고, 영국 왕립학회 펠로(1896~1914)로 선출됨. 영국 왕립학회의 로열 메달(1895), 오스트레일리아 뉴사우스웨일스 왕립학회(RSNSW)의 클라크 메달(1900), 미국 국립과학원(NAS)의 알렉산더 애거시 메달(1911)을 수상함. 50권으로 된 『챌린저 보고서』를 완성함.

서 지적된 것은 단지 눈금의 오차, 복사, 계산에 관한 것으로 밀이 그때까지 받은 레슨 중에 가장 유익한 것이었다. 스코틀랜드 해양관측소에서 활동한 3년 동안 밀은 존 에이트킨(John Aitken, 1839~1919)[2)]을 도왔다. 그는 여러 형태의 온도계 백엽상을 실험하고 있었지만 그의 주된 연구는 연안수 내의 운동이었다.

스코틀랜드 해양관측소에서 이루어진 밀의 해양학 연구는 그의 관심을 화학에서 지리학으로 바꾸는 계기가 되었다. 그는 1887년 에든버러 헤리엇 와트 대학(Hariot-Watt College)[3)]의 지리학과 지문학의 강사로 임명되었고, 1891년에 출판된 『자연의 무작위』를 포함한 여러 입문서(Mill, 1889; Mill, 1891; Mill, 1894)들을 저술하였다. 그의 목표는 지리학을 반듯한 과학 토대 위에 세우는 것이었다.

1892년에 와서 밀은 그가 일찍이 알고 지냈던 존 머리를 통하여 한대 지역에 대한 관심을 크게 가지게 되었다. 그는 같은 해 왕립지리학회(Royal Geographical Society)에서 활발하게 활동하고 있었다. 이때 학회는 던디에서부터 남극의 포경 가능성을 탐험하기 위해서 범선에 과학적인 장비를 장착하고 있었다. 그는 남극 문헌의 대부분을 알고 있었기 때문에, 탐험 준비를 위하여 그해 말 런던으로 이사하여 학회의 사서가 되었다. 이 자리에서 밀은 새로운 목록을 준비했을 뿐만 아니라 1901년부터 1904년까지 예정된 디스커버리(Discovery)호의 탐험에 필요한 "남극 매뉴얼(*Antarctic manual*)"을 준비하였다. 1895년 그는 잉글랜드 호수 층상에 대한 최초의 체계적인 지도제작을 준비하였다.

---

2) 스코틀랜드의 물리학자. 구름 실험을 통해서 과포화 상태의 공기 중에서 먼지 입자가 물방울을 응결시키는 핵으로 작용한다고 결론을 내림. 또한 에이트킨은 1888년 과포화 공기의 응결을 연구하기 해서 공기 중의 먼지 입자의 수를 세는 소위 "먼지 상자"를 고안하였는데, 이 먼지 상자가 윌슨의 구름 상자의 원형이 됨.

3) 전신은 Watt Institution and School of Arts임.

당시 밀의 포부는 물, 공기, 식생, 동물 생활의 이동적인 분포가 태양의 복사에 의해서 정립되는 운동이 고체 육지 형에 의해서 조절된다는 일반적인 원리를 추론할 수 있는 방법을 개발하는 것이었다. 처음 목표는 풍부한 영국 자료들을 사용하는 것이었고 그 이후에는 원리를 전 세계에 적용하고자 하였다. 1900년에 시작은 잘 이루어졌으나 그 작업이 너무 방대하였기 때문에 후속 조치가 따르지 못하였다.

1900년 조지 시먼스(George James Symons, FRS, 1838~1900; 그림 8-3)[4]의 사망 이후 시먼스를 이어 밀은 잉글랜드 강우 기구(British Rainfall Organization; BRO)의 무보수 공동 소장으로 초빙되었다(Brown and Fleure, 1950). 이 일은 새

그림 8-3 조지 시먼스는 영국 강우 기구를 설립하여 이를 운영하였다(Burton, 1993).

4) 영국(잉글랜드) 기상학자. 여러 가지 기상측기를 제작함. 잉글랜드 울버햄프턴 세인트 피터 남녀공학 중학교에서 수학함. 통상 위원회의 기상과 서기로 활동함. 1860년 영국 강우기구(BRO)를 설립하여 운영함. 1866년 『시먼스 월간 기상 잡지』를 발간함. 영국 왕립학회 펠로(1878~1900)로 선출됨. 영국 왕립기상학회(RMetS) 펠로(1856~1900)로 선출되었고, 16대(1880~1881년)와 26대(1900년) 회장을 역임함. 토목공학자 협회의 텔퍼드 상(1876)을 수상함. RMetS에서 "시먼스 금메달"을 제정하여 1901년부터 2년마다 수여함.

로운 세기의 첫날인 1901년 1월 1일에 이루어졌고, 런던에 있던 시먼스의 옛 집을 임대하여 사무실로 사용하였다. 휴 밀은 직업적인 기상학자가 되었고, 강우 분포에 대한 지형적인 조절에 대하여 상세하게 연구할 기회를 갖게 되었다. 그는 통계적인 표보다는 강우의 분포를 지도에 나타내는 방법을 도입하였다. 하나의 당황스러운 결과가 1900년 12월 30일에 발생한 강우에서 나타났다. 등치선과 일치하는 등강수량선(isohyet) 대신에 육지의 높이와는 무관하게 도싯에서부터 험버까지 길고 좁은 호우의 선이 언덕, 계곡, 평원 상에 존재한 것이었다.

1901년 휴 로버트 밀은 건강상의 이유로 1901년부터 1904년까지 예정된 남극 탐험의 과학 책임자 직의 지명을 거부하였지만, 로버트 스콧(Robert Falcon Scott, 1868~1912 ; 그림 8-4) 선장의 초빙으로 그는 정규 날씨 관측을 확립하고 해수 채집을 위해 선원 중의 한 사람인 어니스트 섀클턴(Sir Ernest Henry Shackleton, 1874~1922)[5]을 훈련시키기 위해서 마데이라 제도(Madeira)까지 디스커버리호(그림 8-5)로 항해하였다. 같은 해 밀은 『더 타임스(*The Times*)』에 전년도 강우에 대한 정규적인 연차보고를 시작하였다. 휴 밀에 의해서 기상 훈련을 받은 어니스트 섀클턴은 휴 밀을 포함해서 1909년 남극 탐험에 대한 내용을 담은 2권의 책을 출판하였다(Shackleton *et al.*, 1909a and b). 휴 밀은 어니스트 섀클턴 사망 이후인 1923년 그의 생애를 기린 책(Mill, 1923)을 출판하여 그들 사이의 우정을 표하였다.

---

5) 영국 남극탐험가. 아일랜드 킬키 출생. 덜위치 칼리지에서 공부하였다. 1901~1904년 디스커버리호 선장 로버트 스콧이 이끄는 남극탐험대에 참가하여 스콧 · 윌슨과 함께 썰매로 남위 82° 16′33″에 도착하였다. 1903년 병으로 일행과 헤어져 영국으로 돌아갔다. 1907~1909년, 자신이 직접 탐험대를 이끌고 남극으로 향하여 1909년 1월 9일 남극으로부터 아주 가까운 거리인 남위 88°23′까지 도달하였다. 에러버스 산(3,794 m)을 처음으로 등정하였으며, 자 남극에 도달하여 그 위치(남위 72°25′, 동경 154°)를 정하여 표시하였다.

그림 8-4 로버트 스콧은 디스커버리 호의 선장으로서 1901년부터 1904년까지 남극탐험을 수행하였다.

1903년 밀은 BRO의 소장이 되었다. 그는 축적된 기록들을 판매하였고, 기상학을 정확한 과학으로 전환시켜 BRO 내에 확고한 과학 토대를 확립하는 과정을 시작하였다. 그는 강우 자료의 수집, 논의, 발표를 개선하였고 강우 분포에 대한 지도 제작 연구에 고심하였다. 또한 그는 BRO의 출판물인 『영국강우(*British Rainfall*)』와 『시먼스의 기상잡지(*Symons's Meteorological Magazine*)』를 개선하였고, 여러 나라의 강우에 대한 일련의 사건들을 『지질 조사 회고록(*Geological Survey Memoirs*)』에 기고하였다. 덧붙여 밀은 소비와 전기 발전에 대한 물 공급의 추정을 위해서 근본적으로 개선된 기준치를 제공하였다. BRO에 관여하는 동안 밀은 수많은 강우 관측자와 접촉하였다. 1910년 BRO 창설 50주년을 맞이하여 밀은 누적된 강우 기록들을 국가에 제출하였다.

1912년에 발생한 타이타닉 재앙에 따라 밀은 하나의 제안을 하여 그 결과로 북대서양의 국제 얼음 순찰의 발단이 되었다. 그는 시력이 많이 나빠져 18개월 동안의 전 세계 여행 이후 BRO로부터 은퇴하려고 하였지만, 제1차 세계대전의 발발로 그의 도움이 필요하게 되었다. 1919년에 이르러 그는 시력 상실과 전해의 사고로 인하여 책무를 포기해야 하였다. BRO의 모든 자료들을 영국 기상대로 이관시켰고, 직원은

그림 8-5 1901년 3월 21일 던디에서 진수된 디스커버리 호는 1901년부터 1904년까지 남극 탐험을 수행하였다.

그대로 근무하도록 하였고, 건물은 왕립기상학회로 소유권을 넘겼다.

1901년 이후 주로 기상학에 관여했지만 밀은 결코 해양학과 지리학을 무시하지 않았다. 그는 국제해사기구(ICSS)의 영국 대표로 1901년부터 1909년까지 활동하였고, 1927년부터 1931년까지 왕립지리학회(RGS)의 부회장을 역임하면서 "왕립지리학회의 기록, 1830~1930"을 준비하였다(Mill, 1930). 1930년 그는 스콧 극지 연구소(SPRI)의 소장이 되었고, 1932년 지리협회(Geographical Association)의 회장이 되었다.

어쩔 수 없는 은퇴에도 불구하고, 밀은 그의 기상학에 대한 전문적인 지식으로 영국 제도 수력에 관한 통상위원회의 위원으로 국가에 봉사할 자리를 가질 수 있었다. 더군다나 남극 탐험가와 탐구에 대한 열정은 남아 있었다. 그 자신은 남극에 가본 적이 없지만 그만큼 남극의 역사와 특징에 대해서 아는 사람은 드물었다. 그는 극지 탐험에 대한 전문가로서 국제적으로 인식되었다. 그에게 자문을 구하지 않고 극지 탐험을 떠나는 사람은 드물었고 귀국한 탐험가들은 관습적으로 그의 집을 방문하여 최신 개발된 모든 정보를 그에게 알려 주었다. 극지 탐험에 대한 밀의 설명은 1905년 출판된 남극탐험에 대한 이야기책(Mill, 1905)인 『남극점의 포위공격』에 포함되어 있다.

밀은 1887년 안개와 짙은 눈을 헤치고 처음으로 영국 왕립기상학회(RMetS) 사무실을 방문하기 위해 그레이트 조지 스트리트에 있던 초라한 건물의 어두운 층계를 올라왔다. 여기에서 그는 1893년 펠로로 선출되었고, 1902년부터 1906년 사이에는 명예 서기, 31대(1907~1908) 회장으로 봉사하였다. 그가 회장으로 있는 동안 기상 정찬 클럽이 결성되었다. 그는 이 클럽이 모든 회원이 동일한 무게를 가진다는 뜻으로 "Isobar"로 불리길 원하였지만 평의회의 대부분은 제안된 이름이 너무 모호하다고 생각하였다. 개관 선물로서 밀은 은으로 만들어진 스노던 우량계(Snowdon raingauge) 모델을 선물하였다.

유년시절부터 병약하여 빈번하게 발병했음에도 불구하고 밀은 마음이 온화한 사람이었다. 그는 탁월한 문학적인 재능과 유창한 화술을 지니고 있었다. 그는 썰렁한 개그를 즐기는 재미있는 사람이었다. 그의 친구들이 매년 기다리는 것은 BRO를 지휘하고 있을 때, 그가 직접 도안하여 인쇄한 크리스마스 카드였다.

휴 밀은 여러 방면에서 그의 업적에 대한 영예로서 에든버러 왕립학회의 특별회원(1885)으로 선출되었고, 에든버러 대학교로부터 자연과학박사학위(DSc)를 수여(1886)받았고, 세인트 앤드류 대학교로부터 LLD를 수여(1900)받았고, 많은 학회로부터 메달들을 수여받았다. 여기에는 에든버러 왕립학회의 멕도걸-브리즈번 메달(1894), 왕립지리학회의 빅토리아 연구 메달(1915), 영국 왕립기상학회(RMetS)의 시먼스 기념 메달(1918), 왕립 스코틀랜드 지리학회의 골드메달(1923), 미국지리학회의 컬럼 메달(1923)이 있다.

1950년 휴 밀은 그의 가장 두드러진 업적으로 간주되는 상으로 RMetS가 그의 공적을 기리기 위해 제정한 "휴 로버트 밀 메달과 상(Hugh Robert Mill Medal and Prize)"의 첫 수상자가 되었다. 이 상은 서식스 주[6] 이스트 그린스테드, 도만스 파크에서 1950년 4월 5일 그의 사망 이틀 전에 개최된 학회 창설 100주년 기념식에서 발표되었다. 그의 나이 88세였고 57년 동안 학회의 특별회원으로 남아 있었다.

---

6) 잉글랜드 남동부에 있던 주. 남쪽은 영국 해협에 면하였으며, 북쪽은 켄트 · 서리, 서쪽은 햄프셔의 각주에 접하였다.

Chapter

09

한대전선이론을 구축한 노르웨이 기상학자

할보르 쇨베르그

할보르 쇨베르그(Halvor Skappel Sølberg, 1895~1974; 그림 9-1)는 1895년 2월 5일 노르웨이 링카세르(Ringsaker)[1]에서 태어났다. 쇨베르그는 1916년 오슬로 대학교(University of Oslo)를 졸업한 후, 1년 동안 오로라 탐사를 하고 있던 라르스 베가르(Lars Vegard, 1880~1963)[2] 교수 밑에서 연구조수로서 오슬로 대학교에 머물렀다. 빌헬름 비에르크네스는 1913년 독일 라이프치히 대학교(University of Leipzig)에 지구물리연구소를 설립하였다. 이곳 지구물리연구소에는 테오도르 헤셀베르그와 하랄 스베드럽이 연구원으로 활동하고 있었다. 제1차 세

1) 노르웨이 남동부 헤드마르크 주의 도시로서 노르웨이에서 가장 큰 호수인 뫼사 호의 동안에 위치함.

2) 노르웨이 물리학자. 북극광(aurora borealis)을 연구함. “베가르의 법칙(Vegard's law)”으로 유명함. 로열 프레데릭 대학교에서 1905년 학사학위와 1913년 물리학 박사학위를 받음. 크리스티안 비르켈란(Kristian Birkeland) 조수(1906~1908), 로열 프레데릭 대학교 물리학 펠로(1908~1910), 필기자(1910~1912), 도슨트(1913~1918), 교수(1918~1952) 역임함.

그림 9-1 노르웨이 기상학파 중의 한 사람인 할보르 쇨베르그는 야코브 비에르크네스와 함께 한대전선이론을 구축하였다.

계대전이 발발함에 따라, 많은 독일 학생들과 연구원들이 전장으로 나가게 되었다. 또한 스베드럽과 헤셀베르크도 떠나게 되어, 빌헬름 비에르크네스는 그의 연구를 위해 많은 도움을 필요로 하게 되었다. 이런 이유로 1916년 야코브 비에르크네스는 노르웨이에서 학업을 중단하고 그의 아버지를 돕기 위해 라이프치히로 오게 되었다. 그와 함께 할보르 쇨베르그도 동행하였다. 1917년 초반 쇨베르그는 빌헬름 비에르크네스의 카네기 연구조수로서 발탁됨에 따라서 기상학으로 전공을 바꾸게 되었다.

1917년 후반, 빌헬름 비에르크네스는 두 명의 젊은 조수인 야코브 비에르크네스와 할보르 쇨베르그와 함께 전쟁 중인 독일을 떠나 1917년 여름 노르웨이 베르겐(Bergen)에 도착하였다. 빌헬름 비에르크네스는 워싱턴 D.C. 소재한 카네기협회(CIW)로부터 연구비를 계속 지원받을 수 있었기 때문에, 야코브와 쇨베르그를 실험 날씨 예보자로서 고용할 수 있었다. 그들은 기상역학 원리 특히 비에르크네스 순환이론을 사용하여 날씨예보를 실험하였다. 1918년 여름에는 이미 이러한 실험적인 날씨예보가 정규적인 날씨예보를 지원하는 수준까지 도달하게 되었다.

그 후 할보르 쇨베르그와 야코브 비에르크네스가 공동으로 발표한 논문에서 종관일기도 분석의 한 부분인 날씨 전선에 관한 연구를 공표하였다. 특히, 중위도 저기압

(extratropical cyclone)은 보통 정체전선에서부터 파동으로 진화하여 거대한 폭풍 소용돌이를 형성하여 소멸한다는 것을 보여주었다. 종관일기도의 전선 분석에 기초를 둔 이러한 발견은 진단 중요성의 증거가 되었고, 여러 나라에서 날씨예보 법칙(rule)으로 쉽게 사용하였다. 전선 방법의 국제적인 보급은 스칸디나비아 동료들에 의한 중요한 공헌에 의해서 가속화되었다. 노르웨이 베르겐에서 스웨덴 기상학자인 토르 베르셰론, 카를-구스타브 로스비, 핀란드 기상학자인 에릭 팔멘이 1920년대 초반까지 함께 일하였다.

새로운 노르웨이 기상학파(또는 베르겐 기상학파)의 창립자 중의 한 사람인 쇨베르그는 그들 동료들이 널리 사용하던 경험적인 방법들을 수학을 기반으로 하는 기상연구로 개선되기를 갈망하였다. 따라서 그는 1921년 오슬로 기상대에서 날씨 예보관으로 성공적인 활동을 그만두고, 고급 수학과 고급 유체동역학에 대한 공부를 위해서 독일 괴팅겐 대학교(University of Göttingen)의 리하르트 쿠란트(Richard Courant, 1888~1972)[3] 교수와 프랑스 파리 에콜 상트랄(École Centrale)의 자크 아다마르(Jacques Salomon Hadamard, ForMemRS, 1865~1963)[4] 교수에

---

3) 독일-미국 수학자. 수치해석과 유한원소법을 연구함. 브레슬라우 대학교에서 학사학위, 스위스 취리히 대학교에서 석사학위, 괴팅겐 대학교에서 1910년 수학으로 Ph.D.(지도교수: 다빗 힐베르트)를 받음. 독일 괴팅겐 대학교(1887~1914); 뮌스터 대학교 수학연구소(1928~1933); 잉글랜드 케임브리지 대학교(1935); 미국 뉴욕대학교(NYU) 수학 교수(1936~1972) 역임함. 소비에트연방 과학원의 외국인 회원으로 선출됨. 1924년 다빗 힐베르트와 함께 『수리물리학 방법』과 1941년 허버트 로빈스와 함께 『수학이란 무엇인가?』를 저술함. NYU에 쿠란트 수리과학연구소를 창설함.

4) 프랑스 수학자. 1896년 소수 정리을 증명함. 파리 고등사범학교(ENS)에서 1892년 수학으로 Ph.D.(지도교수: 에밀 피카르, 쥘 딴네리)를 받음. 보르도 대학교 수학 교수; 소르본 대학교 수학 교수, 콜레주 드 프랑스 수학 교수; 파리 에콜 폴리테크니크 수학 교수; 에콜 센트랄 수학 교수 역임함. 영국 왕립학회(Royal Society) 외국인 펠로(1932~1963)로 선출됨. 프랑스 과학원 정회원(1916~1963)으로 선출되었고, 보르댕 상을 수상함.

게 지도를 받게 되었다. 노르웨이로 귀국한 후, 그는 다시 빌헬름 비에르크네스와 밀접한 관계를 가지게 되었고, 대기 전선면의 불안정성에 대한 문제에 대해서 공동으로 연구하였다. 그는 실제 대기를 모의하는 모델 전선들이 실제 역학적으로 불안정하다는 것과 초기 정체 전선에 나타나는 장파들이 성장하는 저기압성 맴돌이의 형성을 유발해야 한다는 것을 증명하는 데 성공하였다. 경압 불안정성에 대한 이러한 근본적인 발견은 1928년 쇨베르그의 박사학위논문[5)]으로 발표되었다. 1930년 그는 오슬로 대학교 이론 기상학 정교수가 되었다.

할보르 쇨베르그는 빌헬름 비에르크네스와 공동 연구를 그 뒤에도 몇 년간 계속하였고, 1933년 797쪽 분량의 『기상역학과 수로학』을 빌헬름 비에르크네스, 야코브 비에르크네스, 할보르 쇨베르그, 토르 베르셰론을 공동으로 편찬하였다. 1936년 에든버러에서 개최된 국제측지학 및 지구물리학 연맹(IUGG) 총회에서, 쇨베르그는 「안정 대기의 관성 운동과 저기압 이론에서의 역할」이라는 제목의 논문(Sølberg, 1936)을 발표하였다. 그의 동료였던 아른트 엘리아센(Arnt Eliassen, 1915~2000)[6)] 교수는 다음과 같이 회고하였다. "그의 연구 결과는 1936년 발표 당시에는 잘 이해되지 못하였지만 현재에는 기상학 이론의 초석 중의 하나가 되었다." 쇨베르그의 논문의 가장 중요한 분야로 개발된 대기 맴돌이에 대한 안정도 범주는 오늘날 열대 저기압 이론에도 적용되고 있다. 이것은 1966년 일본 태생의 미국 기상학자인 카츠유키 오오야마(Katsuyuki V. Ooyama, 1929~2006)[7)]에 의해서 이루어

---

5) Integrationen der atmosphärischen Störungsgleichungen. 1: Wellenbewegungen in rotierenden, inkompressiblen Flüssigkeitsschichten, doktoravhandling, ibid. bind 5, nummer 9.

6) 노르웨이 기상학자로서 수치 분석과 수치예보의 선구자. 오슬로 대학교 교수를 역임함.

7) 뉴욕-브롱크스 대학교 기상학과 교수 역임함. 국립 대기연구센터(NCAR), 국립해양대기청(NOAA) 대서양해양기상연구소(AOML), 국립우박연구소(NHRL)에서 활동함.

졌다(Ooyama, 1966).

할보르 쇨베르그는 1930년부터 은퇴한 1964년까지 오슬로 대학교에서 학생들을 가르쳤다. 그는 이 기간 동안 120명의 대학원생들을 지도하여 졸업시켰고 이들 대부분은 노르웨이 기상대(Norwegian Weather Service)에 들어가 활동하였다. 그는 기상학 교육과정에서 유체동역학의 중요성을 많이 강조하여 노르웨이 기상대 직원 중에서 젊은 세대에게는 많은 호응을 얻었다.

할보르 쇨베르그는 또한 대학교 내에서 행정적인 업무에도 관여하였다. 그는 어려운 시기인 제2차 세계대전 기간 동안인 1942년부터 1945년까지 오슬로 대학교 수학 및 자연과학학부 학부장으로 근무하였다. 그 이후 1946년부터 1953년까지 노르웨이왕립과학원(Royal Academy of Sciences) 사무총장으로도 봉사하였다(Bjerknes, 1974).

노르웨이 기상학파

기상학 발전에 대한 빌헬름 프리만 코렌 비에르크네스(Vilhelm Friman Koren Bjerknes, 1862~1951; 그림 9-2)의 영향은 부분적으로 기상학 분야에 대한 그 자신의 과학적인 공헌들의 결과로 나타났다. 이들 공헌들은 중요한 것들이었고, 이론물리학자로서의 그의 자세에 의해서 각인되었다. 그러나 이와 동일하게 중요한 점은 우수한 학생들을 끌어들이고 자극시켜 그의 주변에서 열정적인 연구 환경을 조성시키는 탁월한 능력이었다. 이렇게 하여, 그 당시 열악한 학문이었던 기상학과 해양학 분야에 능력 있는 과학자들이 모여들게 하였고, 그렇게 하여 노르웨이 기상학파가 탄생하도록 하였다.

그림 9-2 근대 기상학의 창시자인 빌헬름 비에르크네스는 노르웨이 기상학파를 구축한 사람들 중 한 사람이다.

빌헬름 비에르크네스는 크리스티아니아 대학교에서 과학을 공부하여 1880년 졸업한 후, 프랑스 파리에서 유명한 수학자인 쥘 푸앵카레(Jules Henri Poincaré, ForMemRS, 1845~1912)[8)]의 교실에서 고전역학과 전자기학을 공부하였다. 그는 프랑스 파리로부터 독일 본(Bonn)으로 이사하였고, 유명한 물리학자 하인리히 헤르츠(Heinrich Ridolf Hertz, 1857~1894)[9)]의 조수가 되어 전자기파의 연구를 도

---

8) 프랑스 수학자, 이론천문학자, 과학철학자. 리세 낭시에서 교육을 받았고, 에콜 폴리테크니크을 졸업하였고, 파리 광업학교에서 1879년 Ph.D.(지도교수: 샤를 에를미트)를 받음. 코르 데 민(Corps des Mines), 캉 대학교(Caen University) 수학 교수, 소르본 대학교 수학교수, 경도국(Bureau des Longitudes)에서 연구 활동함. 영국 왕립학회(Royal Society) 외국인 펠로(1894~1912)로 선출되었고, 초대 실베스터 메달(1901)을 수상함. 영국 왕립천문학회(RAS)의 금메달(1900), 이탈리아 국립과학원(Italian National Academy of Sciences)의 마테우치 메달(1905), 헝가리 과학원의 보여이 상(1905), 태평양천문학회(ASP)의 브루스 메달(1911)을 수상함.

9) 독일 물리학자. 전자기복사를 연구하였고, 광전 효과를 발견함. 뮌헨 대학교에서 학사학위와 베를린 대학교에서 Ph.D.(지도교수: 헤르만 폰 헬름홀츠)를 받음. 킬 대학교 이론물리학 전임강사(1883~1885); 카를스루에 대학교 교수; 본 대학교 교수 역임함. 영국 왕립학회의 럼퍼드 메달(1890)을 수상함.

우면서 2년을 보냈다. 이 기간 동안, 그는 전자기파와 공명 이론에 대한 귀중한 공헌을 하였다. 그러나 오늘날에는 이런 공헌에 대해서 언급하는 사람은 없다. 그는 스웨덴의 스톡홀름 대학교의 전임강사로 1893년 임명되었고, 2년 후인 1895년에는 응용역학 및 수리물리학 교수로 임명되었다.

스웨덴 스톡홀름 대학교에서, 빌헬름 비에르크네스는 그의 아버지의 아이디어를 채택하여 여러 해 동안 유체역학과 전자기학의 유사 이론을 완성시키기 위해서 노력하였다. 이러한 연구들은 1897년 빌헬름 비에르크네스가 발견한 "비에르크네스 순환이론(Bjerknes's circulation theorem)"과 연관된다. 이 발견으로 인하여 빌헬름 비에르크네스는 지구물리학 분야로 입문하게 되었다.

"비에르크네스 순환이론"은 이상적인 유체 내에서 이루어지는 소용돌이 보존에 관한 독일 물리학자인 헤르만 폰 헬름홀츠와 잉글랜드 물리학자인 윌리엄 톰슨(William Thomson, Lord **Kelvin**, 1824~1907)[10]의 이론을 비 균질 유체 내에서 발생하는 소용돌이 형성으로 일반화한 것이었다. 이 이론을 가짐으로써, 빌헬름 비에르크네스는 비균질 유체의 운동을 지배하는 정역학과 열역학 방정식의 완전한 세트를 기지게 되었음을 깨닫게 되었다. 그의 스웨덴 동료들의 격려에 힘입어, 그는 대기와 해양에 그의 순환이론을 적용하였다. 나아가 수리 물리학의 초기 값 문제와 지배 방정식을 수치 또는 그래프 적분으로 수행해야 하는 날씨 예보에까지 범위를 넓혔다. 그를 격려한 사람 중에는 스웨덴의 유명한 화학자인 스반네 아레니우스(Svante August **Arrhenius**, 1859~1927)[11]와 화학자 겸 해양학자인 스벤 페테

---

10) 아일랜드 수리물리학자, 공학자로서 열역학을 확립하고 절대온도를 정의함. 글래스고 대학교 교수를 역임함.

11) 스웨덴 물리화학자, 천문학자. 온실효과를 연구함. 스톡홀름 대학교를 졸업하였고, 1884년 웁살라 대학교에서 Ph.D.(지도교수: Per Teodor Cleve, Erik Edlund)를 받음. 왕립공과대학교 교수 역임함. 노벨 물리화학연구소 소장(1905~1859) 역임함. 원자구조 발견의 단

르손(Sven Otto Petterson, 1848~1941)[12)]이 있었다. 이것은 물리계를 대기로 취급한 것 이상 아무것도 아니었지만 그 당시 이것은 혁명적인 아이디어였다.

순환 이론과 가열의 결과로서 밀도가 변화한다는 일반 유체의 개념을 가지고, 빌헬름 비에르크네스는 대기 내의 과정들을 지배하는 유체역학과 열역학 방정식들의 완전한 세트를 최초로 공식화할 수 있다는 것을 깨달았다. 1904년 빌헬름 비에르크네스는 「역학과 물리학에서 하나의 문제인 날씨 예보」란 제목의 논문(Bjerknes, 1904)을 발표하였다. 이 논문에서 비에르크네스는 날씨 예보를 할 수 있는 절차를 계획하였다. 그는 계속해서 일어나는 대기 상태는 물리 법칙에 따라 앞선 상태로부터 발달한다고 주장하였다. 날씨를 예보하기 위해서는 대기의 초기 상태와 법칙들을 알고 있어야 하였다. 또한 빌헬름 비에르크네스는 대기의 상태를 적절하게 기술하기 위해서는 기본적인 기상요소(기압, 기온, 습도, 바람)들을 전 세계적으로 관측해야 할 필요성이 있다고 인식하였다.

빌헬름 비에르크네스는 1905년 미국을 방문하였다. 이때 미국 기상학자인 클리블랜드 애비(Cleveland Abbe, 1838~1916)[13)]는 이름이 약간 알려질 무렵이었다.

서인 전해질을 연구하여, 1903년 노벨 화학상을 단독 수상함. 스웨덴 왕립과학원(RSAS) 정회원(1901~1927)과 미국 예술과학아카데미(AAAS) 외국인 명예회원(1912~1927)으로 선출됨. 영국 왕립학회(Royal Society) 외국인 회원(1910~1927)으로 선출되었고, 데이비 메달(1902)을 수상함. 윌러드 기브스 어워드(1911)와 프랭클린 연구소의 프랭클린 메달(1920)을 수상함.

12) 스웨덴 화학자, 해양학자. 물리화학과 무기화학을 연구하였고, 해양 연구의 선구자로서 해양 측기들을 발명함. 웁살라 대학교에서 1872년 박사학위를 받음. 독일 비스바덴 카를 레미구스 프레제니우스 연구소 연구원(1872~1874); 웁살라 대학교 화학 도슨트(1874~1881)와 교수(1881~1884)와 스톡홀름 대학교 교수 화학 교수(1994~1909) 역임함. 알렉산더 애거시 메달을 수상함.

13) 미국 실지 천문학자, 수학자, 기상학자. "미국 기상국의 아버지"로 불림. 1872년 『Monthly Weather Review』를 창간하였고, 표준시간대를 제안함. 프리 아카데미(Free Academy)에

그는 워싱턴 D.C.에서 강연을 하였고, 여기에서 과학적인 날씨 예보의 전망에 대해서 설명하였다. 이 강연은 열광적으로 받아들여져 워싱턴 D.C.의 카네기협회(CIW)로부터 매년 연구비를 받게 되었고, 2차 세계대전까지 35년간 이런 관계를 유지하였다. 이러한 연구비는 상당한 수의 연구조수들을 고용하고 교육시키는 데 사용되었다. 이들 연구조수 모두는 후에 유명한 지구물리학자들로 명성을 떨쳤다.

1893년부터 1896년까지, 프리티오프 난센(Fridtjof Wedel Jarlsberg Nansen, 1861~1930)[14]과 그의 선원들은 일부는 프람(FRAM) 호를 타고, 일부는 스키를 타고 북극해를 횡단하였다. 그는 유용한 관측자료와 경험을 가지고 귀국하였지만 설명하지 못하는 문제점도 가지고 왔다. 난센이 비에르크네스과 가진 논의 중에서 하나의 의문점은 소위 말하는 "사수(dead-water)" 현상이었다. 이 현상은 갑자기 발생하는 신비로운 배의 저항으로 마치 배가 괴물에 의해서 뒤로 당겨지는 것처럼 느껴지는 것이었다. 이 현상은 시베리아 연안 부근을 항해하던 프람 호에서 관측되었다. 빌헬름 비에르크네스는 이 현상은 비교적 밀도가 낮은 담수 면과 아래쪽 염분이 높은 해수 사이의 경계면에서 발생하는 내부파에 기인한 파 저항이라고 제안하였다.

서 1857년 학사학위와 1860년 석사학위를 받음. 미시간 주 앤아버 미시간대학교(U-M)의 프란츠 브루노와 케임브리지 대학교의 벤저민 굴드에게서 천문학을 사사 받음. 러시아 풀코보 천문대(Pulkovo Observatory), 미국 해군천문대(USNO), 오하이오 주 신시내티 천문대 대장(1867~1971), 국립기상대(NWS)(1871~1891) 수석 기상학자, 미국 기상국(USWB)(1891~) 기상학자 역임함. 메릴랜드 주 볼티모어 존스 홉킨스 대학교(JHU)에서 기상학에 관한 연구와 강의를 수행함. 영국 왕립천문학회(RAS) 펠로로 선출됨. 미국 국립과학원(NAS) 마르체로 하틀리 기념 메달, 미국 철학학회(APS)의 프랭클린 메달, 영국 왕립기상학회(RMetS)의 시먼스 기념 금메달(1912)을 수상함.

14) 노르웨이 북극탐험가, 정치가, 동물학자. 지칠 줄 모르는 지식의 탐험가. 그린란드 횡단 탐험으로 유명함. 노르웨이 왕립 프레데리크 대학교를 졸업함. 스코틀랜드 세인트앤드루스 대학교 총장(1925~1928) 역임함. 스웨덴 인류학 및 지리학 학회(SSAG) 베가 메달(1889)과 1922년 노벨 평화상을 수상함.

그는 이 문제점을 젊은 스웨덴 출신 대학원생이었던 방 에크만(그림 9-3)에게 해결하도록 하였다. 에크만은 이 현상을 실험실 연구와 조지 스토크스(Sir George Gabriel Stokes, 1819~1903)[15]와 켈빈 경에 의한 표면파 연구에 기초한 이론적인 조사를 통하여 해결하고자 하였다. 사수현상은 실제로 내부중력파에 의해서 발생한다는 에크만의 연구 결과들은 프람 호 탐사의 과학적인 결과들의 일부분으로서 발표되었다.

오늘날 에크만의 이름은 자전이 존재하는 점성 경계층의 분석과 관련하여 잘 알려져 있다. 이 연구 또한 1900년 난센과 비에르크네스 사이의 논의로부터 나타나게 되었다. 북극얼음 속에 프람 호가 갇혀 표류하고 있던 동안, 얼음표류의 방향은 바람

그림 9-3 스웨덴의 해양물리학자인 방 발프리드 에크만은 에크만 효과로 유명하다.

---

15) 아일랜드 수학자, 물리학자, 천문학자. 유체역학, 광학, 수리물리학 분야에 공헌함. "캠벨-스토크스 일조계"를 제작함. 케임브리지 대학교 펨브록 칼리지에서 1841년 수학 수석졸업자로 졸업함. 케임브리지 대학교 펨브록 칼리지 펠로, 12대(1849~1903) 루커스 석좌 수학교수 겸 학장(1902~1903) 역임함. 영국 왕립학회(Royal Society) 펠로(1851~1903)로 선출되었고, 35대(1885~1890) 회장을 역임하였고, 럼퍼드 메달(1852)과 코플리 메달(1893)을 수상함. 케임브리지 대학교의 스미스 상(1841)을 수상함.

방향에 대해서 오른쪽으로 체계적인 편향을 나타내었다. 난센은 이 편향이 지구자전과 관련이 있다고 생각하였고 지구 자전 때문에 해류 방향의 편향 각은 바다 밑으로 가면 더욱더 증가해야 한다는 정확한 결론을 내렸다. 비에르크네스는 난센에게 이 문제를 에크만에게 해결하도록 제안하였다. 에크만은 현재 에크만 나선 방정식으로 불리는 해를 도출하였다.

방 에크만은 이미 그의 이론이 대기경계층에도 적용할 수 있다는 것을 알고 있었다. 그러나 그는 지상바람과 등압선 사이의 각이 그의 이론에 해당하는 45°보다 작다는 것을 인식하였다. 이러한 불일치를 해소하기 위해서 에크만은 최하층 대기 층 내에서는 에디 점성이 아래쪽으로 감소한다는 결과를 가지고 정확하게 설명하였다. 그는 나선의 접선방향 내의 지표면에서 미끄러짐을 도입하면 이것을 설명할 수 있을 것으로 제안하였고, 이것이 지상바람과 등압선 사이의 각을 감소시키게 된다는 것이었다. 지오프리 테일러(Sir Geoffrey Ingram Taylor, 1886~1975)는 1915년 에크만의 연구를 알지 못한 채 동일한 이론을 제안하였다.

1910년 에크만은 스웨덴 룬드 대학교(University of Lund) 응용역학 및 수리물리학 교수로 임명되었다. 해류에 관한 그의 후반기 연구에서, 지상바람 응력, 바닥 마찰, 수평 압력 경도력 사이의 효과들을 종합할 수 있는 이론 쪽으로 목표를 세웠다.

스톡홀름 대학교 시절 빌헬름 비에르크네스의 또 다른 제자는 요한 빌헬름 산트스트룀(Johan Wilhelm Sandström, 1874~1947; 그림 9-4)이었다. 학문적인 열정으로 충만한 환경에서 성장한 방 에크만과 대조적으로, 산트스트룀은 북부 스웨덴 작은 농장 출신이었다. 여러 해 동안 그는 기상학과 해양학에 순환이론을 실용적으로 적용하기 위한 표와 그래프들을 계산하면서 빌헬름 비에르크네스를 도왔다. 산트스트룀은 비에르크네스의 최초의 카네기 조수(1906~1908)로 고용되었다.

요한 산트스트룀은 1918년부터 1939년까지 스웨덴기상수문대(Swedish Meteorological-Hydrological Service; SMHS) 기상과 과장(1918~1939)으

그림 9-4 스웨덴 기상학자인 요한 산트스트룀은 빌헬름 비에르크네스의 최초의 카네기 조수로 고용되었다.

로 근무하였다. 그의 과학적인 업적 중에서 중요한 공헌은 마찰 소산에 대응하는 열적 순환은 한랭 원(cold source)보다는 더 낮은 고도에서 위치하고 있는 열원을 필요로 한다는 "산트스트룀 이론(Sandström's theory)"이었다. 그는 북대서양 해양 탐사에 참여하였고 서부 유럽의 기후에 미치는 온난한 만류의 효과를 연구하였다. 그는 스웨덴왕립과학원(RSAS)의 정회원(1925~1947)으로 선출되었고, 1910년 빌헬름 비에르크네스과 함께 『기상역학과 수로학; 통계학』(Bjerknes and Sandström, 1910)을 저술하였다.

1907년 빌헬름 비에르크네스는 노르웨이 크리스티아니아 대학교의 교수직을 수락하여 노르웨이로 돌아왔다. 그 다음 해인 1908년 그는 2명의 노르웨이 과학도인 올라프 마르틴 데비크(Olaf Martin **Devik**, 1886~1987; 그림 9-5)와 한스 테오도르 헤셀베르그(Hans Theodore **Hesselberg**, 1885~1966; 그림 9-6)를 카네기 조수로 고용하였다. 올라프 데비크는 1911년 또 다른 노르웨이 과학도인 하랄 울리크 스베드럽(Harald Ulrik **Sverdrup**, 1888~1957; 그림 9-7)으로 대체되었다. 이들 세 사람 모두는 데비크는 수문학, 헤셀베르그는 기상학, 스베드럽은 해양학 분야에서 유명한 지구물리학자가 되었다.

그림 9-5 노르웨이 물리학자, 지구물리학자, 기상학자, 공무원으로 활동한 올라프 데비크이다.[16)]

올라프 데비크는 1886년 12월 20일 노르웨이 기에르드룸에서 태어나 1987년 4월 14일 노르웨이 오슬로에서 100세의 나이로 사망하였다. 그는 오슬로 대학교에서 1911년 학사학위를 받았고, 독일 하이델베르크 대학교에서 1913년부터 1914년까지 수학하였다. 그 후 그는 1932년 물의 순환과정에서 얼음 형성에 관한 열 및 역학 조건에 관한 논문으로 박사학위를 받았다. 그는 오슬로 대학교 재학 시절, 빌헬름 비에르크네스의 카네기 조수(1908~1911)로 활동하였다. 그 후 북극광 관측소 조수(1915~1918), 노르웨이 공과대학교 물리학 도슨트(1922~1923), 노르웨이 사범대학 물리학 전임강사(1923~1932), 마지막으로 베르겐 대학교 크리스티안 미켈센 연구소(CMI) 연구원(1932~1938)으로 학문 활동을 하였다. 그 후 그는 노르웨이 교회 · 교육부 고위공무원(1938~1941, 1945~1956)으로 발탁되어 활동하였다. 그는 노르웨이왕립과학문화원 정회원(1928~1987), 노르웨이학술원 정회원(1932~1987), 노르웨이기술과학원 정회원(1956~1987)으로 선출되었다. 그는 1911년 빌헬름 비에르크네스, 테오도르 헤셀베르그, 요한 산드스트룀과 함께 『기상역학과 수로학; 운동학』(Bjerknes et al., 1911)과 교사인 스베르 브룬(Sverre Brunn)과 함

16) 사진 출처: https://en.wikipedia.org/wiki/Olaf_Devik

그림 9-6 노르웨이 기상학자인 한스 테오도르 헤셀베르그는 노르웨이 기상대 3대 대장을 역임하였다.

께 중등학교용 물리학 교과서(Brunn and Devik, 1939)를 저술하였다.

한스 헤셀베르그는 1885년 1월 7일 태어나 1966년 11월 10일 사망하였다. 오슬로 대학교에서 1908년 학사학위와 1913년 기상학으로 Ph.D.(지도교수: 빌헬름 비에르크네스)를 받았다. 오슬로 대학교 빌헬름 비에르크네스 카네기 조수(1908~1912), 독일 라이프치히 대학교 지구물리학연구소 빌헬름 비에르크네스 카네기 조수(1912~1914)로 활동하였다. 이 시대동안 발표한 헤셀베르그의 유명한 논문은 지균 운동량근사에 관한 것이었다. 1915년 헤셀베르그는 오슬로로 돌아와 노르웨이 기상대(NMI) 3대 대장을 넘겨받게 되었다. 그는 이 자리를 1955년까지 40년간 유지하였다.[17] 이러한 시대의 후반기에, 그는 최근 기후 변동에 대해서 연구하였다. 그의 동료인 브렌트 비르켈란(Brent Johannes **Birkeland**, 1879~1955)과 함께, 20세기 전반 거대한 온난화 경향을 최초로 감지하고 지도로 나타낸 사람 중 한 사람이 되었다. 헤셀베르그는 또한 기상학에 중요한 국제 공동 협력에 많은 활동을 하였고, 1933년부터 1947년까지 국제기상기구(IMO) 6대 총재를 역임하였다. 그의 활동을 인정받아 1956년 세계기상기구(WMO)의 초대 IMO 상을 수상하

17) https://no.wikipedia.org/wiki/Theodor_Hesselberg

그림 9-7 노르웨이 해양학자인 하랄 울리크 스베드럽은 현대 물리해양학의 창설자이며, 세계 최초의 해양 교과서인 『해양(The Oceans)』을 공동으로 저술하였다.

였다. 그는 1911년 빌헬름 비에르크네스, 요한 산드스트룀, 올라프 데비크와 함께 『기상역학과 수로학; 운동학』(Bjerknes *et al.*, 1911)을 저술하였다.

하랄 울리크 스베드럽은 1888년 11월 15일 노르웨이 송달에서 태어나 1957년 8월 21일 오슬로에서 사망하였다. 그는 오슬로 대학교에서 빌헬름 비에르크네스의 지도로 1917년 기상학으로 Ph.D.를 받았다. 라이프치히 대학교 지구물리연구소 카네기 조수 시절, 하랄 스베드럽의 주된 노력은 북대서양 무역풍 지역의 구조에 관한 기상학 연구에 관한 것이었다. 다른 훌륭한 논문은 대기 중에서 기계적 에너지가 열로 전환될 때 평균 소산이 4 Wm^{-2}로 추정한 것이었다. 이 값은 현재 추정 값과 거의 다르지 않다.

스베드럽의 이후 경력은 실로 놀랄 만하였는데, 그는 마우드 호로 극지를 누볐던 로알 아문센(Roald Amundsen, 1872~1928)의 극지탐사대에 과학탐사관으로 7년 동안 참여하였다. 10년 동안 베르겐 대학교(University of Bergen)에서 기상학 교수로 재직하였고, 그런 다음 12년 동안(1936~1948) 미국 캘리포니아 주 라호야에 소재한 스크립스 해양연구소(SIO) 소장으로 근무하였다. 스베드럽은 1948년 SIO를 떠나 노르웨이로 귀환하였고, 노르웨이 극지연구소(NPI)를 설립하고 창립 소장이 되었다. 그는 초기 1949년부터 1952년까지 실시될 노르웨이-영국-스웨덴 남극 탐험을 준비하였으며, 1949년부터 사망할 때까지 오슬로 대학교 지구물리학

교수로서 후학들을 가르치고 자연과학대학 학장과 오슬로대학교 부총장으로도 활동하였다. 노르웨이 한대연구소에서의 연구는 SIO에서와 같은 강도와 깊이는 없었지만 그는 국제사회에 유용하게 되는 목표를 달성하도록 하였다. 특별히 그는 인도양 노르웨이 구원 프로그램의 책임자로 활동하면서 성공을 이끌었고, 또한 인도양 수산업을 강화시키도록 하였다. 스베드럽의 과학적인 공헌들은 지구물리학 분야들에서 폭넓게 이루어졌다. 주된 주제는 물리해양학이었다. 따라서 그를 현대 물리해양학 학파의 설립자로 부르고 있다.

이러한 그의 업적들은 1930년 스웨덴인류학지리학학회(SSAG)의 베가 메달, 1938년 미국 국립과학원(NAS)의 알렉산더 애거시 메달, 1951년 미국 지구물리연합(AGU)의 윌리엄 보위 메달로 보상을 받았다. 미국 기상학회(AMS)에서 그를 기려 "스베드럽 금메달 어워드(Sverdrup Gold Medal Award)"를 제정하여 수상하고 있다. 1942년 마틴 존슨(Martin W. Johnson), 리처드 플레밍(Richard H. Fleming)과 함께 저술한 『해양(*The Oceans: Their Physics, Chemistry and General Biology*)』은 세계 최초의 해양학 교과서이다.

카네기협회의 지원으로 수행된 그들의 협동 연구는 1910년 『기상역학과 수로학』 1권(통계학), 1911년 2권(운동학)을 빌헬름 비에르크네스, 요한 산트스트룀, 테오도르 헤셀베르그, 올라프 데비크를 공동저자로 간행하도록 하였다. 3권(역학)은 발간 계획은 있었지만 결국 발간되지 못하였다. 독일 사람들은 이 책에 감명 받아 빌헬름 비에르크네스에게 라이프치히 대학교에 새로 설립될 지구물리연구소의 소장 직을 제안하였다. 1912년 빌헬름은 이 제의를 받아들였고, 1913년 독일 라이프치히로 이사하였다.

라이프치히 대학교 지구물리연구소는 성공적으로 출발하였다. 빌헬름 비에르크네스는 그의 조수인 테오도르 헤셀베르그와 하랄 스베드럽을 데리고 왔다. 이외에도 여러 명의 독일 박사과정 학생들이 있었다. 그중에는 빌헬름의 뒤를 이어 소장이 된 카를 로베르트 벵거(Karl Robert Wenger, 1886~1922)도 포함되어 있었다. 헤셀베르그와 스베드럽은 몇 년 동안 긴밀하게 공동으로 연구를 수행하여 난류 마찰과 높이에 따른 바람의 변동에 관한 일련의 공동 논문을 발표하였다. 이 연구의 많은 부분들은 라이프치히 대학교 지구물리연구소에서 이루어졌다.

1914년에 제1차 세계대전이 발발함에 따라서, 많은 독일 학생들과 직원들이 전장에 나가게 되었다. 또한 스베드럽과 헤셀베르그도 떠나게 되어 빌헬름 비에르크네스는 그의 연구를 위해 많은 도움을 필요로 하게 되었다. 이런 이유로 그는 노르웨이 대학교에서 공부하던 그의 아들인 야코브 비에르크네스(Jacob Bjerknes, 1897~1975; 그림 9-8)와 할보르 쇨베르그를 라이프치히로 불러 카네기 조수로 고용하였다.

전쟁이 계속됨에 따라, 라이프치히 지구물리연구소의 사정은 노동력 부족과 식품 저장의 부족으로 아주 나빠졌다. 프리티오프 난센과 뵈욘 헬란-한센(Bjørn Helland-Hansen, 1877~1957)[18]의 중재를 통하여, 빌헴름 비에르크네스를 위한

그림 9-8 노르웨이 기상학자인 야코브 비에르크네스는 그의 아버지인 빌헬름 비에르크네스와 함께 현대 종관 기상학을 창시한 사람 중 한 사람이다.

18) 노르웨이 해양학자. 현대 해양학의 선구자. 1910년 "헬란-한센 광도계(Helland-Hansen photometer)"를 개발함. 크리스티아니아 대학교에서 의학과 물리학을 공부함. 베르겐 박물관(Bergen Museum) 해양학 교수(1915~1917); 베르겐 대학교 지구물리연구소 소장(1917~1957) 역임함. 국제측지학·지구물리학연맹(IUGG) 회장(1939) 역임함. 미국 국립과학원(NAS)의 알렉산더 아가시 메달(1933)과 스웨덴 인류학 및 지리학 학회(SSAG)의 베가 메달(1941)을 수상함.

교수직이 서부 노르웨이에 위치한 베르겐에 신설되었다. 그 당시 베르겐에는 대학교가 없었지만 과학 학부 설치를 위한 계획은 수립되어 있었다. 그리고 베르겐 박물관이 그러한 개발에 핵심으로 기여하고 있었다. 뵈욘 헬란-한센은 베르겐 박물관에서 해양학 교수의 직함을 가지고 있었다. 그는 오랫동안 해양 연구에서 국제 강좌를 열고 있었다. 1917년 베르겐 박물관에 빌헬름 비에르크네스를 위한 교수직을 가진 새로운 지구물리연구소의 설립은 베르겐에 학술적인 환경을 강화하는 데 중요한 단계였다.

빌헬름 비에르크네스는 1917년부터 1926년까지 베르겐 지구물리학 연구소(Bergen Geophysical Institute)의 교수로 재직하면서 편미분 지배 방정식들을 적분함으로서 대기의 미래 상태를 예보할 수 있는 야심찬 프로그램을 수행하였다. 그는 수학적인 문제들을 어떻게 해결할 수 있을지에 대해서 많은 생각을 하였다. 복잡한 비선형 방정식들은 그들이 가지고 있는 정보들을 쉽게 드러내지 않았다. 이런 상황에서, 빌헬름 비에르크네스는 더 간단한 선형 방정식을 연구하기 시작하였다. 1921년에 발표한 『대기 소용돌이와 파동 운동에 적용되는 원형 소용돌이의 역학에 관하여』란 유명한 저서(Bjerknes, 1921)도 이 시기에 이루어졌다. 이제는 고전이 되어 버렸지만 이 책에서 그의 연구의 중요한 부분들을 상세히 기술하고 있다. 빌헬름 비에르크네스는 그래프 방법을 도입하여 날씨 예보의 문제를 실용적인 형태로 조사하였다.

그러나 이러한 불가사의한 전환은 곧 일기도 상에서 발견되었다. 베르겐 지구물리 연구소에서, 야코브 비에르크네스는 전선 저기압에 대한 그의 모델을 구축하였다. 쉴베르그는 북대서양 상의 오래된 날씨 차트들을 연구하였고 한대전선의 존재와 야코브 비에르크네스에 의해서 발견된 형태의 전선 저기압으로 발달하는 전선 파동 요란들의 형성을 설명할 수 있게 되었다. 이러한 상황은 1919년 빌헬름 비에르크네스의 카네기 조수로 합류한 스웨덴 출신 토르 베르셰론(Tor Harold Percibal Bergeron,

1891~1977; 그림 9-9)에 의해서 완성되었다. 베르셰론은 저기압이 더욱더 성장함에 따라서 저기압의 온난역이 붕괴하게 되거나 폐색되어 더 한랭한 공기가 하층에서는 전체 저기압을 덮게 되는 반면, 온난역은 더 높은 고도 위로 치올려진다는 것을 발견하였다. 결과적으로, 그는 저기압의 생애 동안 저기압 구조의 전형적인 변화를 나타내는 4차원 저기압 모델을 구축하게 되었다. 헤셀베르그는 "저기압은 한대전선상에서 솔베르그의 초기 파동으로서 탄생하여, 야코브 비에르크네스의 이상적인 저기압으로 발달하고, 최종적으로 토르 베르셰론의 폐색으로 사망한다."라고 회고하였다.

새로운 기상학자들을 고용하기 위한 시도로서, 빌헬름 비에르크네스는 스웨덴을 방문하여 관심 있는 학생들을 1919년 여름 베르겐으로 초청하였다. 이들 중의 한 사람이 카를-구스타프 로스비(Carl-Gustav Arvid Rossby, 1898~1957; 그림 9-10)였다. 그 당시 그는 스톡홀름 대학교에서 수학, 응용역학, 천문학을 공부하고 있었다. 로스비는 빌헬름 비에르크네스의 권유가 없었더라면, 결코 기상학자가 되지 않았을 것이다. 그렇지만 로스비는 베르겐 지구물리연구소에서 기상학 교육을 처음으로 받았지만, 베르겐에 오래 머물지 않았기 때문에 그를 빌헬름 비에르크네스의 학생으로 부르는 것은 오해의 소지가 있다. 로스비는 날씨를 형성하는 요인으로서

그림 9-9 스웨덴의 기상학자인 토르 베르셰론은 베르겐 기상학파의 한 사람으로, 구름 물리학의 선구자이다.

그림 9-10 스웨덴 기상학자인 카를-구스타프 로스비는 로스비 파동으로 유명하다.

한 대전선을 지목한 베르겐 아이디어를 결코 수용하지 않았다. 고층일기도가 1930년대 유용하게 되었을 때, 로스비는 그의 관심을 더 큰 규모의 운동시스템 특히 상층 편서풍의 장파로 바꾸었다. 그의 순압모델과 유명한 파동 공식은 새로운 아이디어에 기본을 형성하여 기상학과 해양학에 대단히 중요한 역할을 하였다.

1920년대와 1930년대 동안, 한대전선 기상학을 고안한 세 명은 그들의 개념과 아이디어를 확대하였고 심화시켰다. 야코브 비에르크네스는 전선 저기압의 3차원 구조와 상층 대류권의 기류에 대해서 연구하였다. 1939년 7월, 8개월 방문 강사 제안을 받아들여 야코브 비에르크네스는 그의 가족과 함께 미국으로 갔다. 그러나 그 해 9월 1일 제2차 세계대전이 시작되었고, 독일군이 노르웨이를 침공하였다. 이 전쟁으로 인해 야코브와 그의 가족은 미국에 체류하게 되었다. 1940년 캘리포니아 대학교(로스앤젤레스)(UCLA) 기상학 교수로서 물리학과의 기상학 전공주임으로 발령을 받았다. 그는 매사추세츠 주 케임브리지 매사추세츠 공과대학교(MIT) 기상학과에서 3년 동안 로스비와 함께 한 베르겐 기상대 출신의 외르겐 홀름보에(Jørgen Holmboe, 1902~1979; 그림 9-11)를 데리고 왔다. 외르겐 홀름보에 또한 빌헬름 비에르크네스의 카네기 조수 중 한 사람이었다. UCLA 시절 홀름보에는 야코브와

그림 9-11 노르웨이 태생 미국 기상학자인 외르겐 홀름보에는 UCLA 기상학과 교수를 역임하였다.

함께 저기압 역학에 대해서 연구하였다. 1945년 새로운 기상학과가 야코브를 학과장으로 하여 UCLA에 창설되었다. 새로운 학과는 빠르게 성장하였고 곧 대기과학 분야에서 교육과 연구를 선도하는 세계적인 센터가 되었다.

토르 베르셰론도 그의 세대에서 위대한 기상학자 중의 한 사람이 되었다. 2차 세계대전이 끝난 후, 1947년 그는 스웨덴 웁살라 대학교 기상학 교수로 임명되었다. 그의 많은 공헌 중에서 하나는 전선이 대기 중에 어떻게 형성되는가를 설명한 것이다. 더 나아가, 기단 분석에 대한 기초를 확립하였고, 이것을 매우 유용한 예측 도구로서 개발시켰다. 구름 물리학에 대한 그의 연구는 구름 물리학 분야의 발달에 근본적인 중요성을 지니고 있다.

베르겐 학교의 경험적인 발견들에 뒤따라, 쇨베르그는 선형 방정식에 기초하여 수학적으로 전선 파들의 성장 문제를 해결하는 데 매력을 느꼈다. 알려진 음파와 내부 중력파들 이외에도, 그의 방정식들은 유체가 회전할 때 나타나는 세 번째 파 형태의 존재를 나타내었다. 이들 관성 파들의 물리적인 설명은 1929년 빌헬름 비에르크네스와 할보르 쇨베르그의 공동 논문에 의해서 주어졌다. 여기서 그들은 만약 축으로부터 거리가 증가함에 따라서 비각운동량(specific angular momentum)이 증가한다면 순압 소용돌이가 내부 안정도를 유지한다는 것을 보여주었다. 이상하게도 그들은 1916년 레일리 경이 이미 회전안정도에 관한 동일한 범주를 발표한 것을 몰랐다. 그러나 쇨베르그는 내부 관성파들을 수학적으로 취급한 최초의 사람이었다.

쇨베르그는 경사진 전선 상 또는 상이한 밀도를 가진 2개의 대상 기류 사이의 계면 상에서의 파동들을 계속 연구하였다. 여러 상이한 파형들 가운데서, 그는 성장하는 저기압 파동에 상응하는 것으로 고려한 하나의 파를 발견하였다. 오늘날에도 그의 연구를 판단하는 것이 어렵다. 그는 경사진 계면을 가로지르는 층면에 대한 경계조건을 만족시키지 못하였다. 그래서 그는 대신에 요란이 되지 않은 계면과 평행한 2개의 경사진 강체 경계들을 도입하였다. 줄 그레고리 차니(Jule Gregory Charney, 1917~1981)와 스턴(M. E. Stern) 그리고 조지프 페드로스키(Joseph Pedlosky, 1938~)의 연구(Charney and Stern, 1962; Pedlosky 1963)들에 의해서 현재 알려진 바와 같이, 그러한 경계 조건들의 변화가 시스템의 준지균안정도 성질을 변화시키는 것이었다. 그러나 전선 파동들의 성장은 후에 엘리아센(E. Eliasen)과 이시도르 올란스키(Isidoro N. Orlanski, 1939~)[19]에 의해서 이론적으로 증명되고 확인되었다. 쇨베르그의 후반기 연구에서, 그는 1,936개의 경압 원형 소용돌이의 대칭 안정도를 분석하였다.

1926년, 빌헬름 비에르크네스는 오슬로 대학교의 응용역학 및 이론 물리학 교수

---

19) 아르헨티나-미국 기상학자. 지구물리유체역학(Geophysical Fluid Dynamics) 분야를 연구함. 아르헨티나 부에노스아이레스 대학교에서 1964년 물리학으로 학사학위와 매사추세츠 주 케임브리지 매사추세츠 공과대학교(MIT)에서 1967년 Ph.D.를 받음. 메릴랜드 주 록빌 환경과학기술처(ESSA) 지구물리유체역학연구소(GFDL) 연구 기상학자(1967~1968); 뉴저지 주 프린스턴 국립해양대기청(NOAA) GFDL 연구기상학자(1968~1980), 부소장(1980~1983), 기상학자(1984~2007);뉴저지 주 프린스턴 대학교 대기과학 및 해양과학 프로그램(AOS) 시니어 과학자(2007~2016) 역임함. 미국기상학회(AMS) 펠로(1998~)로 선출됨.

그림 9-12 노르웨이 이론 기상학자인 카를 고드스케는 베르겐 대학교 지구물리연구소 교수를 역임하였다.

로 임명되었다. 여기에서 카네기 조수로 고용한 사람이 외르겐 홈름보에였다. 빌헬름 비에르크네스는 1932년 은퇴할 때까지 그 곳에서 연구를 계속하였다. 그는 베르겐 연구팀과 함께, 노르웨이 기상학파의 연구 결과들과 방법들을 자세하게 설명한 물리학적인 유체역학에 관한 교과서(Bjerknes *et al.*, 1933)를 출판하였다. 여기에는 쇨베르그의 파동 이론과 오래 전에 발표한 유체역학과 전자기학 유사성에 관한 내용들이 수록되어 있었다. 이 작업에서 그는 카네기 조수인 카를 고드스케(Carl Ludvig Schreiner Godske, 1906~1970; 그림 9-12)의 도움을 많이 받았다. 후에 고드스케는 야코브 비에르크네스가 UCLA로 이동함에 따라서 베르겐 대학교에 공식이 된 교수 자리를 이어받았다. 고드스케는 농업기상학과 미기상학 분야를 연구하였다.

빌헬름 비에르크네스의 마지막 카네기 조수는 1935년부터 고용된 에이나르 회이란(Einar Høiland, 1907~1974; 그림 9-13)이었다. 그들은 함께 학생들에게 호기심이 많은 기상학, 유체역학, 열역학, 통계 물리학에 관한 세미나를 매주 개최하였다. 라그나르 피외르토프트(Ragnar Fjørtoft, 1913~1998)[20]와 아른트 엘리아센

20) 노르웨이 기상학자. 수치예보에 대한 선구적인 연구를 수행함. 오슬로 대학교를 졸업함. 덴마크 코펜하겐 대학교(KU)(1950~1955) 이론기상학 교수; 노르웨이 기상대 대장(1955~1978); 오슬로 대학교(1967~1983) 기상학 교수를 역임함. 노르웨이 학술원 정회원(1956~1998)으로 선출됨. 세계기상기구(WMO)의 IMO 상(1991)을 수상함.

그림 9-13 노르웨이 기상학자인 에이나르 회이란은 빌헬름 비에르크네스의 마지막 카네기 조수이다.[21]

(Arnt Eliassen, 1915~2000)[22] 모두는 이 세미나를 듣고 기상학에 매료되었다. 2차 세계대전이 끝난 후, 회이란은 오슬로 대학교 유체역학과 고층공기역학 교수가 되었다. 그의 스승인 빌헬름 비에르크네스와 마찬가지로, 그도 학생들을 매료시키고 고무시키는 재주가 탁월하였다.

미국 카네기협회로부터 지속적으로 연구비 지원을 받은 빌헬름 비에르크네스는 야코브 비에르크네스, 할보르 솔베르그, 토르 베르셰론과 함께 기상학의 노르웨이 기상학파인 베르겐 기상학파를 구축하였고, 이 학파는 현대 종관 기상학의 발달에 크게 기여하였다(Eliassen, 1982).

---

21) 사진 출처: https://nn.wikipedia.org/wiki/Einar_H%C3%B8iland

22) 노르웨이 기상학자. 열적 유도 순환, 전선발생, 성층매질 내의 시어 및 중력 음파 전파를 연구함. 수치 분석과 수치예보의 선구자로서 미국 프린스턴 고등연구소(IAS)에서 존 폰 노이만과 함께 연구함. 노르웨이 기상대 예보관, 오슬로 대학교 전임강사, 교수, 명예교수 역임함. 미국 기상학회(AMS)의 카를-구스타프 로스비 연구메달(1964)을 수상함. 발잔 기상학 상(1996)을 수상함. 안톤 엘리아센(Anton Eliassen)의 아버지.

Chapter 10

가능증발산과 기후학적 물수지의 개념을 정립한 미국 기후학자

찰스 손드웨이트

미국의 기후학자 겸 지리학자인 찰스 손드웨이트(Charles Warren Thornthwaite, 1899~1963; 그림 10-1)는 현재에도 가장 사람들에게 회자되는 기후학자 중의 한 사람이다. 그의 주된 관심사는 "가능증발산(potential evapotranspiration)"과 기후학적 물 수지의 개념에 관한 것이었다. 가능증발산과 측정강수량(measured precipitation)을 사용함으로서, 그는 어떤 지역의 물 수지 문제를 해결하는 방법을 개발하였다. 기후학적 물 수지로 알려진 이 방법은 토양 상부 층에 저장되어 있는 물의 양, 지하수면(water table)에 남아 있는 잔여 양 또는 함양되는 양, 유출되는 양에 대한 정량적인 정보를 제공한다. 또한 이 방법은 비포장도로의 교통량, 관개 일정, 토양을 통한 물질의 침출 율, 인간 활동에 의한 환경의 수문기후학적 효과들에 대한 실제 가능한 해법을 만들게 한다. 환경 문제에 대한 기후학적 물 수지의 새로운 적용은 여전히 새로운 방법으로 간주되고 있다. 기후학자들을 교육시킨 점과 더불어 기후학에 있어서 기초 연구와 응용 연구 모두에 적용한 손드웨이트의 물 수지와 그의 실용적인 방법들은 제2차 세계대전 이후 기후학 분야의 발달에 큰 획을 긋게 되었다.

그림 10-1 미국의 기후학자 겸 지리학자인 찰스 워런 손드웨이트는 증발산과 기후 구분으로 유명하다.[1)]

워런 손드웨이트는 1899년 3월 7일 미국 미시건 주 중부에 있는 핀코닝 근처의 베이 시티에서 출생하였다. 그의 아버지는 농부 겸 하니스 경주 마차를 제작하는 사람이었다. 그는 센트럴 미시건 사범학교(Central Michigan Normal School)[2)]를 다녔고, 이곳에서 1922년 교사 자격증을 취득하여 고등학교 과학교사가 되었다. 미시건 주 앤아버 미시건 대학교(U-M)에서 여름 강좌를 통하여 지리학을 공부하여 졸업하였다. 그는 1923년 캘리포니아 대학교(버클리)(UCB)의 박사과정에 입학하였고, 칼 사우어(Carl Ortwin Sauer, 1889~1975)[3)] 교수의 지도를 받아 1929년

---

1) 사진 출처 : Mather, John R. and Marie Sanderson, 1996 : The Genius of C. Warren Thornthwaite, Climatologist-Geographer. University of Oklahoma Press, 226 pp.

2) 현재는 Central Michigan University임.

3) "문화 경관(cultural landscapes)"의 개념을 도입함. 일리노이 주 에번스턴 노스웨스턴 대학교(NU)에서 지질학으로 학사학위를 받고 일리노이 주 시카고 대학교에서 1915년 지리학으로 Ph.D.를 받음. 매사추세츠 주 살렘 주립사범학교 물리과학 강사(1913~1914); 미시간 주 앤아버 미시간대학교(U-M) 지질지리학과 강사(1915~1918), 조교수(1918~1920), 부교수(1920~1920), 교수(1920~1923); 캘리포니아 대학교(버클리)(UCB) 지리학과 교수(1923~1957) 및 명예교수(1957~1975) 역임함. 미국 지리학협회(AGS)의 찰스 데일리 메달(1940), 스웨덴 인류학 및 지리학학회(SSAG)의 베가 메달(1957), 영국 왕립지질학회

에 박사학위(Ph.D)[4]를 취득하였다. 1927년 박사과정을 이수한 후, 손드웨이트는 오클라호마 주 노먼 오클라호마 대학교(OU)에 신설된 지리학 프로그램의 교수 자리를 받아들였다. 그는 이곳에서 1934년까지 교수로 재임하였다.

손드웨이트는 즉시 기후학에 그의 가장 중요한 공헌 중의 하나가 된 새롭고 논리적인 세계 기후 구분에 관한 연구를 시작하였다. 1931년에 출판된 그의 첫 번째 논문에서 기후에 수분 인자인 강수효과지수를 도입하여 새롭게 설명하는 시도를 하였다(Thornthwaite, 1931). 즉, 강수에 의한 물의 공급과 기후학적 물 요구량 사이의 관계이다. 손드웨이트는 기후의 상대적인 습윤도를 표현한 초기 기후학자뿐만 아니라 그 자신의 1931년 시도에 대해서도 만족하지 못하였다. 가능증발산의 개념과 가능증발산을 추정하는 그의 방법에 대한 내용은 1944년 처음으로 발표되었다. 그의 기후학적 물 수지 연구는 1946년에 처음으로 발표되었고, 1948년 세미나 논문인 「합리적인 기후분류에 대한 접근법」(Thornthwaite, 1948)은 국제적인 주목을 받게 되었다. 이 논문은 가능증발량에 의한 기후 분류의 연구로 유명하다.

1934년 손드웨이트는 OU를 떠나 1년 정도 펜실베이니아 주 필라델피아 펜실베이니아 대학교(UPenn)에 머물면서, 헬렌 슬렌츠(Helen I. Slentz), 카터 굿리치(Carter Goodrich)와 함께 『미국 내의 내부 이주』를 출판하였다(Thornthwaite *et al.*, 1934). 그는 1935년 미국 농무부 산하에 새로 만들어진 토양보존국 기후 및 자연지리학부의 책임자가 되었다. 그는 이곳에서 1946년까지 근무하면서 토양 침식, 증발산의 측정, 농작물에 필요한 물 요구량의 산정, 과학적인 관개의 개선, 지표면 부근의 열과 수분 플럭스에 대한 보다 더 상세한 관측을 위해 감도가 높은 미기

(RGS)의 빅토리아 메달(1975)을 수상함. 1932년 『시볼라로 가는 길』, 1952년 『농업문화의 기원』, 1966년 『초기 스패니시 메인』, 1968년 『북풍 안개』를 저술함.

4) 박사학위 논문 제목은 「Louisville, Kentucky: a study in urban geography」임.

후학 측기의 개발과 기후의 영향 등에 관한 것을 포함하는 다양한 연구 과제들을 제안하였다. 1939년 그와 그의 동료들은 1년 동안 버지니아 주 알링턴의 풀밭에서 나오는 증발산을 관측하는 과제를 수행하였다. 그들은 이들 자료로부터 지면 부근 습도의 연직 플럭스와 바람에 의한 지역으로부터의 수분의 이동을 결정하였다(Thornthwaite, 1939). 이것은 제한된 측기만을 사용하여 얻은 업적으로는 놀랄 만한 것이었다.

손드웨이트는 1946년 정부 기관을 떠나 뉴저지 주 남부에 소재한 시브룩 농장(Seabrook Farms)의 농업 기후학자로 자문을 위하여 모험을 감행하였다. 이 농장은 거대한 야채 재배지였고 냉동 야채를 포장하는 곳이었다. 2년 동안 그는 기후학적 물 수지에 관한 그의 연구를 완성하여 1948년에 새로운 기후 구분을 만들게 되었다. 그는 생물계절학(phenology) 분야에 중요한 발전을 이루어 신선한 야채를 가공 공장에 보내는 양을 조절하기 위하여 농작물의 재배와 수확을 예측할 수 있는 방법을 개발하였다. 그는 과학적인 관개를 위한 간단한 부기 방법을 개발하기 위해서 그의 물 수지 연구방법을 사용하였다. 그는 미 공군에 의해서 지원받은 다년간 연구과제인 "대기 지표층의 미기상학"을 수행하기 시작하였다. 또한 메릴랜드 주 볼티모어 존스 홉킨스 대학교(JHU)와 연합하여 기후학 연구소를 설립하였다. 연구소의 설립으로 인하여, 기후학을 전공하는 학생들의 교육 센터를 만들고자 했던 그의 오랜 숙원 사업이 이루어지게 되었고 중요한 기초 및 응용 연구 수행이 가능하게 되었다. 이런 활동의 성공으로, 그는 정부 기관의 공직을 사임하여 개인 자문 기후학자로서 새로운 경력을 쌓기 시작하였다.

세계 여러 기관의 기후학자들이 여러 가지 연구 과제에 참여하고 학생들을 가르치기 위해서 기후학 연구소를 방문하게 되었다. 1950년대 동안 손드웨이트는 포장되지 않은 들판 위의 인간과 자동차의 움직임, 전 세계 물 수지, 토양을 통한 방사능 물질인 스트론튬(strontium)[5]의 침전, 연직 바람 움직임의 측정, 알래스카 주 포인트 바로 근교의 미기후학적 조건 등에 관한 보고서들을 발간하였다. 그의 감독 하에 연구소는 독자적으로 연직 분포 연구용에 적합한 풍속계, 민감 이슬점 습도계, 순 복사계, 토양 열 플럭스 변환기, 연직 풍속계 등을 포함한 공업위한 미기후학 측정 기기들을 개발하였다. 이 연구소에서 개발한 측기에서 3개의 특허권을 받게 되었다. 그는 1952년 음식 처리 공장에서부터 배출되는 쓰레기의 처리, 농업 기후학, 원자로의 수문기후학적 문제, 미기후학 측기의 판매를 수행하기 위해서 찰스 워런 손드웨이트 회사(C. W. Thornthwaite Associate)를 설립하였다.

1951년 손드웨이트는 국제연합 산하의 세계기상기구(WMO) 기후위원회의 초대 위원장을 역임하였으며, 1953년 재선되었다. 그는 그 시대에 가장 유명한 기후학자가 되었고 그의 명성은 국제적으로 알려지게 되었다. 그는 미국 지리학회의 컬럼 메달, 미국 지리학자연합(AAG)[6]의 최고공로상을 포함한 명예상을 수여받았고, 센트럴 미시건 대학교로부터는 명예박사학위를 수여받았다. 1962년 손드웨이트는 그의 부인인 덴질 슬렌츠(Denzil Slentz)를 기념하여 그의 모교인 미시간 주 마운트 플레즌트 센트럴 미시간 대학교(CMU)에 "찰스 워런과 덴질 슬렌츠 손드웨이트 장학재단"을 설립하여 기상학과 지구과학 분야의 학생에게 수여하고 있다. 그는 1963년 6월 11일 암으로 사망하였다.

---

5) 18세기 말 스코틀랜드의 스트론티안 납 광산에서 스트론티아나이트(strontianite ; 처음에는 탄산바륨이라고 생각함)로 채굴되었는데, 1808년 영국의 험프리 데이비(Sir Humphry Davy, 1778~1829)에 의해 홑원소물질로 분리되어 발견광물의 이름을 따서 스트론튬이라고 명명함. 원소기호 Sr, 원자번호 38, 원자량 87.62, 주기율표의 2A속에 속하는 알칼리토금속 원소의 하나.

6) 손드웨이트는 1960년부터 1961년까지 이 단체의 명예회장으로 추대됨.

손드웨이트 기후 구분

손드웨이트는 1931년 강수량, 증발량, 기온들이 식물 성장에 미치는 영향을 고려하여 1차 기후구분을 시도하였다. 그는 4가지 구분인자들을 강수 효율 비(precipitation effectiveness ratio), 강수 효율 지수(precipitation effectiveness index), 기온 효율 비(thermal effective ratio),기온 효율 지수(thermal efficiency index)로 정의하였다.

습도 영역에 의한 분류에는 강수 효율 비를 이용하여 강수 효율 지수(P_E_{index})를 계산하였고, 이에 따라 5개의 기후를 구분하였다. 여기에서 강수 효율 지수는 다음과 같이 계산된다.

$$P\_E_{\text{index}} = 10 \sum_{n=1}^{12} \left(\frac{P_n}{E_n}\right)_n$$

또한 강우량의 계절 분포에 의해서 4가지를 세분하였다(표 10−1).

표 10−1 습도 영역에 의한 기후 구분(Critchfield, 1983).

습도 영역		P_E_{index}	특성 식생
A(Wet)	다습(완습윤)	≥ 128	rain forest(다우림)
B(humid)	습윤	64~127	forest(산림)
C(subhumid)	반습윤(아습윤)	32~63	grassland(초지)
D(semiarid)	반건조(아건조)	16~31	steppe(스텝)
E(arid)	건조	<16	desert(사막)

세분
r : 모든 계절에 강우량 많음
s : 여름에 건조
w : 겨울에 건조
d : 모든 계절에 강우량 결핍

온도 영역에 의한 구분에는 기온 효율 비를 계산하여 강수 효율 지수(T_E_{index})를 계산하였고, 이에 따라 6개의 기후를 구분하였다(표 10-2). 여기에서 기온 효율 지수는 다음과 같이 계산된다.

$$T\_E_{index} = 10\sum_{n=1}^{12}\left(\frac{T_n}{E_n}\right)_n$$

이들을 종합하면 이론적으로 120개의 기후구분이 가능하게 되지만, 실제로는 32개의 경우만이 가능하므로 비현실적이었다.

표 10-2 온도 영역에 의한 기후 구분(Critchfield, 1983).

온도 영역	T_E_{index}
A'(tropical; 열대)	≥128
B'(mesothermal; 온대)	64~127
C'(microthermal; 한대)	32~63
D'(taiga; 타이가)	16~31
E'(tundra; 툰드라)	1~15
F'(frost; 영구동토)	0

찰스 손드웨이트는 1948년 세미나 논문(Thornthwaite, 1948)에서 "가능증발산량(Potential Eapotranspiration; PE)"에 기초를 둔 2차 기후 구분을 발표하였고, 1955년 이 중 일부를 수정하였다. 가능증발산이란 식물이 성장하는 지표면에서 토양 표면이 충분하게 수분을 포함하고 있을 때, 주어진 기상상태 하에서 토양 수분이 최대로 증발산되는 양이다. 손드웨이트는 PE를 강수의 중요성과 동일하게 기후인자로서 고려하였다. 그 이유는 만약 고온 사막에서 더 많은 물이 유용하다면, 그 곳에서의 더 많은 식생과 더 많은 물들이 증발과 증산에 의해서 전달될 것이기 때문이다.

찰스 손드웨이트는 온도와 일조시간을 변수로 하는 경험 공식을 고안하였다. 1955년 손드웨이트는 가능증발산량(PE)과 강수량(P)에 기초 하여 4가지의 기후 범주(수분 적절성, 열 효율성, 수분 적절성의 계절 분포, 열 효율성의 여름 집중도)에 기반을 둔 약간 수정된 기후구분을 발표하였다(Thornthwaite and Mather, 1955).

수분 적절성(moisture adequacy)은 아래 식과 같이 월별 습윤 지수(moisture index; I_m)로 표시된다.

$$I_m = 100(S - D)/PE$$

여기서 S는 월 물 초과량, D는 월 물 부족량, PE는 가능증발산량이다. 만약 토양 수분이 일정하다면, 위의 식은 간단히 다음과 같이 된다.

$$I_m = 100 \ P/PE - 1$$

12개의 월별 I_m을 종합하면 연 습윤 지수를 구할 수 있다. 이를 이용하여 표 10-3과 같은 9개의 습윤 기후형 얻을 수 있다(Critchfield, 1983). 그러나 이들은 다소 복잡하고 건조 지역에 잘 적용되지 못하는 단점이 있다.

열 효율성(thermal efficiency)은 간단히 cm 단위로 표시되는 PE이다. 다시 말하면 연 지수는 월별 값의 총합이다. 이것은 물 깊이의 항으로 표시되는 에너지 지수로서 기온자료로부터 유도된다. 열 효율성의 여름 집중도(summer concentration of thermal efficiency)는 연 PE에 대한 여름 3개월 동안 축적되는 PE의 백분율(%)로 표시된다. 이들을 이용하면, 열 효율성으로 9개의 기후형과 열 효율성의 여름 집중도로 8개의 기후형을 도출 할 수 있다(표 10-4).

수분 적절성의 계절 분포(seasonal distribution of moisture adequacy)를 사용하면 건조 지수(aridity index) 또는 습윤 지수(humidity index)를 구할 수 있

■ 표 10-3 습윤 기후형(Carter and Mather, 1966).

Type		Moisture Index		
A	Perhumid	100 and above		
B_4	Humid	80	to	100
B_3	Humid	60	to	80
B_2	Humid	40	to	60
B_1	Humid	20	to	40
C_2	Moist subhumid	0	to	20
C_1	Dry subhumid	−33.3	to	0
D	Semiarid	−66.7	to	−33.3
E	Arid	−100	to	−66.7

■ 표 10-4 열 효율성과 열 효율성의 여름 집중도로 구분된 기후형(Carter and Mather, 1966)

Moist Climates(A, B, C_2)		Aridity Index
r	little or no water deficit	0 to 10
s	moderate summer deficit	10 to 20
w	moderate winter deficit	10 to 20
s_2	Large summer deficit	above 20
w_2	large winter deficit	above 20
Dry Climates(C_1, D, E)		**Humidity Index**
d	little or no water surplus	0 to 16.7
s	moderate winter surplus	16.7 to 33.3
w	moderate summer surplus	16.7 to 33.3
s_2	large winter surplus	above 33.3
w_2	Large summer surplus	above 33.3

다. 즉, 습윤기후 내에서 건조 지수는 연 PE에 대한 연 물 부족량의 백분율로 표시된다. 건조기후인 경우, 습윤 지수는 연 PE에 대한 연 물 초과량의 백분율로 계산된다(Rohli and Vega, 2008). 이들 자료들을 사용하면 습윤기후 내에서는 5개의 기

후형과 건조기후 내에서도 5개의 기후형으로 구분된다(표 10−5).

이들 4개의 범주를 종합하면, 표 10−6과 같이 각 지점에서의 독특한 기후형을 제시할 수 있다. 예를 들면, 오스트레일리아 노던테리토리 앨리스 스프링스의 기후형은 EA'da', 미국 캘리포니아 주 샌프란시스코는 C1B'1da', 러시아 모스크바는 C2C'2rb'1으로 표시된다. 그림 10−2는 세계 전 지점을 구분하여 일반화한 것이다.

표 10−5 건조 지수로 구분되는 습윤기후 내의 기후형과 습윤 지수로 구분되는 건조기후 내의 기후형(Carter and Mather, 1966)

Annual Water Budget Criteria	Alice Springs, Australia (EA´da´)	San Francisco, California ($C_2B'_1$, da´)	Moscow U.S.S.R. ($C_2C'_2rb'_1$)
Precipitation (cm)	24.5	55.1	63.1
Thermal efficiency (*PE* in cm)	116.2	70.2	55.4
Summer concentration (% of *PE*)	43.8	33.3	64.4
Surplus (cm)	0	3.6	10.4
Deficit (cm)	91.7	18.7	4.5
Humidity index (%)	0	5.1	18.8
Aridity index (%)	78.9	26.6	8.1
Moisture index	−78.9	−21.5	10.7

표 10-6 각 지점에서 구분된 손드웨이트 기후형(Carter and Mather, 1966)

Thermal Efficiency			Summer Concentration	
TYPE		INDEX(cm)	TYPE	CONCENTRATON(%)
A'	Megathermal	114 and above	a'	below 48.0
B'_4	Mesothermal	99.7 to 114.0	b'	48.0 to 51.9
B'_3	Mesothermal	85.5 to 99.7	b'_3	51.9 to 56.3
B'_2	Mesothermal	71.2 to 85.5	b'_2	56.3 to 61.6
B'_1	Mesothermal	57.0 to 71.2	b'_1	61.6 to 68.0
C'_2	Microthermal	42.7 to 57.0	c'_2	68.0 to 76.3
C'_1	Microthermal	28.5 to 42.7	c'_1	76.3 to 88.0
D'	Tundra	14.2 to 28.5	d'	above 88.0
E'	Frost	below 14.2		

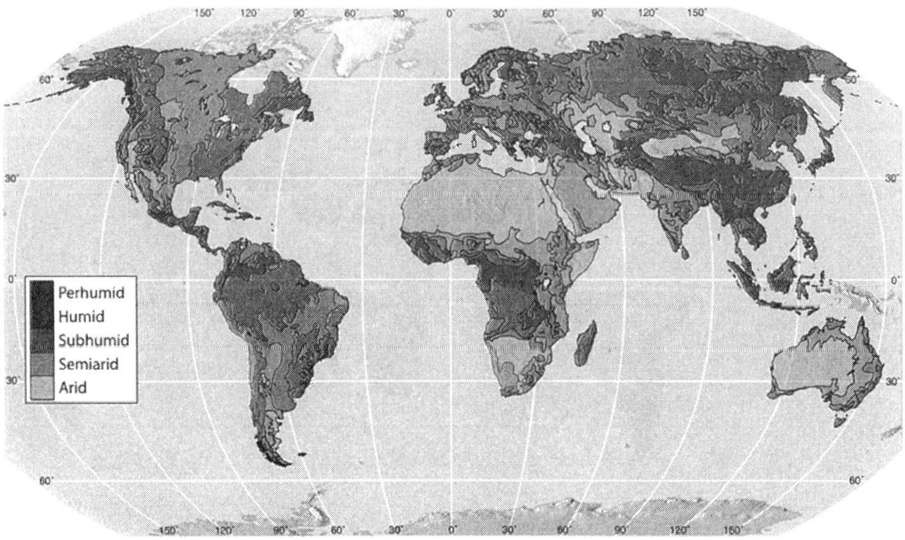

그림 10-2 일반화된 손드웨이트 기후 지역 분포(Carter and Mather, 1966).

Chapter 11

위치소용돌이도 정리를 고안한 독일 기상학자

한스 에르텔

독일 기상학자인 한스 리하르트 막스 에르텔(Hans Richard Max Ertel, 1904~1971; 그림 11-1)의 "에르텔의 위치소용돌이도 정리(Ertel's potential vorticity theorem)"는 오늘날에도 기상학, 지구물리학, 천체물리학, 물리학, 지구물리학 분야에서 정역학과 관련된 여러 문제를 해결하는 데 중요한 이론으로 알려져 있다. 이런 배경을 가지고 그의 생애와 경력을 살펴보는 것은 더 흥미로울 것이다. 언어 장벽 때

그림 11-1 독일 기상학자인 한스 에르텔 교수의 모습이다.

문에, 독일 논문들은 영어로 써진 과학 문헌보다 보통은 잘 알려져 있지 않다. 그러므로 한스 에르텔을 포함하여 많은 독일 과학자들이 상대적으로 잘 알려져 있지 않는 점은 놀랄 만한 것이 아니다.

한스 에르텔은 1904년 3월 24일 독일 베를린에서 태어났다. 학교교육을 마친 후, 그가 물리학, 수학, 해양학, 철학을 공부하였던 베를린 대학교(University of Berlin)에서 1929년 그의 경력을 시작하였다. 알베르트 아인슈타인(Albert **Einstein**, 1879~1955)[1], 막스 플랑크(Karl Ernst Ludwig **Planck**, ForMemRS, 1858~1947)[2], 막스 폰 라우에(Max Theodor Felix von **Laue**, ForMemRS, 1879~1960)[3], 에르빈 슈뢰딩거(Erwin **Schrödinger**, ForMemRS, 1887~

---

1) 이론물리학의 선구자. 일반상대성과 특수상대성, 광전효과로 유명함. 스위스 취리히 스위스연방대학교에서 학사학위와 취리히 대학교에서 1905년 Ph.D.(지도교수: 알프레트 클라이너)를 받음. 스위스 베른 특허국(1902~1909), 스위스 베른 대학교(1908~1909), 스위스 취리히 대학교(1909~1911), 체코 프라하 찰스 대학교(1911~1912), ETH Zürich(1912~1914), 베를린 프로이센 과학원(1914~1933), 미국 캘리포니아 주 패서디나 캘리포니아 공과대학교(Caltech)(1931~1933) 방문교수, 독일 베를린 훔볼트 대학교(HU Berlin)(1914~1917), 독일 카이저 빌헬름 연구소 소장(1917~1933), 네덜란드 레이던 대학교(방문교수, 미국 뉴저지 주 프린스턴 고등연구소(IAS)(1933~1955) 교수 역임함. 광전효과에 관한 업적으로, 1921년 노벨 물리학상을 단독 수상함. 독일물리학회(German Physical Society) 회장(1916~1918) 역임함. 영국 왕립학회(Royal Society) 외국인 회원(1921~1955)으로 선출되었고, 코플리 메달(1925)을 수상함. 컬럼비아 대학교의 버나드 메달(1920), 이탈리아 국립과학원(Italian National Academy of Sciences)의 마테우치 메달(1921), 영국 왕립천문학회(RAS)의 천문학 분야 금메달(1926), 막스 플랑크 메달(1929)을 수상함.

2) 양자물리학의 창시자. 플랑크의 흑체복사법칙으로 유명함. 뮌헨 대학교에서 Ph.D.(지도교수: 알렉산더 폰 브릴)를 받음. 킬 대학교 교수, 베를린 대학교 교수, 괴팅겐 대학교 교수(1887~1914), 카이저 빌헬름 게젤샤프트 교수 역임함. 양자 가설을 제창하여, 1918년 노벨 물리학상을 단독 수상함. 영국 왕립학회 외국인 회원(1926~1947)으로 선출되었고, 코플리 메달(1919)을 수상함.

3) 독일 물리학자. "라우에 반점"으로 유명함. 슈트라스부르크 대학교, 괴팅겐 대학교, 뮌헨 대학

1961)[4], 하인리히 폰 픽커, 알베르트 데팡트, 율리우스 바르텔스(Julius Bartels, 1899~1964)[5]을 포함한 그의 선생들 모두는 에르텔의 과학적인 경력을 도와주기 위해 수고를 아끼지 않았고 그들 선생들이 운영하던 "물리학 세미나(Physikalisches Seminar)"로 잘 알려진 모임에 에르텔을 참석하도록 배려하였다.

베를린 대학교에서 물리학이 융성하던 이 시기에 에르텔은 외국에서부터 찾아오는 유명한 과학자와 만날 기회가 많았다. 학생 시절에 그는 『기상학 잡지

교에서 수학하였고, 1903년 베를린 대학교에서 물리학으로 Ph.D.(지도교수: 막스 플랑크)를 받음. 스위스 취리히 대학교, 프랑크푸르트 대학교 교수, 베를린 대학교 교수, 막스플랑크 물리학 연구소 교수 역임함. 결정에 의한 X선 회절을 연구하여, 1914년 노벨 물리학상을 단독 수상함. 영국 왕립학회 외국인 회원(1949~1960)으로 선출됨. 독일물리학회(DPG) 회장(1931~1933)을 역임하였고, 막스 플랑크 메달을 수상함.

4) 오스트리아 이론물리학자, 천문학자. 파동 역학의 이론을 확립함. 오스트리아 비엔나 대학교에서 1910년 이론물리학으로 Ph.D.(지도교수: 프리드리히 하제뇌르)를 받음. 독일 브레슬라우 대학교, 스위스 취리히 대학교, 베를린 훔볼트 대학교(HU Berlin), 잉글랜드 옥스퍼드 대학교, 오스트리아 그라츠 대학교, 아일랜드 더블린 고등연구소(DIAS), 네덜란드 헨트 대학교 교수 역임함. 새로운 형식의 원자론을 발견하여, 1933년 노벨 물리학상을 잉글랜드 이론물리학자인 폴 디랙과 공동 수상함. 영국 왕립학회(Royal Society) 외국인 회원(1949~1961)으로 선출됨. 막스 플랑크 메달(1937)을 수상함. 1956년 오스트리아 과학원(Austrian Academy of Sciences)에서 "에르빈 슈뢰딩거 상(Erwin Schrödinger Prize)"을 제정하여 수여하고 있음.

5) 독일 지구물리학자, 통계학자. 1938년 Kp-index를 도입함. 괴팅겐 대학교에서 1923년 Ph.D.를 받음. 포츠담자기관측소에서 박사 후 과정을 받음. 에베르스발데 대학교에서 기상학 교수(1928~1931), 베를린 대학교(1931~1939) 교수 겸 포츠담 지구물리연구소(Potsdam Geophysical Institute) 소장; 워싱턴 D.C. 카네기 협회(CIW) 연구원, 괴팅겐 대학교 교수(1946~1955); 막스 플랑크 성층권 물리학 연구소 소장(1955~1964) 역임함. 시드니 채프먼과 공동으로 2권으로 된 『지자기』를 편찬함. 물리학연구소(IOP)의 찰스 크리 메달과 상(1953)과 미국 지구물리연합(AGU)의 윌리엄 보위 메달(1964)을 수상함. IUGG 부회장(1960~1963) 역임함.

(*Meterologische Zeitschrift*)』에 25편의 과학 논문을 발표하였다. 이 잡지는 그 당시에 세계 저널을 주도하는 것으로서 당대 유명한 노르웨이 기상학자들인 빌헬름 비에르크네스와 테오도르 헤셀베르그를 포함한 많은 유명한 기상학자들의 연구를 접할 수 있었다. 이 기간 동안 에르텔은 오토 노이게바우어(Otto Eduard Neugebauer, 1899~1990)[6], 에두아르트 슈미트, 막스 플랑크, 알프레드 데판트, 에르빈 슈뢰딩거의 격려를 받아 정역학 문제에 관심을 갖게 되었고, 몇 년 후 슈뢰딩거 파동 방정식의 정역학적 형태에 관한 아주 흥미로운 논문을 발표하였다. 1932년 연구를 시작한 지 단지 3년이 지난 후 에르텔은 비균질 전도체 내에서의 전자기 유도에 관한 그의 학위 논문으로 결론지었다. 그는 1932년 베를린 대학교에서 최우등 졸업자로서 박사학위(Ph.D)를 받은 후, 에르텔은 포츠담에 있던 자기관측소(Potsdam Magnetic Observatory)의 율리우스 바르텔스 밑에서 일하였다. 그러나 기상학 특히 이론 기상학은 그의 주요 관심사였고 그와 그의 스승 하인리히 폰 픽커[7]는 그들이 확실하게 할 수 있는 일들은 모두 성사 시킬 수 있었다.

1935년 에르텔은 베를린 대학교 기상연구소(Institute of Meteorology; 그림 11-2)의 관측자로 임명되었고, 1938년에는 이론기상학 강사(1935~1938)로 활

---

6) 오스트리아-미국 수학자, 천문학자, 과학사학자. 고대 천문학 역사를 연구함. 오스트리아 그라츠 대학교(1919~1921)에서 전기공학과 물리학을 공부하였고, 독일 뮌헨 대학교에서 수학과 물리학으로 학사학위, 독일 괴팅겐 대학교 수학연구소에서 1927년 수학으로 Ph.D.(지도교수: 리하르트 쿠란트, 다비트 힐베르트)를 받음. 괴팅겐 대학교(1887~1914) 수학 교수, 덴마크 코펜하겐 대학교(KU)(1934~1939) 수학 교수, 미국 로드아일랜드 주 프로비던스 브라운 대학교(1939~1969) 수학 교수, 뉴저지 주 프린스턴 고등연구소(IAS)(1984~1990) 종신회원 역임함. 미국 국립과학원(NAS) 정회원(1977~1990)으로 선출됨. 미국 천문학회(AAS)의 헨리 노리스 러셀 렉처십(1967), 발잔 상(1986), 미국 철학회(APS)의 존 루이스 상(1956)과 프랭클린 메달(1987)을 수상함.

7) 베를린에 소재한 기상연구소의 소장이었으며 유명한 프러시아 과학 아카데미의 회원이었음.

그림 11-2 베를린 대학교의 옛 기상 연구소 전경이다.

동하였다. 그의 경력은 오스트리아 비엔나 중앙기상대(ZAMG) 교수(1942~1943), 오스트리아 인스부르크 대학교(University of Innsbruck) 지구물리학 교수(1943~1945), 독일 인민공화국(동독) 베를린 대학교(1946~1969) 지구물리학 교수 겸 기상학 및 지구물리학연구소(Institute of Meteorology and Geophysics) 소장을 역임하였고, 또한 독일 과학원(DAW) 소속 물리수계지리학 연구소(Institute of Physical Hydrography) 소장(1949~1968)도 겸하였다.

1930년대 초반 한스 에르텔은 열역학과 대기와 해양의 마찰에 대한 일반적인 문제를 역점으로 다루었다. 이 연구의 일부를 알베르트 데팡트(Ertel and Defant, 1939)와 다른 사람들과도 함께 발표하였다. 그의 가장 중요한 업적은 기상역학과 종관기상학에서 위도에 따른 코리올리 힘의 변동의 중요성과 장파의 이론을 보인 것이다. 또한 에르텔은 성층권과 대류권 사이의 상호작용 문제를 연구하였고, 1931년 『날씨의 역학에 관한 성층권의 영향(Influence of the stratosphere on the dynamics of the weather)』이란 논평(review)을 제시하였다. 이에 관련해서 그는 저기압과 고기압 발생 메커니즘과 성층권과의 관련성에 관한 펠릭스 엑스너-에바텐, 하인리히 폰 픽커 등의 오스트리아 기상학파의 아이디어를 분석하였다. 이에 뒤따라, 1936년『기압 변동과 주기성에 관한 이류-역학 이론』이란 논문을 발표하였다(Ertel, 1936). 그는 1939년 성층권 내의 바람장의 불안정성에 관한 연구 결과들을 뒤이어 발표하였고(Ertel, 1939), 대기 내의 에너지 양, 마찰, 난류에 관련되는 식과 결과들을 유도하였고, 안정도 기준에 대한 열역학적 기본을 논의하였다. 1939년 임의의 상태방정식을 가진 대기의 운동 방정식을 해밀턴의 일반역학 원리에 적용하여 축소하였다.

1938년 한스 에르텔은 이론기상학에 가장 잘 인정되는 책인『기상 역학의 방법과 문제』를 발간하였다(Ertel, 1938). 미국 매사추세츠 주 케임브리지 매사추세츠공과대학교(MIT)에서 등 엔트로피 프로그램을 수행하는 동안, 에르텔은 그해 몇 달간 카를 로스비를 방문하였다. 에르텔과 로스비는 방을 같이 사용하고 흥미도 유사했기 때문에 좋은 친구가 되었다. 제2차 세계대전 후 로스비는 에르텔을 스웨덴 스톡홀름으로 초청하였고, 로스비의 스승이었던 이론기상학자인 힐딩 쾨흘러(Hilding Köhler, 1888~1982)[8]는 그를 웁살라로 초청 하였다. 1948년 로스비는 전후 독일을 방문한 최초의 과학자 중의 한 사람이 되었고, 에르텔의 기상연구소에서 소위 말하는 "로스비 파(Rossby wave)"에 대해서 강연을 하였다. 에르텔의 초기 연구들이 로스비 파의 존재를 예견했던 것이 명백하였지만 제2차 세계대전 동안에는 독일 밖의 어느 누구도『기상잡지(*Meteorologische Zeitschrift*)』에 발표된 논문을 읽을 수 없었다. 전쟁 초기로부터 대부분의 과학 교류는 끊어졌고 많은 미국과 영국 도서관에서도 이 저널은 찾기 어렵다. 에르텔와 로스비에의해서 수행된 공동연구의 심오한 결과는 1949년 정역학적 소용돌이에 관한 논문에 제시되어 있다. 에르텔은 1942년 "일반

8) 스웨덴 기상학자. 구름 물리학과 난류를 연구함. "쾰러 곡선(Köhler curve)"으로 유명함. 웁살라 대학교에서 1925년 Ph.D.를 받음. 할데 관측소(Haldde observatory) 소장(1918~1926), 웁살라 기상대 도슨트, 웁살라 대학교 기상학과 교수 겸 기상연구소 소장 역임함. 스웨덴 왕립과학원(RSAS) 정회원(1947~1987)으로 선출됨.

소용돌이도 이론(general vorticity theorem)"으로 알려진 그의 가장 중요한 결과를 개발하였다. 또한 그해에 빌헬름 비에르크네스의 순환 이론이 그의 이론의 특별한 경우였다는 것을 보여 주었다. 1954년 에르텔은 헬름홀츠 소용돌이 이론을 포함시킨다. 더욱더 일반화된 이론을 내놓았다. 많은 과학 서적에서 "에르텔의 소용돌이 불변량(Ertel's vortex invariants)"이 현재에도 설명되고 있다. 잇달아 에르텔은 이론 정역학 분야에 그의 연구를 계속하였고 이를 지구물리학과 기상학 분야에 적용시켰다. 그는 소용돌이도 방정식으로부터 대칭 변형 텐서(symmetrical deformation tensor)를 유도하였다. 이 텐서는 소용돌이도 성분들을 총 시간 도함수로 선형 변환을 가능하도록 한다. 에르텔에 의해서 수행된 모든 연구 중에서 여기서 눈여겨 볼 것은 변환 공식(commutation formulae), 자동순압 연직 흐름을 위한 유체 역학의 미분 방정식, 대기와 해양의 관성(inertia)에 관한 논문들이다. 또한 정역학 소용돌이도 방정식, 이상적인 유체와 피에조트로피 유체 내에서의 비정상 흐름과 속도 장에 대한 변환 운산부호에 관해서 연구하였다.

빌헬름 비에르크네스가 그보다 앞서 연구했기 때문에, 에르텔은 날씨 예보의 문제점에 대해서 토론하였다. 이와 연계되어 그는 제한 시역을 위한 종관 일기도로부터 날씨를 절대적으로 정확하게 예보한다는 것은 불가능하다는 점을 보여주었다. 1944년 논문에서 에르텔은 1904년의 빌헬름 비에르크네스의 아이디어를 도론하였고 예측의 문제점을 분석하였다. 제한 지역에서는 해결할 수 없는 것이 전체 대기에서는 해결할 수 있다는 것을 증명하였다. 1948년의 논문에서 에르텔은 이론 물리학적 관점에서 날씨 예보의 문제점을 논의하였다. 이 논문에서 지역 예측이 근본적으로 불확실성을 포함하고 있으므로 근사적으로 간주해야 한다는 점을 피력하였다.

에르텔은 『기단의 미래이동을 유추하는 방법』이란 제목의 연구 노트를 1948년 발간하였다. 단기간 날씨 예보의 목적을 위하여, 1차 근사로서 기단이 일부 미래 시간 후 어느 곳에 위치할 것인가를 나타내는 방정식의 분석 해를 구할 수 있는 방정식 계가 개발되어야 한다. 이들 방정식의 해는 수렴 조건이 결정되는 연속적인 근사과정의 결과로서 나타난다. 에르텔은 이를 달성하는 간단한 그래프 방법을 제시하였다.

에르텔의 과학 경력의 다른 면모를 살펴보면, 1949년 그는 베를린 독일 과학아카데미[9)]의 회원으로 선출되었고, 1951년에는 부회장의 한 사람으로 선출되었다. 이 자격으로 그는 많은 국제 공동 연구와 전 세계 과학자들과의 아이디어 교환을 이루었다. 그 당시 그는 베를린에 소재한 기상학 및 지구물리학 연구소의 소장, 훔볼트 대학교의 지구물리학과 이론 역학 교수, 과학 아카데미의 물리 수계지리학 연구소(그림 11-3)의 소장으로 재임하고 있었다. 이런 모든 자리에서 에르텔은 전 세계 선도적인 과학자들과 관계를 지속적으로 유지하였고, 알렉산더 폰 훔볼트(Friedrich Heinrich Alexander von Humboldt, ForMemRS, 1769~1859)[10)]와 막스 플랑크의 연구를 기념하는 조직을 도왔다. 또한 국제 지구 물리년(International Geophysical Year; IGY)의 프로젝트 개발에도 참여하였고, 1966년 후부터 국제 수문학 10주년 프로그램에도 열심히 일하였다. 아쉽게도 에르텔은 그의 모든 논문을 독일어 또는 스페인어로 쓰고 국제적으로 잘 알려지지 않은 저널[11)]에 발표하였다.

---

9) 전신은 Prussian Academy of Science임.

10) 독일 지리학자, 지질학자, 지구물리학자, 기상학자, 천문학자. 자연지리학의 시조임. 과학계의 걸어 다니는 백과사전으로 알려짐. 1817년 등온선으로 전 세계 연평균 기온지도를 제작하였고, "훔볼트 해류"로 유명함. 프라이베르크 광업학교에서 1792년 디플로마를 받았고, 프랑크푸르트 대학교, 괴팅겐 대학교, 베를린 대학교에서 수학함. 영국 왕립학회 외국인 회원(1816~1859)으로 선출되었고, 코플리 메달(1852)을 수상함. 5년간의 남아메리카 탐험 후 30권(1807~1839)으로 된 『1799년에서 1804년에 걸친 신대륙 적도지역으로의 항해』, 1843년 지형학, 지질학, 기후학적 관찰에 대한 3권으로 된 보고서인 『중앙아시아』,5권(1845~1862)으로 된 『코스모스』를 저술함.

11) Acta Hydrophysica, Gerlands Beitrage zur Geophysik, Monatsberichte Deusche Akademie der Wissenschaften zur Berlin, Zeitschrift fur Meteorologie 등이다.

그림 11-3 베를린에 소재한 과학 아카데미의 물리 수계지리학 연구소의 전경이다.

그 결과 에르텔의 연구는 국제사회에 잘 인식되지 못하였다. 또한 불행하게도 그의 오랜 친구인 카를-구스타브 로스비가 1957년에 사망하였다. 로스비는 에르텔의 연구를 영어권 나라에서 인정한 유일한 사람이었다.

로스비 사후 에르텔은 좀처럼 다른 선도적인 과학자와 접촉하지 않았다. 그러나 줄 차니(Jule Gregory **Charney**, 1917~1981)[12], 헬무트 란츠베르크(Helmut Erich **Landsberg**, 1906~1985)[13], 클리퍼드 트루스델(Clifford Ambrose **Truesdell**,

---

12) 미국 기상학자. 현대 기상역학의 아버지로 불리며 수치날씨예보(NWP) 발달에 공헌함. 경압파, 행성파, 열대 저기압 등의 이론을 구축함. 캘리포니아 대학교(로스앤젤레스)(UCLA)에서 물리학으로 1940년 석사학위(M.Sc.)와 1946년 기상학으로 Ph.D.(지도교수: 외르겐 홀름보에)를 받음. 매사추세츠 주 케임브리지 매사추세츠 공과대학교(MIT)(1956~1981) 기상학 교수 역임함. 영국 왕립기상학회(RMetS)의 시먼스 금메달(1963), 미국 기상학회(AMS)의 카를-구스타프 로스비 연구 메달(1964), 세계기상기구(WMO)의 IMO 상(1971), 미국 지구물리연합(AGU)의 윌리엄 보위 메달(1976)을 수상함. AMS에서 "줄 그레고리 차니 어워드(The Jule G. Charney Award)"를 제정하여 수여하고 있음.

13) 독일-미국 기후학자. 도시 기후학을 연구함. 독일 프랑크푸르트 대학교(University of Frankfurt)에서 1930년 지진 기록에 초점을 둔 학위논문으로 Ph.D.(지도교수: Beno

1919~2000)[14], 올리버 서턴(Sir Oliver Graham **Sutton**, FRS, 1903~1977)[15], 찰스 프리스틀리(Charles Henry Brian **Priestley**, 1915~1998)는 독일어로 써진 논문에서 에르텔의 연구를 설명했던 사람들[16]이다. 비록 그가 1948년부터

Gutenberg)를 받음. 프랑크푸르트 대학교 타우누스 지구물리학 및 기상학 관측소 소장; 미국 펜실베이니아 주 유니버시티 파크 펜실베이니아 주립대학교(Penn State) 광산공학과 지구물리학과 기상학 강사(1934~1941); 미국 일리노이 주 시카고 대학교(UChicago) 교수(1941~1951); 미국 공군 케임브리지 연구센터(CRC) 지구물리부 부장(1951~1954); 미국 기상국(USWB) 환경자료서비스(EDS) 대장(1954~1966); 미국 메릴랜드 대학교(칼리지파크)(UMCP) 교수(1967~1976) 및 명예교수(1976~1985) 역임함. 미국 지구물리연합(AGU) 회장(1968~1970) 역임함. AGU의 윌리엄 보위 메달(1978), 세계기상기구(WMO)의 24번째 IMO 상(1979), 독일 기상학회(GMS)의 베게너 메달(1980), 미국 기상학회(AMS)의 클리블랜드 애비 상(1983), 미국 국가과학메달(1985)을 수상함. 1941년 『자연기후학』, 1969년 『날씨와 건강; 생물기상학 개론』, 1976년 『날씨, 기후, 인간 거주』, 1981년 『도시기후』를 저술함.

14) 미국 수학자, 자연철학자. 캘리포니아 주 패서디나 캘리포니아 공과대학교(Caltech)에서 1941년 수학과 물리학으로 학사학위(B.Sc.)와 1942년 수학으로 석사학위(M.Sc.), 뉴저지 주 프린스턴 대학교에서 1943년 수학으로 Ph.D.(지도교수: 솔로몬 렙셰츠, 해리 베이트먼)를 받음. 인디애나 대학교(IU)(1950~1961), 메릴랜드 주 볼티모어 존스 홉킨스 대학교(JHU)(1961~1989) 이론역학 교수 역임함. 소비에트연방 과학원(USSR Academy of Sciences)의 오일러 메달(1958, 1983), 유변학회의 빙엄 메달(1963), 미국 수학회(AMS)와 미국 산업응용수학회(SIAM)가 공동으로 수여하는 버코프 상(1978), 테오도르 폰 카르만 메달(1996)을 수상함. 『합리적인 연속체 역학의 기초 과정』를 저술함.

15) 영국(웨일스) 수학자, 기상학자. 웨일스 폰티완 그래머 스쿨에서 교육을 받았고, 에버리스트위스 웨일스 대학교 유니버시티 칼리지를 졸업함. 잉글랜드 옥스퍼드 대학교 지저스 칼리지에서 Ph.D.를 받음. 왕립군사과학대학(RMCS) 수학교수, 에버리스트위스 대학교 유니버시티 칼리지 부총장 역임함. 영국 왕립학회(Royal Society) 펠로(1947~1977)로 선출됨. 영국 기상학회(RMetS) 53대(1953~1955) 회장 역임함. 영국 기상청(UKMO) 청장(1953~1965) 역임함. 세계기상기구(WMO)의 13번째 IMO 상(1968)을 수상함. 국가측지학·지구물리학 위원회 위원장(1960~1966) 역임함.

16) 미국 기상학자. 종관기상학과 역학 날씨예보 분야를 연구함. 매사추세츠 주 케임브리지 매사

1949년 그리고 1971년에 몇 개월 간 웁살라에서 연구를 했지만, 많은 국제 학회에 참가하지 않는 것은 비극이었다. 1960년 중반 그는 국제 카르파티아 회의(International Carpathian Conference)에 참석하였다. 여기서 산악 내 날씨의 문제와 일반화된 그의 이론을 발표하였다. 제2차 세계대전 후 에르텔은 오직 앞에 열거한 저널에만 그의 논문을 발표하였다. 그러나 리처드 리드(Richard James Reed, 1922~2008), 오언 선더스(Sir Owen Alfred Saunders, FRS, 1903~1993)[17], 아드리안 길(Adrian Gill, 1937~1986)[18], 마이클 맥인타이어(Michael E. McIntyre, 1941~)[19]의 케임브리지 그룹과 브라이언 호스킨스(Sir Brian J. Hoskins, 」

추세츠 공과대학교(MIT)에서 Sc.D.를 받음. 워싱턴 주 시애틀 워싱턴 대학교(UW) 대기과학과 교수 및 명예교수 역임함. 미국 기상학회(AMS) 31대(1972) 회장을 역임하였고, 카를-구스타프 로스비 연구메달(1989)을 수상함.

17) 영국(잉글랜드) 응용수학자. 런던 대학교 버크벡 칼리지에서 1923년 일반과학학위를 받았고, 케임브리지 대학교 트리니티 칼리지에서 특수수학으로 학사학위(B.Sc.)와 물리학으로 석사학위(M.Sc.)를 받음. 연료연구소(1926~1932) 과학담당관; 런던 대학교 임페리얼 칼리지 기계공학과 전임강사(1932~1937)와 열역학 부교수(1937~1942); 항공기생산성(Ministry of Aircraft Production)(1942~1946); 런던 대학교 임페리얼 칼리지 기계공학과(1946~1864) 교수 및 학과장; 기계공학학회(IME) 회장(1960); 시티 앤드 길드스 칼리지(1964~1966) 학장; 런던 대학교 부총장(1967~1969) 역임함. 영국 왕립학회 펠로(1958~1993)로 선출됨. 미국 기계공학회(ASME)와 미국 화공학회(AIChE)에서 공동으로 수여하는 막스 야콥 메모리얼 어워드(1966)를 수상함.

18) 오스트레일리아 기상학자, 해양학자. 잉글랜드 케임브리지 대학교에서 1963년 해양역학으로 Ph.D.를 받음. 케임브리지 대학교 역학해양학 연구소 소장 보(1963~1979), 왕립학회 시니어 연구 펠로(1979~1984), 옥스퍼드 대학교 클레런던 연구소 연구원과 기상학자(1984~1986) 역임함. 영국 왕립학회(Royal Society) 펠로(1986~)로 선출됨. 영국 물리학회(IOP)의 찰스 크리 메달과 상(1985)을 수상함. 1982년 『대기-해양 동역학』을 저술함. 영국 왕립기상학회(RMetS)에서 "아드리안 길 어워드(Adrian Gill Award)"를 제정하여 수여하고 있음.

19) 오스트레일리아-영국(잉글랜드) 기상학자. 성층권을 연구함. 케임브리지 대학교 대기역학

1945~)의 레딩 그룹에 의한 논문, 클리퍼드 트루스델에 의한 논평, 조지프 페드로스키(Joseph Pedlosky, 1938~)[20], 존 에펠(John Ralph Apel, 1930~2001)[21], 마이클 길(Michael J. Ghil, 1944~)[22], 한스 볼란트(Hans Volland, 1925~201

교수(1993~2008) 및 명예교수(2008~) 역임함. 미국 기상학회(AMS) 펠로(1990~) 선출되었고, 칼 구스타프 로스비 연구메달(1987)을 수상함. 유럽지구과학연합(EGU)의 율리우스 바르텔스 메달(1999)을 수상함. 영국 왕립학회(Royal Society) 펠로(1990~)로 선출되었고, 미국 과학진흥협회(AAAS) 펠로(1999~)로 선출됨.

20) 미국 해양물리학자. 유체역학 내의 경압불안정과 일반 안정도 문제; 유한 진폭 파의 비선형 동역학; 해양 대순환; 지구물리유체역학; 적도해양순환을 연구함. 매사추세츠 주 케임브리지 매사추세츠 공과대학교(MIT)에서 1960년 학사학위(B.Sc.)와 석사학위(M.Sc.), 1963년 기상학으로 Ph.D.(지도교수: 줄 차니)를 받음. MIT 수학과 조교수(1963~1967)와 부교수(1967~1968); 일리노이 주 시카고 대학교 지구물리과학과 기상학 부교수(1968~1972)와 지구물리유체역학 교수(1972~1979); 매사추세츠 주 우즈홀해양연구소(WHOI) 시니어 과학자 겸 도헤르티 해양학자(1979~2007)와 시니어 명예과학자(2007~) 역임함. 미국 국립과학원(NAS) 정회원(1985~)으로 선출됨. 미국 기상학회(AMS) 펠로(1981~), 미국 지구물리연합(AGU) 펠로(1986~), 미국 과학진흥협회(AAAS) 펠로(1997~)로 선출됨. AMS의 마이마이징거 어워드(1970), 스베드럽 금메달(2005), 베른하르트 하우르비츠 어워드(2009)를 수상하였고, 미국 지구물리연합(AGU)의 모리스 유잉 메달(2011)을 수상함. 1987년 『지구물리유체역학, 해양순환이론, 해양과 대기 내의 파동: 파동 역학 개론』을 저술함.

21) 미국 물리학자, 해양학자. 해양 연구에 위성 원격 탐사 방법을 사용한 선구자. 1970년 메릴랜드 주 볼티모어 존스 홉킨스 대학교(JHU)에서 플라즈마 물리학으로 Ph.D.를 받음. JHU 응용물리연구소(APL)에서 활동함. 국립해양대기청(NOAA) 해양원격탐사연구소(ORSL), 태평양해양환경연구소(PMEL) 소장 역임함. 1987년 『해양 물리학의 원리』를 저술함.

22) 미국 대기과학자로서 이론기후역학의 창시자로 유명함. 동적 및 복잡 시스템, 기상이변, 수치 및 통계 방법을 연구함. 이스라엘 하이파 테크니온 이스라엘공과대학교에서 기계공학으로 1966년 학사학위(B.Sc.)와 1971년 석사학위(M.Sc.), 미국 뉴욕 대학교(NYU) 쿠란트 수리과학연구소(CIM)에서 1975년 수학으로 Ph.D.(지도교수 : 피터 럭스)를 받음. 캘리포니아 대학교(로스앤젤레스)(UCLA) 대기해양과학과(DAOS) 교수, 학과장(1988~1992), 석학연구교수(2003~2012), 명예석학연구교수(2012~); 프랑스 파리 고등사범학교(ENS) 지오사이언스 학과장(2003~2009), 석학교수(2002~2012), 명예 석학교수(2012~) 역임함.

4)[23]에 의한 책들에 따르면, 에르텔의 기본 이론은 지금도 잘 알려지고 있다. 아드리안 길은 한스 에르텔의 이론과 빌헬름 비에르크네스 순환 이론 사이의 관계에 대한 에르텔의 결과를 최초로 발표한 사람이다.

1948년 이후 에르텔이 물리 수계지리학 연구소의 소장이 되었을 때, 그는 수계지리학, 연안 문제, 지형학, 부 진동 분야에 대한 그의 이론적인 연구를 발전시켰다. 아드리안 샤이데거(Adrian Eugene Scheidegger, 1925~2014)[24]는 1991년 출판된 그의 저서 "이론지형학(*Theoretical geomorphology*)"에서 에르텔의 결과들을 개략적으로 설명하였다.

한스 에르텔의 인생과 업적을 살펴본다면, 그는 확실히 자연과학의 역사상 20 세기의 선도적인 과학자 중의 한 사람이라 결론을 내릴 수 있다. 그의 이론적인 연구는 모든 지구물리학과 기상학 분야에서 더 나은 발전을 이룰 수 있도록 하였다. 많은 국제적인 공동 연구에 참여한 국제적인 과학자의 한 사람인 에르텔은 『액타 하이드로피시카(*Acta Hydrophysica*)』와 기상 잡지(*Zeitschrift fur Meteorologie*)』란 저널의 편집을 맡게 되었다.

한스 에르텔은 웁살라 대학교를 방문 한 수주일 후인 1971년 7월 2일 사망하였다. 국제 사회는 그를 지구물리학적 정역학을 고무시킨 사람과 기술 과학으로부터 정확한 자연과학으로 기상학을 발달시킨 탁월한 이론 기상학사로 추잉하고 있다. 이런 관계로 그는 빌헬름 비에르크네스, 허버트 램, 줄 차니 등과 같이 어깨를 나란히 하는 선구자였다.

유럽지구과학연합(EGU)의 루이스 리처드슨 메달(2004)과 알프레트 베게너 메달(2012)을 수상함. 1987년 스티븐 차일드리스와 함께 『지구물리유체역학에 관한 토픽: 대기역학, 다이나모 이론, 기후역학』을 저술함.

23) 독일 대기물리학자로서 1984년 『대기전자역학』을 저술함.

24) 스위스 태생 오스트리아 지구물리학자로서 오스트리아 빈 공과대학교(TU Wien) 교수를 역임함.

Chapter

12

대기와 해양의 상호 작용을 연구한 체코공화국 기상학자

에릭 크라우스

에릭 브래드쇼 크라우스(Eric Bradshaw Kraus, 1912~2003; 그림 12-1)는 1921년 3월 22일 현재 체코공화국의 주데텐 독일 구역(Sudeten German part)인 리베레츠(Liberec)에서 유복한 주데텐 독일 유대계(Sudeten German-Jewish) 가정에서 태어났다. 그의 초기 교육은 체코슬로바키아와 스위스에서 이루어졌고, 후에 오스트리아 비엔나의 대학에서 경영학을 전공했다. 크라우스는 많은 여가 시간을 하이 알프스(the High Alps)에서 스키 경주와 스키 여행을 즐기면서 보냈다. 또한 개인 비행사 자격증과 소링 자격증을 취득하였고, 많은 비행 경험을 습득하였다. 프랑스에서 1년간 도제를 보낸 후, 가내 직물 수공업 공장에 취직하여 유럽과 중동을 폭넓게 여행하였다. 고고학자인 얀 무질(Jan Musil)로부터 소개를 받아, 크라우스는 아라비아 사막에서 루알라 베도우인(Ruallah Bedouin) 부족과 함께 생활을 하기도 하였다. 또한 이스라엘 키부츠를 방문하였고, 이란 페르세폴리스(Persepolis)[1]에 대한 미국 일리노이 주 시카고 대학교(UChicago) 고고학 탐사의 객원으로 참가하였다(Lamb and Prospero, 2004).

그림 12-1 체코 기상학자인 에릭 크라우스는 여러 나라에서 활동하였다.[2)]

중동의 가혹한 물리환경을 경험함에 따라, 크라우스는 실업가로서의 직업을 포기하고 대기과학과 해양과학에 국제적인 명성을 얻은 길을 택하게 되었다. 24세 때, 고고학을 공부하기 위해서 체코슬로바키아 프라하의 찰스 대학교(Charles University)에 등록하였지만, 얀 무 질은 그에게 먼저 지구과학의 고체 부분에 대한 기초 지식을 습득하도록 조언하였다. 정렬적인 등산가와 조종사로서, 에릭은 항상 날씨에 관심을 가지게 되었기 때문에 그의 지도교수로 쯔데네크 세케라(Zdenek Sekera, 1905~1973)[3)]을 선택하여 기상학을 연구하기 시작하였다. 1938년, 세케

1) 이란 남서부에 있는 아케메네스 왕조의 페르시아 수도의 유적을 말한다.

2) 그림 출처: Lamb, Peter J. and Joseph M. Prospero, 2004 : Obituary. Eric Bradshaw Krauss(1912~2003). BAMS, 85(11), 1783~1787.

3) 체코슬로바키아-미국 기상학자. 대기 역학 분야를 연구함. 체코슬로바키아 브리노 마사리코바 대학교에서 1929년 물리학과 수학으로 석사학위(M.Sc.), 프라하 찰스대학교에서 1939년 기상학, 기후학, 해양역학으로 Ph.D.를 받음. 찰스대학교 전임교수; 캘리포니아 대학교(로스앤젤레스)(UCLA) 기상학과 부교수(1949~1955), 교수(1955~1967), 학과장(1962~1967), 지구물리행성물리학연구소(IGPP) 교수 역임함. 미국 기상학회(AMS)의 카를-구스타프 로스비 연구 메달(1966)을 수상함. 『레일리 산란을 하는 행성대기로부터 방출되는 복사』를 편찬함.

라는 노르웨이 베르겐의 야코브 비에르크네스의 대학원생으로 그를 추천하였다. 여기서 그는 1935년 첫 번째 국제지구물리년(the first International Geophysical Year) 동안 관측된 상층 대기 자료의 분석에 참여하였다. 크라우스는 그의 첫 번째 분석이 제트류에 대한 관측적인 사실이라는 것을 믿었다. 제트류는 대류권 상층과 성층권 하층 내의 대단히 강한 편서풍의 환류 지대이다.

에릭 크라우스의 대학원에서 연구는 제2차 세계대전의 발발로 중단되었다. 그럼에도 불구하고, 전쟁 기간은 그에게 기상교육과 개인적인 삶에 새로운 장을 열게 하였다. 그는 프랑스에 자원입대하였고, 1940년 3월 프랑스 공군 기상대에 배속 되었다. 프랑스 방어선이 붕괴됨에 따라서, 그의 주둔 부대를 포기하라는 명령을 받게 되었다. 그는 모로코와 지브롤터를 경유하여 잉글랜드로 탈출하였지만, 스파이로 몰려 잠시 구금을 당하기도 하였다. 잉글랜드에 있던 기상학 동료들이 그를 보증하였고, 아주 짧은 기간 동안 영국 왕립공군(RAF)의 조종 장교(소위)로서 근무하였다. 그는 비행을 더 선호하였지만 기상직무를 부여 받았다(Borntreger, 2004).

이 직책을 수행하면서 에릭 크라우스는 기상정찰비행의 개념 개발에 중요한 역할을 하였다. 그와 그의 동료인 리처드 버야드(Richard George **Veryard**, 1899~?)는 해양지역으로부터 유용한 자료가 더 많이 관측된다면 기상예보가 더 향상 될 것이라고 느꼈다. 이에 따라 그들은 영국 기상대(UKMO) 대장인 넬슨 존슨(Sir Nelson King **Johnson**)에게 편지를 보내 장거리 기상정찰비행을 요청하였다. 1940년 11월 그는 런던으로 소환되어 계획 완성에 대한 논의를 하였다. 이 프로그램은 매우 짧은 시간에 승인되었고, 1941년 1월 작전이 실행되었다. 편지에 대한 빠른 반응은 에릭이 전쟁 전에 프라하에서 베르겐으로 돌아다니는 동안에서 잉글랜드의 기상 여행 동안 존슨과 접촉한 바가 있었기 때문이었다. 그때 그는 윈스턴 처칠의 영향력 있는 과학참모인 프리데릭 린데만(Frederick Alexander **Lindemann**, FRS, 1886~1957)[4] 옥스퍼드 대학교 교수와 UKMO 부대장인 어니스트 골드(Ernest

Gold, 1881~1976)를 만났다.

이 프로그램의 처음 9개월 동안, 크라우스는 북해와 영국 제도에 접근하는 북서와 남서 해상을 비행하는 블렌하임 전폭기(Blenheim fighter-bomber) 편대를 조직하고 지휘하였다. 그는 항법사로서 71번의 작전을 수행하였다. 비행 조종사들은 독일 비행기와 치명적인 조우를 하였고 빈번하게 유보트(U-boat)를 목격하였다. 실제로 그들의 목격 기록들은 매우 인상적 이여서 정규 군사적인 유보트 순찰 형태가 그들의 비행 패턴에 변화를 주었다. 기상비행의 성공 때문에, 크라우스는 공군대위로 승진하였고 그런 다음 공군소령으로 빠르게 진급하였다. 에릭은 "Met Flight" 프로그램의 창설에 대한 그의 역할을 그의 인생에서 가장 보람 있는 일 중의 하나로 간주하였다. 전쟁 후반, 그는 또 다른 기상비행 작전을 창설을 위해서 아이슬란드로 배속되었다. 그는 일부 불시 폭격에 참여하였고 2번에 걸쳐 독일이 점령하고 있던 노르웨이 정찰에도 참여하였다.

크라우스의 다음 자리는 고고도 사진정찰부대(high-level Photographic Reconnaissance Unit; PRU)를 위한 기상대의 책임자였다. 이 장치는 블렌하임 전폭기(Blenheims), 변형 스피트파이어 전투기(Spitfires), 변형 모스키토 전폭기(Mosquito fighter-bombers)에 장착되어 독일 유보트 기지, 레이더 시설, 폭격 피해들을 포함한 적 영토를 사진 촬영하였다. 크라우스의 PRU의 역할은 6~8명의 전문 기상학자들과 여성 보조 공군 자료 기입자(Women's Auxiliary Air force data plotter)들을 행정적으로 감독하는 임무뿐만 아니라 작전 출격에서 항법사로서

4) 독일-영국(잉글랜드) 물리학자. 독일 베를린 대학교에서 1910년 물리학으로 Ph.D.(지도교수: 발터 네른스트)를 받음. 잉글랜드 판버러 영국 왕립비행단(RAE) 연구원(1914~ 1919), 잉글랜드 옥스퍼드 대학교 교수(1919~1940, 1945~1951), 영국 정부 자문관(1940~1945, 1951~1953) 역임함. 영국 왕립학회(Royal Society) 펠로로 선출되었고, 휴스 메달(1956)을 수상함. 1932년 『양자 이론의 물리적 중요성』을 저술함.

비행에 참여하였다. 이런 출격의 한 경우, 에릭의 모스키토 전폭기가 엔진 파손으로 이탈리아의 브린디시(Brindisi)에 불시착 하였다. 그와 조종사는 전쟁의 나머지를 감금당하여 보낼 것으로 예상하였다. 그러나 이 사건은 이탈리아가 항복한 후에 일어났다. 그래서 브린디시에서 포로가 되는 대신, 그들은 항복한 것으로 접수되었다(Lamb and Prospero, 2004).

유럽의 전투가 막바지에 치달림에 따라서, 크라우스는 중국 기상대로 전속되어 그곳에서 그는 기상 설비들을 조사하고 남중국해 상공의 기상정찰비행을 위한 모스키토 비행단 창설을 준비하였다. 미군 비행기로 중국 서부를 비행하던 도중, 그는 히로시마에 원자폭탄이 투하되었다는 사실을 알게 되었고, 이로 인하여 그의 임무는 일찍 끝을 맺게 되었다.

또한 전쟁은 에릭의 개인 생활에도 영향을 미쳤다. 1941년 런던에 체류하고 있던 동안, 에릭은 발레단에 들어오기 위해 잉글랜드로 건너온 오스트레일리아 소녀인 히더 존슨(Heather Bradshaw Johnson)을 만나 1942년 1월 5일 결혼하였다. 그러나 전쟁의 발발로 인하여, 그녀는 다우닝 가 10번지에 있는 윈스턴 처칠 총리의 행정 잠모의 한 사람이 되었다. 그들의 결혼 생활은 62년 간 지속되었다. 히더는 에릭의 차후 과학 경력에 일조를 하였다.

에릭 크라우스의 공식석인 과학 경력은 선생이 끝나고 쯔데네크 세케라가 그의 박사학위를 받기 위해 찰스 대학교로 돌아오도록 초청하면서부터 시작되었다. 전쟁 전에 노르웨이에서 쓴 논문이 6년간에 걸친 나치 점령 후인 1946년 처음으로 수여된 박사학위논문이 되었다.

전쟁 후, 에릭 크라우스는 체코슬로바키아 기상대(Czechoslovakian Meteorological Service)의 영입 제안을 거절하였다. 되돌아보면, 이 결정은 현명하였다. RAF에 복무한 많은 체코 시민권자들은 1948년 공산주의자들이 집권 한 후 어려운 삶을 살았고, 그 중 일부는 처형되기도 하였다. 그 대신 에릭은 오스트레일리아 연방과학기술

연구원(CSIRO)의 3년 계약을 받아들였다. 오스트레일리아로 이주하기 전에, 에릭은 오스트레일리아의 후원을 받아 노르웨이와 미국 내의 선도적인 기상연구기관을 방문하게 되었다. 미국에 머무는 동안, 뉴욕 주 스키넥터디에 소재한 제너럴 일렉트릭(GE)사에서 연구 활동하고 있던 어빙 랭뮤어(Irving **Langmuir**, ForMemRS, 1881~1957)[5]와 빈센트 섀퍼(Vincent Joseph **Schaefer**, 1906~1993)[6]를 방문하였다. 그 당시 그들은 드라이아이스 구름 씨뿌리기에 대한 초기 연구를 수행하고 있었다. 오스트레일리아 도착 후, 그는 즉시 강우를 증가시키는 구름 변형에 관한 야외 실험을 시작하였다. 패트릭 스콰이어스(Patrick **Squires**, 1914~1990)[7]와

---

5) 미국 물리학자, 화학자, 기상학자. 구름씨뿌리기의 선구자. 뉴욕 주 뉴욕시 컬럼비아 대학교 광업학교를 졸업함. 독일 괴팅겐 대학교(1887~1914)에서 화학으로 Ph.D.(지도교수: Walther Nernst)를 받음. 제너럴 일렉트릭(GE)에서(1909~1950) 활동함. 1932년 계면 화학으로, 노벨 화학상을 단독 수상함. 미국 화학회(ACS) 54대 회장(1929~1930) 역임함. 영국 왕립학회 외국인 회원(1935~1957)으로 선출되었고, 휴스 메달(1918)을 수상함. 미국 예술과학 아카데미(AAAS)의 럼퍼드 상(1920), 프랭클린 연구소의 프랭클린 상(1934), 영국 화학공업협회(SCI)의 퍼킨스 메달(1928), 미국 국립과학원(NAS)의 존 카티 과학진흥 상(1950)을 수상함.

6) 미국 화학자, 기상학자. 드라이아이스(dry ice)에 의한 인공증우 실험을 수행함. 오하이오 주 켄트 데이비수목외과대학을 1928년 졸업함. 뉴욕 주 스키넥터디 제너럴 일렉트릭 연구소(GE Research Laboratory) 연구원(1929~1954), 머니탈프(Munitalp) 연구소 소장(1954~1958), 코네티컷 주 루미스 스쿨 대기과학센터 센터 장(1959~1961), 뉴욕주립대학교(올버니)(SUNY-Albany) 대기과학연구센터(ASRC) 센터 장(1962~1968) 역임함. 1981년 『대기에 대한 야외조사 입문서』를 저술함.

7) 오스트레일리아-미국 기상학자. 구름 물리학의 선구자로 불림. 오스트레일리아 빅토리아 주 멜버른 대학교에서 기상학으로 1934년 학사학위(B.A.), 1936년 석사학위(M.A.), 1959년 박사학위(D.Sc.)를 받음. 오스트레일리아 연방 기상국(BoM) 연구관(1937~1946); 오스트레일리아 연방 과학·산업연구원(CSIRO) 전파물리학연구소 연구 물리학자(1946~1962);미국 콜로라도 주 볼더 국립 대기연구센터(NCAR) 연구 기상학자(1962~1966); 미국 네바다 대학교(르노)(UNR) 사막연구소(DRI) 연구 기상학자(1966~1977); NCAR 대류폭풍부 부

함께 수행한 공동 연구는 결빙점 아래의 구름(한랭구름)으로부터 강우 형성에 대한 스웨덴 기상학자인 토르 베르셰론의 이론에 정통한 에릭에 의해서 이루어졌고, 에릭은 이런 내용을 섀퍼와 랭뮤어와 논의 하였다. 소수 구름에 대한 초기 결과는 매우 성공적이었다. 이 성공은 1947년 『네이처(*Nature*)』에 게재(Kraus and Squires, 1947)되었고, 언론 매체를 통해 널리 퍼지게 되었다.

CSIRO 간부와 오스트레일리아 정치인들 사이에서 구름 씨뿌리기가 오스트레일리아의 거대한 건조 지역이 젖과 꿀이 흐르는 땅으로 바뀔 수 있다는 희망이 솟아올랐다. 그러나 곧 드라이아이스 씨뿌리기는 표적 구름으로부터 자연적인 강우가 일어나지 않게 되면 작동하지 않는다는 것이 명백해 졌다(Kraus, 1947). 1947년 『펭귄 과학 뉴스(Penguin Science News)』에 이러한 제한점에 대한 에릭의 대중 발표는 구름 씨뿌리기에 대한 예산 증대를 위해 노력하던 CSIRO 간부들에게 부정적인 효과를 초래하였다. 이런 상황은 CSIRO 행정관들과의 관계를 악화시켰다. 그 결과 크라우스의 CSIRO 3년 계약은 갱신되지 못하였다. 따라서 최초로 날씨 변형 실험에 참여한 과학자 중에서 에릭은 처음으로 과학적인 과정과 정치적인 의제 사이의 알력을 겪은 사람 중의 한사람이 되었다. 후에 다른 과학자들도 비슷한 파벌을 겪게 되었다. 직장을 잃은 크라우스 2년 동안 시드니 서쪽에 위치한 블루 마운틴의 경사지에서 농사와 과수원을 경작하면서 세월을 보냈다. 그는 또한 뉴사우스웨일스 주 시드니 대학교(University of Sydney)에서 시간강사로 강의하였고, 오스트레일리아와 북미 사이로 운항하는 최초의 상업 항공사인 영국 연방 퍼시픽 항공(BCPA)의 운용 연구관으로 잠깐 근무하였다. 이 항공사는 후에 콴타스 항공(Qantas Airway)에 합병되었다.

에릭 크라우스는 1952년 시드니 남쪽 480 km 떨어진 쿠마(Cooma)에 본사를

장(1977~1984) 및 연구 기상학자(1984~1986) 역임함.

두고 있던 스노이 산맥 수력발전 개발공사(Snowy Mountains Hydro-Electric Authority; SMA)의 공인 기상학자로 지명되면서 다시 과학 경력을 쌓게 되었다. 미국 테네시 계곡 개발 공사(Tennessee Valley Authority; TVA)와 같은 SMA는 오스트레일리아 남동부 지역의 댐과 발전소를 개발하고 시스템을 조절하는 곳이었다. SMA는 32 km 길이의 터널을 통하여 2개의 강을 합류시켜 오스트레일리아 대륙을 분할하여 동쪽 지역에는 농업용수 공급을 원활하게 하고 서쪽 지역에는 머리 계곡에 물을 가두었다. 크라우스는 지역 유량에 대한 통계를 개발하는 임무를 부여받게 되었다. 지역에 대한 짧은 기간의 기상과 수문 기록 때문에, 에릭은 새로운 분석 도구 개발이 필요하게 되었고 그들을 매우 폭넓게 응용할 필요성을 발견하였다. 이러한 연구로 인해 무역풍과 오스트레일리아 대륙의 아열대 동부 해안 사이에는 상당한 관련성을 가지고 강우지역의 경년변화가 나타난다는 것이 밝혀졌다. 결과적으로 에릭은 지구 기후 시스템의 진단적인 연구를 시작하는데 도움을 주었다. 이러한 결과들은 1954년부터 1960년까지 7편의 논문을 통하여 『퀴틀리 저널』(Kraus, 1954; Kraus, 1956a; Kraus, 1956b; Kraus, 1960)과 『네이처』(Kraus, 1958)에 발표되었다. 이들 논문들은 기후 분석에 관한 선구적인 논문으로 자리 매김하고 있다. 크라우스의 연구 이외에, 이들 저널에는 1950년대와 1960년대 동안 국제적이고 대륙 규모의 기후 변동성에 관한 논문은 거의 실리지 못하였다.

1955년 에릭 크라우스는 SMA를 떠나 1년간 무보수로 아프리카의 서해안으로부터 동쪽으로 남부와 중앙아시아까지 황폐화된 나라들이 당면하고 있던 사막 메뚜기 문제를 기상학적 면으로 취급하기 위한 국제연합 기술 원조 임무를 수행하였다. 케냐의 나이로비에 본부를 설치하고 크라우스는 파키스탄, 수잔, 에티오피아, 남부 아라비아에서 임무를 수행하였다. 그는 날씨 예보를 적어도 1개월 이상 확대시킨다면, 메뚜기 조절이 경비가 적게 들고 더욱더 효율적으로 이루기 질 것이라고 결론을 내렸다. 크라우스의 발견은 후원자들인 스위스 제네바의 세계기상기구(WMO)와 잉글랜드 사막 메뚜기 연구센터(Desert Locust Research Centre)에게는 인정을 받지 못하는 것이었다. 왜냐하면 1955년에는 어떠한 자료도, 필요한 예보 방법도 없었기 때문이었다.

1961년 49세 때, 에릭 크라우스는 미국 매사추세츠 주 우즈 홀 해양연구소(the Woods Hole Oceanographic Institution; WHOI)가 수여하는 첫 번째 로스비 펠로쉽(Rossby Fellowship)을 수상하였다. 이 상은 1959년『텔러스(Tellus)』저널에 발표한 열대 지방에서의 바람 역학과 강우량 변동성에 관한 논문에 기초를 두고 있었다. 다년간 수행된 로스비 펠로쉽이 끝났을 때, 에릭은 코네티컷 주 뉴헤이븐 예일 대학교(Yale University)에 방문 강사직을 제공하는 정식 WHOI 임명을 받게 되었다. 에릭은 1966년까지 WHOI에 머물러 있었다. 이 기간 동안 그는 대기-해양 상호작용의 물리학에 특별한 관심을 기울이게 시작하였다(Kraus, 1964; Kraus et al., 1966; Kraus and Morrison, 1966). 이들 중 주목할 만한 연구는 오스트레일리아 뉴사우스웨일스 주 시드니 대학교(University of Sydney) 시절 에릭의 학부 학생이었던 스튜어트 터너(John Stewart Turner, 1930~)[8]와의 공동으로 이루어졌다. 그들은 후에 많은 수치 해양 모의에 사용된 상부 해양의 모델을 만들었나(Kraus and Turner, 1967a; Kraus and Turner, 1967b). 또한 WHOI에 근무하고 있던 동안, 크라우스는 에드워드 로렌츠와 함께 대규모 계질 강제력(forcing)에 대한 수치 실험(Kraus and Lorenz, 1961)을 수행하였다. 이 연구의 일부는 두 사람이 새로 창설된 NCAR에서 최초의 영주권 방문과학자로서 근무 할 때인 1961

---

8) 오스트레일리아 지구물리학자. 뉴사우스웨일스 주 시드니 대학교에서 1952년 학사학위(B.Sc.)와 1953년 석사학위(M.Sc.), 잉글랜드 케임브리지 대학교에서 1957년 Ph.D.를 받음. 오스트레일리아 연방 과학 · 산업연구원(CSIRO) 전파물리학연구소(1953~1962), 오스트레일리아 수도 준주 캔버라 오스트레일리아 국립대학교(ANU) 지구과학연구학부 지구물리 유체역학 창립 교수(1975~1995) 및 명예교수(1996~) 역임함.

년 여름에 이루어졌다.

1966년, 에릭 크라우스는 플로리다 주 코럴게이블즈 마이애미 대학교(UM)로 자리를 옮겼다. 여기서 그는 1981년까지 머물렀는데 이 기간은 한 연구기관에 머물게 된 최장 기간이었다. UM에 도착한 2개월 지난 후, 그는 갓 설립된 기상학 연구소(Institute of Meteorology)의 소장으로 임명되었다. 그의 지휘 덕분에 연구소는 급속도로 성장하였고 1971년 새롭게 설립된 로젠스티엘 해양대기과학 대학원(RSMAS)의 부설 기관이 되었다. 마이애미 대학교의 기상학 발전은 코럴게이블즈 캠퍼스 내의 같은 건물에 자리 잡고 있던 NOAA 소속의 허리케인 예보 센터와 허리케인 연구소와의 배치에 의한 도움이었다. 또한 기상학 프로그램은 미국 본토에서 유일하게 마이애미가 열대 지역에 위치하고 있었고, 대기-해양 상호작용 연구에 최적지였기 때문에 유리하였다.

1972년, 에릭 크라우스는『대기-해양 상호작용』이라는 유명한 저서를 발간하였다(Kraus, 1972). 1973년에는 빙하시대와 현재 대기대순환 사이를 비교하는 논문(Kraus, 1973)을 발표하였다. 1976년 그는 이탈리아 우르비노(Urbino)에 소재한 NATO 고등연구소(ASI)의 소장으로 임명되었고, 여기에서 그는 하워드 핸슨(Howard Hanson, c. 1949~)[9)]과 함께 편집하여 유명한『상부 해양의 모델링과 예측』을 출판하였다(Kraus, 1980). 이들 저서 모두는 여러 나라 말로 번역되었다. 1970년대 대부분, 에릭과 히더는 미국 콜로라도 주 볼더에서 여름을 보냈다. 이곳에서 그는 NCAR와 NOAA의 방문 과학자로 근무하였다. 그들의 짧은 휴가는 바하

---

9) 미국 대기과학자. 대기-해양 상호작용; 경계층 기상학; 상부해양과정; 기후시스템 되먹임 과정을 연구함. 일리노이 대학교(어바나-샴페인)(UIUC) 공과대학 항공우주공학학과에서 1972년 학사학위(B.Sc.)와 플로리다 주 코럴게이블즈 마이애미 대학교(UM) 로젠스티엘 해양대기과학 대학원(RSMAS)에서 1979년 대기과학으로 Ph.D.를 받음. 플로리다 주 보카러톤 플로리다 애틀랜틱 대학교(FAU) 지오사이언스학과 교수 역임함.

마와 플로리다 키이스(Keys)에서 30 피트 돛을 단 범선 "볼티시티 호"에서 보냈다.

UM에서 에릭 크라우스의 마지막 업적은 1977년 마이애미 대학교-국립해양대기청 해양 및 과 대기연구 공동연구소(Miami-NOAA Cooperative Institute for Marine and Atmospheric Studies; CIMAS) 설립이었고, 거의 5년간 이 연구소를 지휘하였다. 그의 지도하의 CIMAS는 젊은 박사 후 과정 학생들과 빈번하게 방문하는 훌륭한 과학자들과의 교류의 장을 마련하였다. 1980년에 CIMAS가 주최한 "해양 내의 기후 변동성에 관한 콜로키움"에서는 최대의 방문자를 기록하였고, 여기 참석자들은 미국과 유럽을 선도하는 과학자였다. 콜로키움 발표 논문집은 짐 오브라이언(Jim O'Brien, 1939~1983)[10]이 편집한 『물리해양학 발전(*Progress in Physical Oceanography*)』의 특별 호에 실렸다(Kraus and Hanson, 1982). CIMAS를 이끄는 동안, 크라우스는 중기와 장기 대기-해양 상호작용에 대한 그 자신의 연구를 계속하였다. 이들 연구에는 지질학자인 세자레 에밀리아니(Cesare Emiliani, 1922~1995)[11]와 행성 과학자인 유진 슈메이커(Eugene Merle Shoemaker, 1927~1997)[12]와 함께 중생대 말엽에 발생한 집단 소멸의 원인에 관

10) 미국 방송 기상학자. "James Franklin Oldham"으로도 불림. 텍사스 주 웨이코 베일러 대학교(Baylor University)를 졸업함. 펜실베이니아 주 필라델피아 WPVI-TV Channel 6 기상 리포터로 활동함.

11) 이탈리아-미국 과학자, 지질학자, 미고생물학자. 고해양학의 창설자로 유명함. 이탈리아 볼로냐 대학교에서 지질학으로 학사학위와 1945년 지질학(미고생물학)으로 최초로 Ph.D., 미국 일리노이 주 시카고 대학교 지질학과에서 1950년 지질학(동위원소 고기후학)으로 Ph.D.를 받음. 피렌체 국립탄화수소협회 미고생물학자(1946~1948); 미국 일리노이 주 시카고 대학교 엔리코 페르미 핵 연구소 헤롤드 유리 지구화학 실험실 전임연구원(1950~1956); 플로리다 주 마이애미 대학교(UM) 지질학 교수 및 학과장 역임함. 1992년 『행성 지구: 우주론, 지질학, 생명과 환경의 진화』를 저술함.

12) 미국 지질학자, 행성과학자. 행성과학 분야를 창설한 사람 중의 한 사람. "슈메이커-레비 제9 혜성(Comet Shoemaker-Levy 9)"의 공동 발견자로 유명함. 캘리포니아 주 패서디나

한 연구(Emiliani *et al.*, 1981)도 포함된다. CIMAS에 대한 히더의 공헌은 수많은 유명과 무명 방문과학자의 사진을 유화로 그린 것이었다. 그 중 일부는 현재 CIMAS 콘퍼런스 룸의 벽을 장식하고 있다.

1981년 에릭 크라우스는 UM에서 은퇴한 후, 스키와 등산을 만끽하였다. 그는 콜로라도 주 볼더에 소재한 콜로라도 대학교(CUB)에 설치되어 있는 NOAA 환경과학 공동 연구소(CIRES)의 시니어 전임연구원 자리를 차지하였다. 여기서1990년까지 연구 논문들을 발표하였고, 1981년 프랑스 샤토 드 보나(Chateau de Bona)에 소재한 또 다른 고등연구소의 소장을 맡게 되었으며, 터키 메르진(Merzin)에 소재한 신설 터키 해양연구소(TOI)의 자문역으로 봉사하였다. 그는 또한 아라비아 해를 연구하는 인디아 고아 주에 소재한 인디아 국립 해양연구소(INOI)에서 시간을 보냈고, 오스트레일리아 빅토리아 주 멜버른 모나쉬 대학교(Monash University)와 벨기에의 리에주 대학교(University of Liege)에서 방문 교수로 활동 하였다. 이곳에서 그는 명예과학박사학위(D.Sc.)를 수여받았다. 히더는 이러한 여행에 크라우스와 동행하였다.

1987년 에릭 크라우스는 산에 대한 매력에 푹 빠져, 그들은 콜로라도 남서부에 있는 파고사 스프링스(Pagosa Springs) 근처 해발고도 2,400 m에 지은 집으로

캘리포니아 공과대학교(Caltech)에서 학사학위와 뉴저지 주 프린스턴 대학교에서 1960년 지질학으로 Ph.D.를 받음. 미국 지질조사국(USGS)에서 활동함. 프랭클린 연구소의 존 프라이스 웨더릴 메달(1965), 미국 지질학회(GSA) 초대 행성지질 분과 길버트 상(1983), 미국 천문학회(AAS)의 행성과학 분과 초대 허랄트 카위퍼르 상(1984), 리튼하우스 천문학회(Rittenhouse Astronomical Society)의 리튼하우스 메달(1988), 국가과학메달(1992), 미국 지구물리연합(AGU)의 행성과학 분과 휘플 상(1993)과 미국 지구물리연합(AGU)의 윌리엄 보위 메달(1996), 미국 국립과학원(NAS)의 제임스 크레이그 왓슨 메달(1998)을 수상함. 천문학자인 캐롤린 슈메이커(Carolyn Jean Spellmann Shoemaker, 1929~)의 남편임.

이사하였다. 이 새로운 집은 산 주앙 산맥(San Juan Mountains)의 장관을 접할 수 있었다. 여기서 그는 소형 컴퓨터와 해군연구소(ONR)로부터 받은 개인 연구비의 도움으로 과학 연구를 계속하였다. 그는 1994년 옥스퍼드 대학교 출판부가 발간한 『대기-해양 상호작용』의 2차 수정판을 주스트 뷔싱거(Joost Alois Businger, 1924~)[13]와 공동으로 저술하였다(Businger and Kraus, 1994).

에릭 크라우스는 정기적으로 CIMAS와 리에주 대학교를 방문하였고, 때로는 국제 컨설턴트로도 활약하였고, 국제회의에는 거의 히더를 동반하여 참석하였다. 전문적인 활동 사이사이에 그는 스키를 타고, 정원을 가꾸고, 풍경을 그리면서 보냈다. 그러나 거의 10년 후, 외로움과 파고사 스프링스의 적은 양의 산소 때문에 그들은 저지대로 내려오고 말았다. 1996년 중반을 시작으로 하여, 에릭과 히더는 남부 오리건 주 대학과 극장 도시인 애쉬랜드에서 말년을 보냈다. 여기서 크라우스는 8년간에 걸쳐 그의 마지막 과학 프로젝트를 위해 노력하였다. 이것은 '왜 우주, 생물, 사회 진화가 시스템을 형성하는 경향을 지니는가?'에 대한 연구서였다. "새 창: 혼돈 속에서 일시적인 질서"란 제목을 단 359 페이지에 달하는 원고는 에릭 크라우스의 사망 직전에야 완성되었다.

에릭 크라우스는 미국 과학진흥협회(AAAS) 펠로, 영국 왕립기상학회(RMetS) 펠로, 미국 기상학회(AMS) 펠로로 선출되었고, 미국 지구물리연합(AGU) 회원으

---

13) 네덜란드-미국 기상학자. 대기-해양 상호작용; 경계층 기상학; 대기난류를 연구함. 네덜란드 위트레흐트 주립대학교에서 1954년 물리학과 기상학으로 Ph.D.를 받음. 미국 워싱턴 주 시애틀 워싱턴 대학교(UW) 대기과학과 조교수(1958~1961), 부교수(1961~1964), 교수(1964~1989) 및 명예교수(1989~) 역임함. 미국 국립공학원(NAE) 정회원(2001~)으로 선출됨. 유럽지구물리학회(EGS)의 빌헬름 비에르크네스 메달(2003)을 수상함. 1980년 로버트 플리글(Robert Guthrie **Fleagle**, 1918~2013)과 함께 『대기물리학 개론(*An Introduction to Atmospheric Physics*)』를 저술함.

로 활동하였다.[14] 또한 에릭 크라우스는 많은 젊은 과학자에게 멘토로서 중요한 역할을 하였다. 특히 에릭은 뉴질랜드 출신으로 오스트레일리아 사우스오스트레일리아 주 애들레이드 대학교(University of Adelaide)에서 활동하고 있던 피터 램(Peter James Lamb, 1947~2014)[15]을 초청하여, CIMAS에서 첫 박사 후 과정 학생(1978~1979)으로 만들어 미국 과학 사회에 영원한 터전을 마련해 주었다.

기상학과 해양학 분야에서 일생동안 전념한 과학자인 에릭 크라우스는 2003년 12월 13일 오리건 주 애쉬랜드 자택에서 타계하였다. 1950년대 초반 과학연구에 전념하기 전, 그는 실업가, 스키 선수, 군인, 농부로 활동하였다. 그는 1946년부터 1961년까지 오스트레일리아 CSIRO에서, 1955년 국제연합 기술 지원 사절로 케냐에서, 1961년부터는 미국 우즈 홀 해양 연구소, 마이애미 대학교, 콜로라도 대학교에서 활동하였다. 그러나 그의 중요성은 과학의 외관에 대한 경험이 풍부하였다는 것에서 찾을 수 있다(Lamb and Prospero, 2004).

---

14) http://prabook.com/web/person-view.html?profileId=1693611

15) 뉴질랜드-미국 기상학자. 지역기후를 연구함. 뉴질랜드 캔터베리 대학교에서 지리학으로 1969년 학사학위(B.A.)와 1971년 석사학위(M.A.)를 받음. 위스콘신 대학교(매디슨)(UW-Madison)에서 1976년 기상학으로 Ph.D.(지도교수: 스테판 하스텐라스)를 받고, 캔터베리 대학교에서 2002년 D.Sc.를 받음. 오스트레일리아 사우스오스트레일리아 주 애들레이드 대학교(1976~1978), 미국 플로리다 주 마이애미 대학교(UM)-NOAA 해양 및 대기과제공동연구소(CIMAS) 박사 후 과정 연구원(1978~1979), 일리노이 대학교(UI) 일리노이 주 물 조사국(IWSW) 전임 과학자(1979~1981)와 수석 과학자(1982~ 1991), 오클라호마 주 노먼 오클라호마 대학교(OU) NOAA-OU 중규모기상과제공동연구소(CIMMS) 소장 겸 기상학부 교수(1991~2006) 역임함. 미국 기상학회(AMS) 펠로(1988~2014)로 선출됨. AMS의 『*Journal of Climate*』 수석 편집인(1989~1995)으로 활동함.

Chapter

13

미기상학을 연구한 잉글랜드 기상학자

프랭크 파스퀼

잉글랜드 기상학자인 프랭크 파스퀼(Frank Pasquill, FRS, 1914~1994; 그림 13-1)은 1914년 9월 8일 잉글랜드 더럼 주[1]) 트림던 카운티에서 광부인 아버지 조지프 파스퀼과 어머니 엘리자베스 파스퀼의 외동아들로 태어났다. 프랭크는 집안에서 중등학교에 진학한 최초의 사람이었다. 더럼 주 하틀풀에 소재한 헨리 스미스 중등학교(Henry Smith Secondary School)는 적어도 3명의 기상학자를 배출하였다. 그들은 프랭크 파스퀼, 윌리엄 스윈뱅크(William Christopher Swinbank, 1913~1973)[2]), 어니스트 챔버스(Ernest Chambers)였다. 프랭크가 3학년일 때 그

---

1) 영국 북동부의 주와 그 주도.

2) 영국(잉글랜드)-오스트레일리아 기상학자, 물리학자. 지면 부근의 대기의 메커니즘을 연구함. 더럼 대학교 해트필드 칼리지에서 1934년 물리학과 수학으로 학사학위를 받음. 서식스 주 루이스 윈더미어 그래마 스쿨 물리학 교사; 미들섹스 헤이즈 전기기계산업 연구물리학자; 영국 기상대(UKMO) 기술공무원; 오스트레일리아 빅토리아 주 멜버른 오스트레일리아 연방 과학·산업연구원(CSIRO) 기상물리학 연구소(DMP) 연구과학자와 수석연구과학자(1961~1971); 미국 콜로라도 주 볼더 국립대기연구센터(NCAR) 국립우박연구실험(NHRE) 소장 역임함. 오스

그림 13-1 잉글랜드 기상학자인 프랭크 파스퀼은 62대 (1970~1972) 영국 왕립기상학회(RMetS)의 회장을 역임하였다.[3)]

는 예술과 과학 중 하나를 결정해야 했지만, 1932년 그는 더럼 대학교(University of Durham) 입학시험에 응시하여 물리학으로 공개 장학금을 수여받았다. 그는 1935년 물리학에서 1등의 영예로 졸업하였고, 2년 동안 더럼 대학교에서 보장하는 펌버턴 연구 장학금(Pemberton Research Fellowship)을 수여받았다(Smith, 2000).

어린 시절 친구이며 교사 집안 출신의 마거릿 턴벌(Margaret Turnbull)과 1937년 결혼하였다. 마거릿은 후에 식물과 동물을 포함시키는 그녀의 아름다운 작품으로 대서양 양쪽 편의 도자기 집단에서 대단히 유명해지게 되었다.

프랭크는 더럼 대학교에서 존 찰머스(John Alan Chalmers, 1904~1967)[4)] 교

트레일리아 학술원 정회원(1970~1973)으로 선출됨.

3) 출처: http://www.rmets.org/about/history/presidents.php

4) 영국(잉글랜드) 대기물리학자. 대기전기학을 연구함. 케임브리지 대학교 퀸스 칼리지에서 물리학으로 학사학위와 케임브리지 대학교 캐번디시 연구소에서 1930년 물리학으로 Ph.D.(지도교수: Ernest Rutherford)를 받음. 더럼 대학교 물리학과 전임강사(1928~1937), 시니어 전임강사(1937~1947), 리더(1947~1965), 교수(1965~1967) 역임함. 1949년 『대기전기학』을 출판함.

수와 함께 빗방울과 눈송이의 대전에 대해서 연구하였다. 그러나 그는 영국 기상대(UKMO)로부터 자리를 얻게 되어 그의 박사학위 논문을 완성하기 전에 더럼 대학교를 떠나게 되었다. 그는 적어도 잠시 동안이라도 그 전의 연구 과제를 떠나 종관 일기도를 작성하고 설명하는 것을 배울 수 있을 것이라 믿었다. 그러나 운명은 매우 급격한 변화를 명하였다. '일기도 작성 반(plotting class)'에 있는 동안 강사였던 UKMO의 크로슬리(A. F. Crossley)가 그에게 세일즈버리 근처의 포턴 다운(Porton Down)에 소재한 화학방어연구소(CDEE)에 자리가 마련된 것을 알려주었다. 여기서 미기상학과 오염물질 분산의 분야에서 유명한 사람들인 그레이엄 서턴(Sir Oliver Graham Sutton, FRS, 1903~1977)[5], 퍼시벌 셰퍼드(Percival Albert Sheppard, 1907~1977)[6], 케니스 콜더(Kenneth L. Calder, 1915~1980)[7]의 영향을 받게 되었다.

---

5) 영국(웨일스) 수학자, 기상학자. 웨일스 폰티완 그래머 스쿨에서 교육을 받았고, 에버리스트위스 웨일스 대학교 유니버시티 칼리지 졸업하였고, 옥스퍼드 대학교 지저스 칼리지에서 Ph.D.를 받음. 왕립군사과학대학(RMCS) 수학교수; 에버리스트위스 웨일스 대학교 유니버시티 칼리지 부총장 역임함. 영국 왕립학회 펠로(1947~1977)로 선출됨. 영국 기상학회(RMetS) 53대(1953~1955) 회장 역임함. 영국 기상대(UKMO) 대장(1953~1965) 역임함. 세계기상기구(WMO)의 13번째 IMO Prize(1968)를 수상함. 국가측지학 · 지구물리학 위원회 위원장(1960~1966) 역임함.

6) 영국(잉글랜드) 기상학자. 대기전기학과 경계층 내의 대기운동을 연구함. 브리스틀 대학교에서 1927년 학사학위(B.Sc.)를 받음. 영국 기상대(UKMO) 큐 관측소(Kew Observatory) 기상학자(1929~1939); 임페리얼 칼리지 런던(ICL) 기상학 리더(1939~1952), 교수(1952~1974) 명예교수(1975~1977) 역임함. 영국 왕립기상학회(RMetS) 펠로(1939~1977)와 영국 왕립학회 펠로(1964~1977)로 선출됨. RMetS 55대(1957~1959) 회장을 역임함.

7) 영국(잉글랜드)－미국 기상학자. 대기난류와 확산 분야를 연구함. 잉글랜드 런던 대학교를 졸업함. 영국 기상대(UKMO); 미국 국립해양대기청(NOAA) 대기연구소(ARL); 미국 환경청(USEPA)에서 활동함. 북대서양조약기구(NATO) CCMS 설립자 중의 한 사람.

전쟁의 위협이 증가됨에 따라, 기상 분대의 임무는 겨자 가스와 같은 전투 약품의 확산, 침적, 증발을 연구하고 공중에 떠 있는 연기를 제거하는 스크린을 시험하는 것이었다. 파스퀼은 지상에서 액체의 증발과 풍하 측 농도를 연구하여 그 결과들을 "서턴-콜더 공식(Sutton-Calder formula)"과 비교하였다. 그는 두 가지 주요한 수정이 필요하다는 것을 발견하였다. 첫째는 액체 표면에서 포화 수증기압과 풍상 측 수증기압 사이의 차이와 증발 율을 관계시키는 것이었다. 둘째는 공기의 운동학적 점성보다는 맴돌이 확산도의 항으로 분산을 관계시키는 것이었다.

1943년 파스퀼은 오스트레일리아로 전속되어 뉴욕과 파나마 운하를 경유하는 화물선을 타고 그곳까지 갔다. 대서양을 횡단할 때는 어뢰를 요리조리 피하면서 항해하였다. 그는 덥고 습윤한 조건에서 화학 약품의 증발과 분산을 시험하기 위해서 북퀸즐랜드로 갔고 그곳의 조건은 동남아시아의 열대 지역과 비슷하였다. 이것은 삼림 캐노피 내와 아래 대단히 바람이 약한 조건에서 분산을 제외하고는 기본 연구의 방법은 적게 포함되었다. 그는 1946년 영국으로 귀국하였다.

파스퀼은 농업 학부와 연결된 케임브리지 대학교(University of Cambridge)의 새로운 연구 그룹에 자리를 얻어 그는 관측된 바람, 온도, 습도의 연직 분포의 항으로 표현되는 농작물로부터 나타나는 증발 율에 관해서 연구하였다. 이 연구는 연직 분포와 증발 율을 측정하기 위해서 충분한 정확성을 가진 측기 개발을 수반하였다. 『*Proceeding of the Royal Society*』에 출판된 논문에서 그는 수증기에 대한 맴돌이 확산도는 운동량에 대한 맴돌이 확산도와 거의 근접한다는 것을 밝혔고, 또한 무 차원 형태로 나타나는 증발 율이 "리처드슨 수(Richardson number)"의 항으로 표현될 수 있다는 것을 밝혔다. 이 연구는 그로 하여금 여섯 개의 균등하지 않은 높이에서 습구와 건구 온도의 눈금을 원격으로 읽을 수 있도록 하는 열전대 건습계를 고안하고 만들도록 하였다. 풍속은 작은 컵 풍속계를 사용하여 측정되었고 이와 동시에 입사 복사와 반사 복사를 측정하였고 토양 아래 40 cm 미만의 온도 분포도 측정되었다. 그의 성공은 아주 조심스럽게 만들고 보정한 것에 기인한다. 이 조심스러운 연구법이 그의 모든 미래 실험 연구에 전형이 되었다.

연이은 연구에서 그는 19개의 근 중립 안정도 조건에서 간단한 토양 증발계로 직접 관측한 자료를 가지고 "연직 분포도 방법(profile method)"을 이용하여 증발 율을 비교하였다. 19개의 조건 중 13개에서 일치하는 것이 20% 이내였고 17개에서는 30% 이내였다. 1950년 케임브리지에서의 이 연구와 CDEE에서의 전쟁 전 연구들은 그의 예전 더럼 대학교에 박사학위 제출논문의 기초를 형성하였고, 이로 인하여 그는 과학박사학위(DSc)를 수여받았다. 그 후 얼마 되지 않아 UKMO가 수여하는 그로브즈 기념상을 받았다.

앞선 해인 1949년, 파스퀼은 그리니치에 소재한 연료 연구 시험장(Fuel Research Station)에서 대기 오염 연구를 책임지고 있던 앨프레드 미섬(Alfred Roger Meetham, 1910~?)[8)]이 사람을 구한다는 광고를 보고 응시하여 합격했지만, UKMO 대장인 넬슨 존슨(Sir Nelson King Johnson, 1892~1954)[9)]이 그에게 하웰(Harwell)에 소재한 원자력 연구 기구(Atomic Research Establishment; ARE)에 난류 분산에 대한 연구를 하는 새로운 자리가 만들어질 것이라고 일러주있다. 그는 존슨 경의 선택을 따라 하웰의 ARE를 선택하여 그곳에서 노먼 스튜어트(Norman George Stewart, 1913~1997) 아래에서 원자력 발진소로부터 하층 방사능 배출물의 분산과 원자탄 시험장소로부터 전 세계로 날아가는 방사능 부스러기

---

8) 1964년 『대기오염: 기원과 방지』를 출판함.

9) 영국(잉글랜드) 기상학자. 미기상학의 선구자로 불리고, 바람에 의한 기체의 확산을 연구함. 사이먼 랭턴 그래머 스쿨에서 교육을 받았고, 사우스 켄싱턴 왕립과학대학(RCS)에서 1913년 학사학위(B.Sc.)을 받음. 영국 육군항공대(Royal Flying Corps) 조종사(1915~1919); 윌트셔 주 포튼 영국 기상대(UKMO) 화학전쟁실험과 기상학자(1919~1938)와 UKMO 대장(1938~1953) 역임함. 국제기상기구(IMO) 마지막 7대(1946~1951) 총재 역임함.

의 장거리 수송을 연구하였다. 이곳에서 UKMO 본부에 있으면서 연구를 시작한 찰스 덜스트(Charles Summer **Durst**, 1888~1961)[10)]와 협력하여 연구하였다.

이 연구는 ARE의 책임자인 존 콕크로프트(Sir John Douglas **Cockcroft**, FRS, 1897~1967)[11)]이 강력하게 추천하여, 1954년 프랭크를 CDEE의 기상 분과의 책임자로 복귀시킬 만한 가치가 있었다.

이 후 7년 동안, 파스퀼은 대기 경계층 내의 난류 구조와 100 m에서 100 km까지의 범위 상에서 오염물질들의 수평과 연직 분산에 대한 난류의 역할을 밝히기 위해 일련의 야외 실험을 시행하였다. 전 해에 오스트레일리아의 조지 배철러(George Keith **Batchelor**, 1920~2000)[12)]의 유명한 책 『등질 난류의 이론』의 발간과 미국에서 존 와일더 투키이(John Wilder **Tukey**, 1915~2000)[13)]에 의해서 난류 운동

---

10) 영국(잉글랜드) 기상학자. 공간과 시간에 따른 바람의 변동을 연구함. 영국 기상대(UKMO)(1919~1961) 기상학자 및 부대장 역임함. 1949년 『비행장 기상학』을 저술함.

11) 영국(잉글랜드) 물리학자. 맨체스터 빅토리아 대학교, 맨체스터 공대, 잉글랜드 케임브리지 대학교 세인트존스 칼리지에서 1924년 수학으로 Ph.D.를 받음. 원자력 에너지 연구기구(AERE)에서 연구 활동함. 고전압 가속 장치를 만들어서 원자핵의 인공 변환을 실현하여, 1951년 노벨 물리학상을 아일랜드 물리학자인 어니스트 월턴과 공동 수상함. 오스트레일리아 수도 준주 캔버라 오스트레일리아 국립 대학교(ANU) 총장(1961~1965) 역임함. 1959년 케임브리지 대학교 처칠 칼리지 초대 마스터로 임명됨. 영국 왕립학회 펠로(1936~1967)로 선출되었고, 휴스 메달(1938)과 로열 메달(1954)을 수상함.

12) 오스트레일리아-영국(잉글랜드) 응용수학자, 유체역학자. 난류와 미시 유체역학 분야를 연구함. 오스트레일리아 빅토리아 주 멜버른 대학교에서 1940년 학사학위와 1941년 석사학위, 잉글랜드 케임브리지 대학교에서 1947년 응용수학으로 Ph.D.(지도교수: 제프리 테일러)를 받음. 케임브리지 대학교 응용수학과 교수와 케임브리지 대학교에 응용수학 및 이론물리학과(DAMTP)(1964~2000)를 창설하고 초대 학과장 및 교수 역임함. 영국 왕립학회 펠로(1957~2000)로 선출되었고, 로열 메달(1988)을 수상함. 애덤스 상(1950)과 미국 기계공학회(ASME)의 티모셴코 메달(1988)을 수상함. 1967년 『유체동역학 개론』을 출판함.

13) 미국 통계학자, 수학자. 고속 푸리에 변환(FFT) 알고리즘과 박스 플롯을 연구함. 로드아일

의 에너지 스펙트럼을 유도하는 데 필요한 더 개선되고 더 빠르게 유도하는 방법이 도출됨에 따라, CDEE에서의 연구도 1921년 제프리 인그램 테일러(Sir Geoffrey Ingram Taylor, FRS, 1886~1975)[14]의 선도적인 연구(Taylor, 1921)에 기초를 둔 통계적인 항으로 분산을 표현하는 것으로 점차 기울어지게 되었다. 이것은 CDEE에서 존스(J. I. P. Jones)에 의해서 가볍고 민감한 풍속계와 풍향계를 개발하는 데 도움을 주었다.

파스퀼은 공기역학 연구 이사회(Aeronautical Research Council) 산하의 돌풍 연구위원회(Gust Research Committee)에 근무하도록 선발되었다. 이곳에서는 항공기에 영향을 미치는 난류의 특성에 대해서 집중적으로 관심을 가지게 되었는데, 이것은 CDEE에서 분산의 통계적인 설명을 개발하도록 하는 데 큰 도움을 주었다.

하나의 점 오염원으로부터 방출된 연기가 실질적으로 직선으로 어느 정도 거리를 이동한다는 사실이 알려진 실험에 따라, 파스퀼과 헤이(J. S. Hay)는 400 m 풍하

랜드 주 프로비던스 브라운 대학교에서 화학으로 1936년 학사학위(B.A.)와 1937년 석사학위(M.Sc.), 프린스턴 대학교에서 1939년 수학으로 Ph.D.(지도교수: 솔로몬 레프쉐츠)를 받음. 프린스턴 대학교 교수 겸 AT&T 벨 연구소 연구원 역임함. 영국 왕립학회 외국인 펠로(1991~2000)로 선출됨. 미국 수리통계학회(IMS) 24대(1960) 회장을 역임함. 국가과학메달(1973)을 수상함. 1940년 『지형이 수렴과 균일성』과 1977년 『탐색적 자료 분석』을 저술함.

14) 영국(잉글랜드) 수학자, 물리학자, 기상학자, 천문학자. 유체동역학(fluid dynamics)과 파동이론(wave theory)의 권위자. 20세기 최고의 물리 과학자 중의 한 사람. 목성의 대적반점(Great Red Spot)을 연구함. 케임브리지 대학교 트리니티 칼리지에서 수학으로 학사학위와 석사학위(지도교수: 조지프 톰슨)를 받음. 케임브리지 대학교 응용수학과 교수 역임함. 영국 왕립학회(Royal Society) 펠로(1919~1975)로 선출됨. 영국 왕립학회의 로열 메달(1933)과 코플리 메달(1944), 런던수학회(LMS)의 드모르간 메달(1956), 프랭클린 연구소의 프랭클린 메달(1962), 미국 산업 · 응용수학회(SIAM)의 초대 시어도어 폰 카르만 상(1972)을 수상함.

측으로 날린 석송 포자(lycopodium spore)의 연직 퍼짐을 연구하여 퍼짐이 오염원에서의 난류 속도에 의한 퍼짐과 이동 시간의 곱에 거의 일치한다는 것을 보였다(Hay and Pasquill, 1959). 통계 이론에 따르면, 이러한 선형 관계식은 난류의 규모와 비교하여 오직 작은 거리에서만 이룰 수 있다는 것을 제안하였다. 그러므로 파스퀼은 더 먼 거리에서 수평적인 퍼짐으로 방향을 바꾸었고, 이것에 미국의 프랭클린 기퍼드 주니어(Franklin A. Gifford Jr., 1922~2007)[15]가 앞서 발견한 가정을 부여하여 라그랑주 스펙트럼이 고정된 측정으로부터 추론할 수 있는 오일러 스펙트럼과 진동수가 약간 더 낮은 쪽으로 치우쳐 있지만 모양은 동일하다는 것을 알게 되었다. 이러한 야외 연구에서 처음에는 포자들을 계류기구 선에 매달아 150 m 높이에서 방출시켜 30분 동안 여러 풍하 측 거리에서 계류기구 선에 달린 작은 끈적끈적한 유리 실린더에 포집되도록 하였다. 포집된 포자들은 현미경으로 계수되었다.

1958년 UKMO는 전해에 강풍(Windscale) 사건이 발생함에 따라서, 원자력 에너지청(Atomic Energy Autority)에 의해서 쉽게 얻어진 기상 자료를 이용하여 분산을 추정하는 가장 최선의 방법을 찾는 일에 착수하였으며, 그 임무가 파스퀼에게 부여되었다. 다행스럽게도 1956년 7월부터 8월까지 "대평원 야외실험(Prairie Grass Experiment)"이라 불리는 대형 야외 실험이 고도는 높지만 지형이 균일한

---

15) 미국 기상학자. 난류와 확산을 연구함. "파스퀼-기퍼드 시그마 곡선(Pasquill-Gifford Sigma Curves)"으로 유명함. 미 육군항공대(U.S. Army Corps) 기상장교로 복무함. 뉴욕주 뉴욕시티 뉴욕 대학교(NYU)에서 1947년 기상학으로 학사학위(B.Sc.)와 펜실베이니아주 유니버시티 파크 펜실베이니아 주립대학교(Penn State)에서 기상학으로 1954년 석사학위(M.Sc.)와 1955년 Ph.D.(지도교수: 한스 파노프스키)를 받음. 노스웨스트 항공사 동부지사 수석기상학자(1945~1950); 미국 기상국(USWB) 예보관(1950~1955); 테네시주 오크리지 국립해양대기청(NOAA) 대기난류 및 확산 연구소(ATDL)(1955~ 1980) 소장; 뉴멕시코 주 로스알라모스국립연구소(LANL) 연구원 역임함. 미국기상학회(AMS) 펠로로 선출됨.

네브래스카 주에서 수행되고 있었다.[16] 이 실험은 CDEE에서의 연구에도 상당한 영향을 미쳤고 특히 경계층의 열적 성층의 효과에 대한 영역을 확장하였다. 분산 추정에 대한 방법을 개발하는 데 있어서, 파스퀼은 석송 포자 실험에서 발견된 간단한 규모 관계식을 이용하여 어느 곳이든 난류의 측정을 사용하기 위해서 특히 수평 퍼짐에 대해서 집중적으로 연구하였다. 만약 그러한 측정이 유용하지 않다고 하더라도, 그는 CDEE 자료를 이용하여 연직 퍼짐을 추정하였다. CDEE 자료는 중립 조건에서는 콜더의 이론적인 추정 값을 결합하였고, 열적 성층의 영향에 대한 발견을 한 대평원 실험에 의한 자료에 근거하여 수정되었다. 그런 다음 파스퀼은 10 m 높이에서의 지상 풍속 5등급, 주간 일사량 3등급, 야간 구름양에 기초한 2등급에 기초하여 6가지의 안정도 등급(표 13-1)을 정의하였다(Pasquill, 1961). 비록 이 분류 방법이 경험적이고 임시적인 특징에 기인한 약점을 지니고 있었지만, 이 분류 방법은 상

표 13-1 파스퀼 안정도 등급(Pasquill, 1961).

풍속 (m/sec)	주간 일사			야간 상태	
	강함	중간	약함	얇은 온흐름 또는 하층운 ≥4 /8	≤ 3/8 운량
<2	A	A−B	B		
2~2.9	A−B	B	C	E	F
3~4.9	B	B−C	C	D	E
5~6.0	C	C−D	D	D	D
>6.0	C	D	D	D	D

A=극도로 불안정　　D=중립
B=강한 불안정　　E=약한 안정
C=약한 불안정　　F=강한 안정

16) http://atmosphericdispersion.wikia.com/wiki/Prairie_Grass

당한 인기를 얻어 사용됨으로서 "파스퀼 방법(Pasquill Scheme)"으로 알려지게 되었다. 이것에서 분산 율은 풍속과 열적 안정도를 결합한 6개의 "파스퀼 범주(Pasquill Catagory)"로 정의되었다(윤일희, 1998).

또한 파스퀼은 지상에서 요오드화은을 발생시키는 장치를 설치하여 요오드화은을 배출시켜 강우를 변질시키는 구름 씨뿌리기의 실행 여부 조사에 참여하게 되었다. 이 실험은 CDEE 물리과와 공동으로 수행되었다. 5대의 발생 장치를 설치하여 세일즈베리 평원을 40 km 가로지르도록 배치하였다. 남서쪽으로부터 온난전선이 접근하는 조건에서 요오드화은 알갱이를 배출시켜 동부 잉글랜드의 풍하 측 강우 패턴을 측정하여 배출하지 않은 경우와 비교하였다. 비록 통계적으로 유의성이 낮았지만 모든 사람들이 놀랄 만큼 그 차이는 강우량이 줄어들었다는 방향으로 나타났다. 유일한 적절한 결론은 요오드화은이 전선면에서 생긴 열적 역전층에 의해서 비를 품고 있는 구름의 유입을 크게 막았다는 것이었다. 다른 흥미로운 결과는 동풍 계열의 흐름 내에서 공기 속의 요오드화은의 농도는 저지대보다 월시 언덕 위에서 더 크게 나타난 것이었다. 그리고 긴 거리상에서 옆면 퍼짐은 연직 바람 시어에 의해서 강하게 영향을 받고 있었다.

1961년 파스퀼은 브랙크넬(Bracknell)에 새로 신축된 UKMO 본부에 소재한 제이콥스(L. Jacobs) 휘하의 미기상국(Micrometeorological Branch)에 합류하였다. 비록 다른 부서와는 다르게 임무가 자유로워 그로 하여금 카딩턴에서 가져온 UKMO 실험 설비들을 사용할 가능성으로 전환시켰지만, CDEE에서의 실험 설비들보다는 어느 정도 부족하였기 때문에 훨씬 실망스러웠다. 이것이 존스가 개발한 민감한 측기들을 설치할 단으로서 카딩턴에서 유용하게 사용되던 계류기구의 케이블을 사용하여 가능하게 했던 것보다 훨씬 깊은 곳을 통하여 난류 특성의 특징에 분과의 우선순위에 초점을 맞추는데 도움을 주었다.

미국 기상국(USWB) 소속의 제임스 언젤(James K. Angell, 1923~)[17]이

1962부터 1963년까지 UKMO로 파견된 것은 행운이었다. 언젤은 그의 경험을 사면체 기구(tetroon)를 날리고 추적하는 데 사용하였고 계류기구 선에 만들어 부착한 오일러 난류 측정과 이들을 비교하였다. 이 연구는 파스퀼에게 라그랑주-오일러 규모 관계에 대한 그의 아이디어뿐만 아니라 대기 난류의 전체 스펙트럼과 여러 다양한 규모로 일어나는 확산에 대한 그들의 관계, 그리고 확산 방정식에 사용되는 맴돌이 확산도의 추정을 관조할 수 있도록 도움을 주었다.

이 기간 동안 파스퀼은 『*Quarterly Journal of the Royal Meteorological Society*』의 편집인으로 지명되었고, 이 자리는 1961년부터 1964년까지 유지하였으며,또한 평의원회의 위원으로도 봉사하였다. 동일한 시기 그는 중앙 전기 연구소 위원회(Central Electricity Research Laboratory Committee)와 공기역학 연구 이사회의 돌풍 연구 위원회(Gust Research Committee of the Aeronautical Research Council)의 위원장이었다. 이러한 3가지 직책은 생각보다 매우 많은 양의 일을 가지고 있었다. 이러한 압박에도 불구하고 파스퀼은 시간을 할애하여 『대기확산』이란 제목의 책(Pasquill, 1962)을 집필하였다. 파스퀼은 이 책을 1962년에 초판을 발행하였고, 1974년에 개정판을 그리고 1983년에 재개정판을 내놓았다. 이 책은 이 분야에 종사하는 사람들에게 인기가 좋았고 가치 있는 문헌으로 여러 나라에 번역되었다.[18]

1965년 짧은 기간 안식년을 얻어 미국 펜실베이니아 주 유니버시티 파크 펜실베이니아 주립대학교(Penn State)에 갈 기회가 주어져 기상학과의 한스 파노프스키(Hans Arnold Panofsky, 1917~1988)[19] 교수와 함께 연구하였다. 이것이 그들

---

17) 미국 지구물리학자. 1964년 "준이년주기의 진동(quasi-biennial oscillation; QBO)"란 용어를 창안함. 국립해양대기청(NOAA) 대기자원궤적연구소(ARTL) 연구 기상학자 역임함.

18) https://en.wikipedia.org/wiki/Frank_Pasquill

19) 독일-미국 기상학자로서 1917년 9월 10일 독일 카젤에서 출생하였고, 1988년 2월 28일

사이에 오랜 기간 지속된 우정의 시작이었다. 미기상학 강의에 매우 우수한 학생들이 몰려드는 경우에는 그는 여러 해 동안 펜실베이니아 대학교에 체재하였다. 이들 학생 중에는 후에 이 분야에 우수한 과학자가 되었는데 그 당시 파스퀼의 강의를 즐겁게 경청한 기억을 갖고 있었다.

1966년 파스퀼은 아주 특별하게 부대장 과학 공무원(Deputy Chief Scientific Officer)으로 승진하였다. 몇 년 후인 1970년 그는 경계층연구지국(Boundary Layer Research Branch)의 책임자가 되었고, 이와 별도로 영국 왕립기상학회(RMetS) 62대(1970~1972) 회장이 되었다. 그는 학회 사무실을 사우스켄싱턴의 크롬웰 로드(Cromwell Road)에서 브랙크넬에 새로운 목적으로 신축된 사무실로 이사하는 데 중요한 역할을 하였다. 그러나 이 이전은 여러 사정으로 문제없이 이루어지지 않았고, 이 기간 동안 학회는 임시로 브랙크넬스 하이 스트리트(Bracknell's High Street)의 아래에 있던 옛날 바클레이스 뱅크(Barclay's Bank) 빌딩으로 옮겼다. 마지막 이사는 파스퀼의 회장 임기가 끝난 후에 이루어졌다.

프랭크 파스퀼은 1974년 37년 동안 봉직한 UKMO를 은퇴하였지만, 여러 해 동

미국 캘리포니아 주 샌디에이고에서 사망함. 고층기상학, 대기오염, 대기역학, 대기경계층, 확산, 행성대기, 상사이론, 난류와 난류 스펙트럼을 연구함. 미국 뉴저지 주 프린스턴 대학교에서 1938년 천문학으로 학사학위(B.Sc.)와 캘리포니아 대학교(버클리)(UCB)에서 1941년 천문학으로 Ph.D.를 받음. 펜실베이니아 주 챔버스버그 윌슨 칼리지 수학과 천문학 강사; 뉴욕 주 뉴욕시티 뉴욕대학교(NYU) 기상학 전임교수; 펜실베이니아 주 유니버시티 파크 펜실베이니아 주립대학교(Penn State) 기상학과 부교수(1951~1953)와 교수(1953~1982) 역임함. 미국 기상학회(AMS)의 클라렌스 레오이 메싱어 어워드(1965)와 카를 구스타프 로스비 연구메달(1976)을 수상함. 1956년 『기상역학개론』, 1958년 『기상학에 대한 통계학 응용』, 1964년 존 럼리와 함께 『대기난류의 구조』, 1975년 리처드 앤디스, 존 카히르, 앨버트 랭고와 함께 『대기』, 1984년 존 더턴과 함께 『대기난류: 공학응용을 위한 모델과 방법』을 저술함.

안 미국과 여러 나라에 있는 많은 친구들을 재방문하면서 그의 분야에서 활동적으로 일하였다. 1977년 그는 영국 왕립학회의 펠로로 선출되었고, 학회와 과학 분야에 대한 그의 모든 봉사를 고려하여 영국 왕립기상학회(RMetS)는 1978년 그를 명예회원으로 추대하였고, 1983년에는 시먼스 금메달을 수여하였다. 프랭크 파스퀼은 오랜 투병 생활 끝에 1994년 80세로 세상을 떠났다.

대기난류 연구의 역사

역사적으로 관측은 대부분 이론을 탄생시켰다. 하나의 중요한 예외는 컴퓨터의 출현으로 수치 모의를 통하여 "맥스웰 분자(Maxwellian molecules)"들의 플럭스 분포를 유도하여 유체 움직임을 밝힌 것이다.[20] 1500년 이전, 이탈리아 박물학자인 레오나르도 다 빈치(Leonardo da Vinci, 1452~1519)는 "터불렌자(turbulenza)"라는 단어를 사용하여 정확하게 유체 흐름(fluid flow)을 기술하였다. 유체 흐름을 수학 공식으로 표현하고자 하는 최초의 시도는 18세기 후반에 이루어졌다. 여기에는 스위스 수학자인 다니엘 베르누이(Daniel Bernoulli, 1700~1782)[21]와 레온하르

---

20) Alder, B. J. and T. E. Wainwright, 1970 : Decay of the velocity autocorrelation function, *Phys. Rev. A*, 1, 18-21.

21) 네덜란드-스위스 수학자, 이론물리학자, 천문학자. 현대 수리물리학의 창립자이고, 정역학, 파동 물리학, 수리생물학을 연구함. "베르누이의 원리(Bernoulli's principle)"로 유명함. 스위스 바젤 대학교, 독일 하이델베르크 대학교, 슈트라스부르크 대학교에서 의학을 공부하였고, 1721년 해부학과 식물학으로 Ph.D.를 받음. 러시아 상트페테르부르크 대학교 수학 교수(1725~1733)와 바젤 대학교(1733~1776) 의학, 형이상학, 자연철학 석좌 교수 역임함. 영국 왕립학회 펠로(1750~1782)로 선출됨. 요한 베르누이(Johann Bernoulli, 1667~1748)의 아들임.

트 오일러(Leonhard **Euler**, ForMemRS, 1707~1783)[22], 프랑스 수학자인 조제프 라그랑주(Joseph Louis **Lagrange**, FRS, 1736~1813)[23], 장르 롱 달랑베르(Jean-le-Rond **d'Alembert**, 1717~1783)[24], 피에르 드 라플라스(Pierre Simon de **Laplace**, FRS, 1749~1827)[25]가 참여하였다. 이들은 오래 전에 알려

---

22) 스위스 수학자, 천문학자. 항성역학과 구면천문학을 연구함. 수학 기호인 e, i, $f(x)$를 도입함. 무한소미적분학(infinitesimal calculus)과 그래프이론(graph theory)을 연구하였고, 변분학(variational calculus)을 창시함. 스위스 바젤 대학교에서 수학으로 Ph.D.(지도교수: 요한 베르누이)를 받음. 러시아 제국 과학원(1727~1741); 독일 베를린 아카데미(1741~1766) 수학부장; 러시아 상트페테르부르크 아카데미(1766~1783)에서 활동함. 영국 왕립학회 펠로(1747~1783), 스웨덴 왕립과학원(RSAS) 외국인 회원(1755~1783)으로 선출됨.

23) 이탈리아-프랑스 수학자, 천문학자. 해석학, 수론, 고전역학, 천체역학(celestial mechanics) 등을 연구함. 변분법 창안자 중의 한 사람. 이탈리아 토리노 대학교에서 1754년 수학으로 학사학위(B.A.)(지도교수: 지오반니 베카리아)를 받음. 독일 베를린 소재 프로이센 과학원(Prussian Academy of Sciences) 수학부장; 프랑스 파리 고등사범학교(ENS) 수학 학과장과 파리 에콜 폴리테크니크 수학 교수(1794~1813) 역임함. 스코틀랜드 에든버러 왕립학회(Royal Society of Edinburgh) 펠로(1790~1813), 영국 왕립학회(Royal Society) 펠로(1791~1813), 스웨덴 왕립과학원(RSAS) 외국인 회원(1806~1813)으로 선출됨. 프랑스 과학원 상(1764)을 수상함. 1788년 『해석역학』과 1798년 수론을 다룬 『수치방정식의 해상도』를 발간함.

24) 프랑스 수학자, 역학자, 물리학자, 철학자, 천문학자. 카트르나씨옹 얀센주의자 대학(Jansenist Collège des Quatre-Nations)에서 1735년 학사학위를 받음. 『대백과사전』의 기고가 겸 편집자로 활동함. 프랑스 과학원 정회원(1741~1783), 베를린 아카데미 정회원(1746~1783), 영국 왕립학회(Royal Society) 펠로(1748~1783)로 선출됨. 1743년 『역학론』을 출판함.

25) 프랑스 수학자, 천문학자. 항성역학을 연구함. 캉 대학교를 졸업함. 군사학교(École Militaire) 교수(1769~1776) 역임함. 영국 왕립학회(Royal Society) 펠로(1789~1827)와 스웨덴 왕립과학원(RSAS) 외국인 회원(1806~1827)으로 선출됨. 4권으로 된 『천체역학』과 1812년 『확률론의 해석이론』을 저술함.

진 기체와 액체의 원자와 분자 성질들을 알고 있었다. 19세기 초반 프랑스 공학자인 클로드-루이 나비에(Claude-Louis Marie Henri **Navier**, 1785~1836)[26]와 잉글랜드 물리학자인 조지 스토크스(George Gabriel **Stokes**, 1819~1903)[27]는 시간에 따른 유체 흐름의 변화를 설명하는 미분 방정식을 유도하였다. 스위스 수학자인 다니엘 베르누이와 잉글랜드 물리학자인 존 헤라패스(John **Herapath**, 1790~1868)[28]에 의한 초기 연구에 뒤이어, 스코틀랜드 과학자인 존 워터스톤(John James **Waterston**, 1811~1883)[29]은 현재 분자 운동 이론(kinetic molecular theory)으로 알려지고 있는 이론을 처음으로 개발하였다. 그는 분자 사이의 에너지 등분배와 온도는 분자 속도의 제곱과 관련된다는 것을 처음으로 제안하였다. 그러나 그의 연구는 영국 왕립학회 저널 심사위원들에 의해서 거부당하였다. 47년이 지난 후인 1892년 레일리 경(Lord **Rayleigh**, 1842~1919)이 저널 파일에서 이 논문을 발견하여 출판함으로써 세상에 알려지게 되었다(Waterson, 1845, 1892). 스코틀

---

26) 프랑스 공학자, 물리학자. "나비에-스토크스 방정식(Navier-Stokes equation)"으로 유명함. 프랑스 과학원, 국립토목학교, 에콜 폴리테크니크 교수 역임함.

27) 아일랜드 수학자, 물리학자, 천문학자. 유체역학, 광학, 수리물리학 분야를 연구함. 케임브리지 대학교 펨브록 칼리지에서 1841년 수학 수석졸업자로 졸업함. 케임브리지 대학교 펨브록 칼리지 펠로, 12대(1849~1903) 루커스 석좌 수학교수 겸 학장(1902~1903) 역임함. 영국 왕립학회(Royal Society) 펠로(1851~1903)로 선출되었고, 35대(1885~1890) 회장 역임함. 럼퍼드 메달(1852)과 코플리 메달(1893)을 수상함. 케임브리지 대학교의 스미스상(1841)을 수상함.

28) 영국(잉글랜드) 물리학자, 천문학자. 1820년 기체 운동 이론을 부분적으로 설명함. 1831년 1월 7일 대 혜성(Great Comet)을 발견함.

29) 영국(스코틀랜드) 과학자, 천문학자. 에너지 등분배 법칙을 제안하였고, 기체의 운동이론을 연구함. 스코틀랜드 에든버러 대학교에서 수학과 물리학을 공부함. 해군 본부 수로과 해군 장교, 동인도 회사의 봄베이 아카데미 해군 교관 역임함. 영국 왕립천문학회(RAS) 종신회원(1852~1883)으로 선출됨.

랜드 물리학자인 제임스 맥스웰(James Clerk **Maxwell**, 1831~1979)[30)]과 오스트리아 이론물리학자인 루트비히 볼츠만(Ludwig Eduard **Boltzmann**, ForMemRS, 1844~1906)[31)] 시대에 이르러, 기체 운동론에 관한 연구들이 발표되었다. 이들은 분자 속도들의 확률 분포에 관한 수식을 완벽하게 유도하였다. 19세기 후반 영국 물리학자인 켈빈 경(Lord **Kelvin**, 1824~1907)과 조지 스토크스의 연구에 의해서, 순환(circulation)에 대한 수학적인 개념이 만들어졌고, 독일 물리학자인 헤르만 폰 헬름홀츠(Hermann Ludwig Ferdinand von **Helmholtz**, ForMemRS, 1821~1894)[32)]는 축 주변에 일어나는 유체 원소들의 국지 회전(local spin) 개념을 창시하였다. 곧 이어 이탈리아 수학자인 에우제니오 벨트라미(Eugenio **Beltrami**, 1835~

---

30) 영국(스코틀랜드) 수리물리학자, 천문학자. 전자기 이론을 확립함. 스코틀랜드 에든버러 아카데미에서 교육을 받았고, 스코틀랜드 에든버러 대학교(1847~1850)와 케임브리지 대학교 트리니티 칼리지(1850~1856)를 졸업함. 스코틀랜드 애버딘 대학교 매리스칼 칼리지(1856~1860), 런던 대학교 킹스 칼리지(1860~1865) 자연철학 석좌교수, 케임브리지 대학교(1865~1879) 최초의 캐번디시 석좌 물리학 교수 역임함. 영국 왕립학회 펠로(1861~1879)로 선출되었고, 럼퍼드 메달(1856)을 수상함. 에든버러 왕립학회의 키스 상(1869~1871)을 수상함. 1873년 『전기와 자기 논고 1권』과 『전기와 자기 논고 2권』, 1908년 『열의 이론(*Theory of heat*)』, 1881년 『전기에 관한 기초 논고』를 저술함.

31) 오스트리아 이론물리학자. 열복사법칙을 이론으로 확립함. 비엔나 대학교에서 1866년 Ph.D.(지도교수: Josef Stefan)를 받음. 그라츠 대학교, 비엔나 대학교, 뮌헨 대학교, 라이프치히 대학교 교수, 그라츠 대학교 총장 역임함. 오스트리아 임페리얼 과학원(Imperial Austrian Academy of Sciences) 정회원(1885~1906), 스웨덴 왕립과학원(RSAS) 정회원(1888~1906), 영국 왕립학회(Royal Society) 외국인 회원(1899~1906)으로 선출됨.

32) 독일 생리학자, 수리물리학자, 천체물리학자. 열역학 이론을 확립함. 에너지 보존의 법칙을 발견함. "헬름홀츠 자유 에너지", "헬름홀츠 정리", "헬름홀츠 방정식", "켈빈-헬름홀츠 불안정성"으로 유명함. 왕립 프리드리히 빌헬름 연구소에서 Ph.D.(지도교수: 요하네스 뮐러)를 받음. 쾨니히스베르크 대학교, 본 대학교, 하이델베르크 대학교, 베를린 대학교 교수 역임함. 1860년 영국 왕립학회 외국인 회원(1860~1894)으로 선출되었고, 코플리 메달(1873)을 수상함.

1899)[33]는 이 아이디어를 열적 구조와 연관시켜 "소용돌이도(vorticity)"란 용어로 불렀다. 이 용어는 1916년 케임브리지 대학교 출판부에서 편찬한 호레이스 램(Sir Horace **Lamb**, FRS, 1849~1934)[34]의 『유체동역학(Hydrodynamics)』의 4판에서 처음으로 사용되었다. 1888년 아일랜드 물리학자인 오즈번 레이놀즈(Osborne **Reynolds**, 1842~1913)[35]는 파이프를 통과하는 유체 흐름을 관찰한 논문을 발표하였다. 이에 따르면, 운동학적 점성에 대한 특성 속도와 길이 규모의 곱의 무 차원 비가 103일 때, 층류가 난류로 전이되었다.

19세기 말과 20세기 초, 노르웨이 기상학자인 빌헬름 비에르크네스에 의해서 주도된 노르웨이 기상학파는 미분 방정식으로 저기압발생 모델을 공식화하고자 하였던 미국 기상학자인 윌리엄 페렐의 초기 시도들을 실현시켰다. 1920년대 스웨덴의 수리물리학자인 다비드 엔스코그(David **Enskog**, 1884~1945)[36]와 잉글랜드 지구

---

33) 이탈리아 수학자. "소용돌이(vortex)" 개념을 확립함. 미분기하학과 수리물리학을 연구함. 파비아 대학교에서 Ph.D.(지도교수: Francesco Brioschi)를 받음. 볼로냐 대학교, 피사 대학교, 로마 대학교 수학 교수 역임함.

34) 영국(잉글랜드) 응용수학자. 유체동역학(hydrodynamics)을 연구함. "램-오신 와류(Lamb-Oseen vortex)"로 유명함. 스톡포트 그래머 스쿨에서 교육을 받았고, 맨체스터 대학교 오언스 칼리지와 케임브리지 대학교 트리니티 칼리지를 졸업함. 오스트레일리아 애들레이드 대학교 초대(1875~1885) 엘더 석좌 수학교수, 맨체스터 빅토리아 대학교 수학 교수(1885~1888)와 베이어 석좌교수(1888~1920) 역임함. 런던수학회(LMS)의 20대(1902~1904) 회장을 역임하였고, 드모르간 메달(1911)을 수상함. 영국 왕립학회 펠로(1884~1934)로 선출되었고, 코플리 메달(1923)을 수상함. 1879년 『유체동역학』, 1910년 『동역학적 음성론』, 1924년 『수리물리학의 진화』를 출판함.

35) 아일랜드 물리학자, 공학자. 19세기 최고의 이론 유체 공학자로 불림. "레이놀즈 응력(Reynolds stress)"과 "레이놀즈 수(Reynolds number)"를 도입함. 잉글랜드 케임브리지 대학교 퀸스 칼리지에서 1867년 학사학위를 받음. 맨체스터 오언스 칼리지 초대(1868~1905) 공학교수 역임함. 영국 최초로 "Professor of Engineering"란 호칭을 받음. 영국 왕립학회 펠로(1877~1912)로 선출되었고, 로열 메달(1888)을 수상함.

물리학자인 시드니 채프만(Sydney Chapman, FRS, 1888~1970)[37)]은 독립적으로 기체 운동 이론과 통계 열역학 대한 볼츠만과 조시아 깁스(Josiah Willard Gibbs, ForMemRS, 1839~1903)[38)]의 방정식을 확장시켜 기체의 수송 성질들을 계산하고자 하였다. 그러나 이들은 분자 운동 분포에서 작고 선형적인 섭동에만 한

---

36) 스웨덴 수리물리학자. "맥스웰-볼츠만 방정식"을 확장시켜 기체운동 이론을 발달시킴. "채프만-엔스코그 방법(Chapman-Enskog method)"으로 유명함. 웁살라 대학교에서 1911년 물리학으로 석사학위와 1913년 Ph.D.(지도교수: 카를 오젠)를 받음. 왕립공과대학교(KTH) 교수 역임함. 스웨덴 왕립 공학 아카데미 정회원(1941~1945), 스웨덴 왕립 과학 아카데미 정회원(1947~1947)으로 선출됨.

37) 영국(잉글랜드) 지구물리학자, 수학자, 기상학자, 천체물리학자. 지자기, 공간 물리학, 광화학, 대기의 확산과 대류 등을 연구함. 살퍼드 대학교에서 공부하였고, 맨체스터 대학교(University of Manchester)에서 1907년 공학으로 학사학위, 수학으로 학사학위(B.Sc.)와 석사학위(M.A.)를 받음. 그리니치 왕립천문대(RGO) 수석 조수(1910~1914), 케임브리지 대학교 수학 전임강사 겸 트리니티 칼리지 펠로(1914~1919); 맨체스터 빅토리아 대학교 바이엘 석좌 응용 수학 교수(1919~1924), 임페리얼 칼리지 런던(ICL) 교수(1924~1946); 옥스퍼드 대학교 세들 석좌 자연철학 교수 겸 퀸 칼리지 펠로(1946~1953); 미국 알래스카 대학교(페어뱅크스)(UAF); 미국 콜로라도 주 볼더 콜로라도 대학교(CU Boulder) 지구물리학 교수 역임함. 영국 왕립학회 펠로(1919~1970)로 선출되었고, 로열 메달(1934)과 코플리 메달(1964)을 수상함. 에든버러 왕립학회 펠로(1953~1970)로 선출됨. 영국 왕립기상학회(RMetS) 43대(1926~1927) 회장; 런던수학회(LMS)의 34대(1929~1931) 회장 역임함. 드모르간 메달(1944)을 수상함. 영국 왕립천문학회(RAS) 52대(1941~1943) 회장을 역임하였고, 지구물리학 분야 금메달(1949)을 수상함. 영국 물리학회(IOP)의 초대 찰스 크리 메달과 상(1941)과 미국 지구물리연합(AGU)의 윌리엄 보위 메달(1962)을 수상함. 1935년 『상대성, 중력 및 세계 구조』를 저술함.

38) 미국 수학자, 물리학자. 열역학(thermodynamics)을 연구함. 코네티컷 주 뉴 헤이븐 예일 대학교에서 1958년 학사학위와 1963년 Ph.D.(지도교수: 허버트 뉴턴)를 받음. 예일 대학교에서 미국 최초의 수리물리학 교수(1871~1903) 역임함. 영국 왕립학회 외국인 펠로(1897~1903)로 선출되었고, 코플리 메달(1901)을 수상함. 미국 예술과학아카데미(AAAS)의 럼퍼드 상(1880)을 수상함. 1902년 『통계역학의 기본 원리』를 저술함.

정되는 경우에서만 사용이 가능하였다. 거의 같은 시기에 잉글랜드 수학자 겸 기상학자인 루이스 리처드슨(Lewis Fry Richardson, 1881~1953)[39)]은 대기흐름 내에 존재하는 두 개의 입자의 분리 거리 x의 증가율은 기하급수적으로 또는 확산적으로 일어나지 않고, 시간 t가 지난 후 x^2t^{-1}이란 양은 $x^{4/3}$에 비례한다는 것을 발견하였다. 이를 멱 법칙(power law)이라 한다. 이 법칙과 지도에 나타나는 영국 해안선의 길이 규모는 이러한 멱 법칙에 의존한다는 그의 영국 해군성과 재무성에 제출한 보고서는 결과적으로 현재 프랙탈 성질(fractality)로 불리는 이론을 이끌어내었다.

현대 난류 연구의 기원은 1940년대 러시아에서 나왔다. 1938년 헝가리와 미국 수학자, 공학자, 물리학자인 테오도르 폰 카르만(Theodore von Kármán, 1881~1963)[40)]과 잉글랜드 수학자 레슬리 하워스(Leslie Howarth, 1911~2001) 및지

---

39) 영국(잉글랜드) 수학자, 물리학자, 기상학자, 심리학자. 수치날씨예보의 선구자로 불림. "리처드슨 외삽(Richardson extrapolation)"과 "리처드슨 수(Richardson number)"로 유명함. 더럼과학대학을 다녔고, 케임브리지 대학교 킹스 칼리지에서 1903년 자연과학으로 학사학위를 받음. 런던 대학교에서 수리심리학으로 Ph.D.를 받음. 에버리스트위스 웨일스 대학교 유니버시티 칼리지(1905~1906), 맨체스터공대(1912~1913), 영국 기상대(UKMO) 에스크데일뮤어 관측소(1913~1916) 감독관, 웨스트민스터 훈육대학(1920~1929) 물리학과 학과장, 페이즐리 기술대학(1929~1940) 학장 역임함. 영국 왕립학회(Royal Society) 펠로(1926~1953)로 선출됨. 1997년 유럽지구물리연합(EGU)에서 "루이스 프라이 리처드슨 메달(Lewis Fry Richardson Medal)"을 제정하여 1998년부터 매년 수상하고 있음.

40) 항공공학 분야를 연구함. 헝가리 부다페스트 기술경제대학교에서 1902년 학사학위와 독일 괴팅겐 대학교에서 1908년 Ph.D.(지도교수: 루트비히 프란틀)를 받음. 괴팅겐 대학교 강사(1908~1912), 독일 라인 베스트팔렌 아헨 공과대학교(RWTH Aachen University) 항공연구소 소장(1912~1930); 미국 캘리포니아 주 패서디나 캘리포니아 공과대학교(Caltech) 구겐하임 항공연구소 소장(1933~1944)과 미국 국립항공우주국(NASA) 제트추진 연구소(JPL) 소장(1944~1963) 역임함. 영국 왕립학회 외국인 회원(1946~1963)으로 선출됨. 미국 공학학회협회(AAES)의 존 프리츠 메달(1948), 다니엘 구겐하임 메달(1955),미국 기계공학회(ASME)의 티모셴코 메달(1958), 미국 초대 국가과학메달(1962), 오스트리아

오프리 테일러의 등방성 난류와 난류 스펙트럼에 관한 기본적인 연구(Karman, and Howarth, 1938; Taylor, 1938)에 뒤이어, 러시아 수학자인 안드레이 콜모고로프(Andrey Nikolaevich **Kolmogorov**, ForMemRS, 1903~1987)[41]는 난류 스펙트럼에 대한 이론적인 이유를 제시하였다(Kolmogorov, 1941a and 1941b). 1943년, 러시아 기상학자인 알렉산드르 오부코프(Aleksandr Mikhailovich **Obukhov**, 1918~1989)[42]는 모든 지표면 부근 난류 과정들을 연결시키는 스케일링 매개변수들을 발견하였다(Obukhov, 1946). 1971년 오부코프가 발표한 논문(Obukhov, 1971)은 미기상학의 적절성 때문에 중요하였고, 여기에 대해서는 1971년에 네덜란드 태생 미국 대기과학자인 주스트 뷔싱거(Joost Alois **Businger**, 1924~)[43]와 러

산업협회의 빌헬름 엑스너 메달(1962)을 수상함. 1924년 요하네스 버거스와 함께 2권으로 된 『일반 항공역학이론』, 1940년 모리스 비오와 함께 『공학수리방법』을 저술함.

41) 러시아 수학자, 천문학자. 확률론, 위상수학, 난류, 고전역학, 항성역학 등을 연구함. 모스크바 대학교에서 1925년 학사학위와 1929년 Ph.D.(지도교수: 니콜라이 루진)를 받음. 모스크바 대학교(1931~1987) 수학교수 역임함. 모스크바 수학회(Moscow Mathematical Society)의 11대(1964~1966)와 14대(1973~1985) 회장을 역임함. 러시아 과학원(RAS) 정회원, 네덜란드 왕립 학술원(KNAW) 외국인 회원(1963~1987), 영국 왕립학회 외국인 펠로(1964~1987)로 선출됨. 국제발잔상재단의 수학 분야 발잔 상(1962)과 울프 재단의 울프 상(1980)을 수상함. 1931년 『확률론의 분석방법에 관하여』와 1933년 『확률 이론의 기초』를 편찬함.

42) 러시아 물리학자 겸 응용수학자. 대기경계층 기상학과 난류 분야를 연구한 현대 경계층 연구의 선구자. "모닌-오부코프 상사이론(Monin-Obukhov similarity theory)"과 "모닌-오부코프 길이(Monin-Obukhov length)"로 유명함. 사라토프 대학교에서 수학과 과학을 전공하였고, 모스크바 대학교(MSU)에서 Ph.D.(지도교수: 안드레이 콜모고로프)를 받음. MSU 슈테른베르크 천문연구소 이론과 과장 역임함. 소비에트연방 과학원 정회원으로 선출됨.

43) 네덜란드-미국 기상학자. 대기-해양 상호작용; 경계층 기상학; 대기난류를 연구함. 네덜란드 위트레흐트 주립대학교에서 1954년 물리학과 기상학으로 Ph.D.를 받음. 미국 워싱턴 주 시애틀 워싱턴 대학교(UW) 대기과학과 조교수(1958~1961), 부교수(1961~1964), 교수(1964~1989) 및 명예교수(1989~) 역임함. 미국 국립공학원(NAE) 정회원(2001~)으로 선출됨. 유럽지구물리학회(EGS)의 빌헬름 비에르크네스 메달(2003)을 수상함. 1980년

시아 기상학자인 아키바 야글롬(Akiva Moiseevich **Yaglom**, 1921~2007)[44)]에 의해서 다시 발표되었다(Businger and Yaglom, 1971). 이와 유사한 논문은 1949년 하인츠 레타우(Heinz Helmut **Lettau**, 1909~2005)[45)]에 의해서 발표되었지만(Lettau, 1949), 다른 스케일링 방법을 사용했기 때문에 실제로 적용되지는 못하였다. 상사이론(similarity theory)으로 알려지게 된 방법을 사용하여, 1954년 러시아의 기상학자인 안드레이 모닌(Andrei Sergeevich **Monin**, 1921~2007)[46)]

로버트 플리글과 함께 『대기물리학 개론』을 저술함.

44) 러시아 물리학자, 수학자, 통계학자, 기상학자. 난류의 통계이론과 무작위 과정 이론을 확립함. 모스크바 대학교(MSU)에서 물리학과 수학으로 디플로마, 스베르드로프스크 대학교에서 1942년 석사학위(M.Sc.) 소비에트연방 과학원 스테클로프 수학연구소에서 1946년 Ph.D.(지도교수: 안드레이 콜모고로프)를 받음. 이론지구물리연구소, 소비에트연방 과학원 오부코프 대기물리연구소, MSU 교수, 매사추세츠 주 케임브리지 매사추세츠 공과대학교(MIT)(1992~2007) 교수 역임함. 미국 물리학회(APS)의 오토 라포르테 어워드(1988)와 유럽 지구물리연합(EGU)의 루이스 프라이 리처드슨 메달(2008)을 수상함. 1962년 『정상랜덤 함수이론 개론』과 2007년 안드레이 모닌(Andrei Sergeevich **Monin**, 1921~2007)과 함께 『통계유체역학: 난류의 역학』을 저술함.

45) 독일-미국 기상학자. 난류와 대기경계층 분야를 연구함. 독일 라이프치히 대학교에서 1931년 지구물리학과 기상학으로 Ph.D.를 받음. 오스트리아 그라츠 대학교 교수, 미국 위스콘신 대학교(매디슨)(UW-Madison) 교수 및 명예 교수를 역임함. 미국 기상학회(AMS)의 칼 구스타프 로스비 연구메달(1974)을 수상함. 독일 기상학회(DMG)의 알프레트 베게너 메달을 수상함.

46) 러시아 물리학자, 응용수학자, 해양학자, 기상학자. 난류와 대기물리학의 통계이론을 구축함. "모닌-오부코프 상사이론(Monin-Obukhov similarity theory)"과 "모닌-오부코프 길이(Monin-Obukhov length)"로 유명함. 로모노소프 모스크바 대학교(Lomonosov Moscow State University)에서 1942년 학사학위와 모스크바 대학교(MSU)에서 1956년 대기난류로 Ph.D.(지도교수: Andrey Kolmogorov)를 받음. 소비에트연방 과학원 산하 지구물리연구소 대기물리과 시니어 과학자, P. P. Shirshov 해양연구소(Institute of Oceanology) 소장 역임함. 미국 예술과학아카데미(AAAS) 외국인 회원(1973~2007)과 미국 국립과학원(NAS) 외국인 회원(1976~2007)으로 선출됨. 러시아 과학원(RAS)의 Alexander

과 알렉산드르 오부코프는 교환 과정의 현대적인 안정도 종속 결정론의 기초를 창출하였다(Monin and Obukhov, 1954). 이와 동시에, 난류 플럭스들을 측정하는 직접적인 방법이 개발되었고(Montgomery, 1948; Obukhov, 1951; Swinbank, 1951), 이것은 맴돌이 공분산법(eddy-covariance method)으로 알려지게 되었다. 이 방법은 실제로 음향 풍속계의 개발 이후 바로 확립되었다. 이것에 대한 기본 방정식은 1955년 미국 기상학자인 리처드 쇼틀랜드(Richard M. **Schotland**, 1927~2006)[47]에 의해서 주어졌다(Schotland, 1955). 1949년 미국 기상학자인 얼 바레트(Earl Wallace **Barrett**, 1919~1983)[48]와 버너 수오미(Verner E. **Suomi**, 1915~1995)에 의해서 이루어진 음향 풍속계 개발(Barrett and Suomi, 1949)에 뒤따라, 1 m 경로 길이를 가진 연직 음향 풍속계(Suomi, 1957)가 1953년 수행된 오닐 실험(O'Neill experiment)에서 사용되었다(Lettau and Davidson, 1957). 오늘날의 풍속계의 디자인은 1960년 처음으로 러시아의 과학자에 의해서 개발되었고(Bovscheverov and Voronov, 1960), 그 후 1963년 미국 기상학자인 카이말(J. C. **Kaimal**, 1930~)[49]과 주스트 뷔싱거, 그리고 1966년 일본 기상학자인 야스시 미츠타(Yasushi **Mitsuta**, 1933~1999)[50]에 의해서 개량되었다(Mitsuta,

---

Friedmann Prize(1993)를 수상함. 1986년 『기후이론 개론』, 1990년 『이론지구물리유체역학』, 2007년 아키바 야글롬과 함께 『통계유체역학: 난류의 역학』을 저술함.

47) 미국 기상학자. 라이더(lidar) 연구의 선구자. 매사추세츠 주 케임브리지 매사추세츠 공과대학교(MIT)에서 1952년 기상학으로 Ph.D.를 받음. 뉴욕 대학교(NYU)(1952~1973) 기상학과 교수, 애리조나 주 투산 애리조나 대학교(UA) 대기과학과 교수 및 명예교수 역임함.

48) 미국 기상학자. 기상 측기들을 개발함. 일리노이 주 시카고 대학교에서 1958년 기상학으로 Ph.D.를 받음. 일리노이 주 노스웨스턴 대학교(NU) 부교수; 국립해양대기청(NOAA) 연구과학자 역임함.

49) 미국 기상학자. 대기경계층 분야를 연구함. 공군 케임브리지연구소(AFCRL), 미국 환경보호청(US EPA) 대기과학연구소(ASRL), 국립해양대기청(NOAA) 지구자원연구소(ERL) 파동 전파연구소(WPL)에서 활동함. 1994년 존 피니건과 함께 『대기경계층: 구조와 측정』을 저술함.

1966). 초기 풍속계는 전송과 수신 신호 사이의 위상편이(phase shift)를 사용하였다. 후기 풍속계는 전송과 수신 신호 사이의 양 방향 모두에서의 경로를 따라 이동하는 시간의 차이를 측정하였고, 현재 풍속계는 직접적으로 시간을 측정한다(Hanafusa *et al.*, 1982). 1947년 잉글랜드 기상학자인 퍼시벌 세퍼드에 의해서 수행된 초기 연구(Sheppard, 1947)에 뒤따라, 지표면 응력이 오스트레일리아의 수문학자인 에드워드 브래들리(Edward Frank Bradley, 1942~)에 의해서 개발된 항력 판(drag plate)에 의해서 직접 측정되었고(Bradley, 1968), 느낌열 플럭스와 숨은열 플럭스들은 감도를 크게 향상시킨 고전적인 센서들로 측정되었다(Dyer *et al.*, 1967).

이러한 발견들이 많은 유명한 실험들의 기초에 토대가 되었다. 그들 중에는 난류 교환 과정들을 연구하기 위한 많은 탁월한 오스트레일리아 실험들이 포함된다(Garratt and Hicks, 1990). 이들 실험들을 여러 가지 난류 센서들의 비교 실험이라 부를 수 있다(Dyer et al., 1982; Miyake *et al.*, 1971; Tsvang *et al.*, 1973; Tsvang *et al.*, 1985). 오늘날 수행되는 연구들은 1968년 수행된 캔자스 실험에 주로 기반을 두고 있다(Izumi, Y., 1971; Kaimal and Wyngaard, 1990). 캔자스 실험은 보편함수(Wyngaard, 1971a)와 난류 에너지 방성식(Wyngaard *et al.*, 1971)의 공식을 만드는 데 기초가 되었다. 이들은 1960년 오부코프에 의해서 발표된 이전 불분명한 논문에 기초한 것이었다. 1953년 웨일스 기상학자인 올리버 서턴에 의해서 저술된 최초의 미기상학 교과서(Sutton, 1953)가 출판된 지 20년 후, 하층 대기권과 지표면 사이의 난류 교환의 중요한 핵심 내용들이 1973년 출판된 『미기상학에 관한 워크숍(*Workshop on Micrometeorology*)』(Haugen, 1973)에서 제시되었다.

---

50) 난류수송, 증발, 토양수분을 연구함. 교토 대학교 방재연구소 교수 및 명예교수(1998~1999) 역임함.

1980년 네덜란드 기상학자인 욘 비에링가(Jon Wieringa)에 의한 캔자스 실험(KANSAS experiment)의 실험 디자인에 대한 일부 비판이 일어났고(Wieringa, J., 1980), 실험의 반복을 권고하였던 1982년 미국 기상학자인 존 윈가르드(John C. Wyngaard, 1939~)[51] 등의 회답(Wyngaard *et al.*, 1982) 이후, 많은 미기상학 실험들이 수행되었다(표 13-2). 여기에는 기본 미기상학적 이슈들이 포함되었다. 마지막으로, 1988년 스웨덴 기상학자인 울프 회그스트룀(Ulf Högström, 1932~)[52]에 의한 수정 보편함수(Högström, 1988)가 가장 최근 지식을 구성하게 되었다.

1980년대 말, 비 균질 지형에 대한 미기상학 실험들도 가능하게 되었다. 이와 비슷한 시기에, 유사한실험들이 미국(FIFE)(Sellers *et al.*, 1988), 프랑스(HAPEX)(André *et al.*, 1990), 러시아(KUREX)(Tsvang *et al.*, 1991)에서 수행되었다(표 13-3). 이들 실험들은 많은 더 발전된 실험들의 기초가 되었다.

지난 30년 동안, 실험 및 이론 분야에서 정확성에서 많은 개선과 증가를 이루었지만, 이질 지표면과 안정 성층권과 같은 문제점에 대한 새로운 결과들은 여전히 이루어지지 않고 있다.

---

51) 미국 기상학자. 대기경계층과 난류 분야를 연구함. 위스콘신 대학교에서 기계공학으로 학사학위와 펜실베이니아 주 유니버시티 파크 펜실베이니아 주립대학교에서 1967년 기상학으로 Ph.D.(지도교수: 존 럼리, 헨크 테네크스)를 받음. 미국 공군케임브리지연구소(AFCRL)(1967~1975) 과학자, 국립해양대기청(NOAA) 파동전파연구소(WPL)(1975~1979); 콜로라도 주 볼더 국립 대기연구센터(NCAR)(1979~1991) 대기분석 · 예측부 시니어 과학자, 소규모 분석예측 프로그램 책임자, 중규모 · 미규모 기상학 디비전 부 책임자; 펜실베이니아 주립대학교(1991~) 기상학과 교수 및 명예교수 역임함. 미국 기상학회(AMS)의 카를-구스타프 로스비 연구메달(2012)을 수상함. 2010년 『대기 내의 난류』를 편찬함.

52) 웁살라 대학교에서 1964년 기상학으로 Ph.D.를 받음. 스웨덴 기상수문연구소(SMHI) 기상학자(1957~1964); 웁살라 대학교 기상학 교수; 스톡홀름 대학교 기상학 교수 역임함.

표 13-2 지표층 연구를 위한 미기상학 실험(Foken, 2008).

실험 명	장소, 시기	참고문헌
오닐(O'Neill) 실험	오닐, 미국, 1953	Lettau (1957)
케랑(Kerang) 실험	케랑, 오스트레일리아, 1962	Swinbank and Dyer (1968)
헤이(Hay) 실험	헤이, 오스트레일리아, 1964	
핸퍼드(Hanford) 실험	핸퍼드, 미국, 1965	Businger et al. (1969)
왕가라(Wangara) 실험	헤이, 오스트레일리아, 1967	Hess et al. (1981)
캔자스(KANSAS) 실험	캔자스, 미국, 1968	Izumi (1971)
ITCE-1968	밴쿠버, 캐나다, 1968	Miyake et al. (1971)
ITCE-1970	침랸스크호, 러시아, 1970	Tsvang et al. (1973)
쿠린(Koorin) 실험	쿠린, 오스트레일리아, 1974	Garratt (1980)
ITCE-1976	코나르고, 오스트레일리아, 1978	Dyer and Hicks (1982)
ITCE-1981	침랸스크호, 러시아, 1981	Tsvang et al. (1985)
뢰프스타(Lövsta) 실험	뢰프스타, 스웨덴, 1986	Högström (1990)

*ITCE(International Turbulence Comparison Experiment) : 국제난류비교실험

표 13-3 이질 지표상에서의 미기상학 실험(Foken, 2008).

실험 명	장소, 시기	참고문헌
HAPEX-MOBILHY	프랑스, 1986	André *et al.* (1990)
FIFE	캔자스, 미국, 1987~1989	Sellers *et al.* (1988)
KUREX 88	쿠르스크, 러시아, 1988	Tsvang *et al.* (1991)
HAPEX-SAHEL	니제르, 1990~1992	Goutirbe *et al.* (1994)
SANA	아이스도르프, 멜피츠, 독일, 1991	Seiler (1996)
EFEDA	스페인, 1990~1991	Bolle *et al.* (1993)
BOREAS	캐나다, 1993~1996	Sellers *et al.* (1997)
SHEBA	북극, 1998	Uttal *et al.* (2002)
LITFASS-98	린트베르크, 독일, 1998	Beyrich *et al.* (2002)
CASES-99	캔자스, 미국, 1999	Poulos *et al.* (2002)
EBEX-2000	프레즈노, 캘리포니아, 미국, 2000	Oncley *et al.* (2007)
LITFASS-2003	린트베르크, 독일, 1998	Beyrich and Mengrlkemp (2006)

Chapter 14

하층대기 내의 난류 수송을 연구한 오스트레일리아 기상학자

찰스 프리스틀리

잉글랜드 출생의 오스트레일리아 기상학자인 찰스 헨리 브라이언 프리스틀리(Charles Henry Brian **Priestley**, FRS, 1915~1998; 14-1)는 1915년 7월 8일 잉글랜드 런던 하이게이트에서 4남매 중 셋째로 태어났다. 그는 1937년 케임브리지 대학교 세인트존스 칼리지(St. Jone's College, Cambridge)에서 응용수학으로 학사학위(B.A.)를 받았다. 그가 전공한 것은 "유체동역학(hydrodynamics)"과 "열역학(thermodynamics)"이었다. 또한 그는 경제학 학위를 취득하면서 케임브리지 대학교에서 2년간 더 머물렀다.

1939년 프리스틀리는 제2차 세계대전이 발발하기 6개월 전에 영국 기상대(UKMO)에 기술담당관(Technical Officer)으로 들어갔고, 잉글랜드 윌트셔 주 포턴 다운에 소재한 화학방어실험실(CDES)에서 근무하게 되었다. 그의 최초 상관은 올리버 서턴(Oliver Graham **Sutton**, 1903~1977)으로, 서턴은 후에 UKMO의 대장으로 승진하였다. 포턴 다운에서 보낸 2년 동안, 프리스틀리는 프랭크 파스퀼과 레너드 디컨(E. Leonard **Deacon**, 1910~1991)[1)]과 함께 하층 대기의 난류 확

그림 14-1 잉글랜드 출신의 오스트레일리아 기상학자인 찰스 프리스틀리는 CSIRO DMP의 초대 소장을 지냈다.

산에 대한 연구에 투입되었다(Garratt *et al.*, 2000). 제2차 세계대전이 발발함에 따라서, UKMO는 이들 3명을 전쟁 초기 2년 동안 캐나다 앨버타 주 서필드에서 무거운 기체의 퍼짐에 대한 선도적인 연구를 수행하도록 하였다. 1943년 잉글랜드로 돌아온 후 얼마 지나지 않아, 그는 베드퍼드셔 주 던스터블에 소재한 상층대기예보분대(Upper Air Analysis and Forecast Section)로 전출되었다. 이 부대는 독일을 공격하는 폭격대를 지원하는 임무를 띠고 있었고, 책임자는 유명한 기상역학자인 스베르페테르센이었다. 여기서 프리스틀리는 미국과 잉글랜드 기상학자들과 함께 아이젠하워 장군을 위한 성공적인 D-Day 예보에 참여하였다. 전쟁의 막바지에는 대기 중의 소규모와 대규모 운동 모두에 연구 경험을 가지게 되었다(Garratt *et al.*, 1998).

1945년 후반 오스트레일리아 과학 · 산업연구위원회(Council for Scientific and Industrial Research; CSIR)의 운영위원회는 런던 대학교 임페리얼 칼리지 기상학

1) 영국(잉글랜드)-오스트레일리아 대기과학자. 미기상학 관측 측기들을 개발함. "디컨 수(Deacon number)"로 유명함. 잉글랜드 런던 대학교(University of London)에서 1936년 과학학위를 받음. 잉글랜드 포턴 다운 화학방어연구소(CDRE)(1936~1947) 기상분과 연구원; 오스트레일리아 연방 과학 · 산업연구원(CSIRO)(1947~1972) 대기연구소(DAR)에서 활동함.

과 학과장인 데이비드 브런트 교수에게 편지를 써서 대기과학 연구 그룹을 책임질 사람을 추천해주기를 요청하였다. 데이비드 브런트는 프리스틀리를 추천하여 1946년 9월 CSIR에서 그를 책임자로 임명하였다. 프리스틀리가 오스트레일리아에 직책을 제의받았을 당시, 그 자신의 의지로 새로운 연구의 시대를 구축하는 도전과 전망을 구축하는 데 어떠한 권한도 부여받지 못하였다. 그의 아내 코니(Connie)와 함께 그는 1946년 성탄절 이틀 전에 배로 빅토리아 주 멜버른에 도착하였다. 그의 주된 임무는 기상 물리학의 새로운 연구 집단인 기상물리학 분소(Meteorological Physics Section; MPS)를 설립하는 것이었다.

CSIR MPS는 1947년 맨 처음 빅토리아 주 멜버른 중심에 위치한 플린더스 레인에 사무실과 연구실을 마련하였고, 윌리엄 스윈뱅크(William Christopher Swinbank, 1913~1973)[2),]레너드 디컨, 영국 기상대(UKMO)에서 근무하고 있던 오스트레일리아 출신 로버트 제임스(Robert W. James),퀸즐랜드 주에서 제2차 세계대전 동안 잉글랜드 기상학자인 프랭크 파스퀼과 난류확산 실험을 수행하였던 레지널드 테일러(Reginald J. Taylor)를 초빙하여 초기 연구진을 구성하여 출범하였다(Garratt *et al.*, 1998). 그 후 이안 맥길로리(Ian C. McIlory, 1920~)와 프라이(R. M. Fry) 등이 보강되었다.

1948년 MPS는 멜버른 외곽 하이엣(Highett)으로 이사하게 되었고, 1949년 에

---

2) 영국(잉글랜드)-오스트레일리아 기상학자, 물리학자. 지면 부근 대기의 메커니즘을 연구함. 잉글랜드 더럼 대학교 해트필드 칼리지에서 1934년 물리학과 수학으로 학사학위를 받음. 서식스 주 루이스 윈더미어 그래머 스쿨 물리학 교사; 미들섹스 헤이즈 전기기계산업체 연구 물리학자; 영국 기상대(UKMO) 기술 공무원; 오스트레일리아 빅토리아 주 오스트레일리아 연방 과학 · 산업연구원(CSIRO) 기상물리학연구소(DMP)(1961~1971) 연구과학자와 수석연구과학자; 미국 콜로라도 주 볼더 국립 대기연구센터(NCAR) 국립우박연구실험(NHRE) 소장 역임함. 오스트레일리아 과학원(AAS) 정회원(1970~1973)으로 선출됨. 아서 다이어와 함께 영국 왕립기상학회(RMetS) 부컨 상(1968)을 수상함.

디스베일(Edithvale)에 야외관측소와 1951년 하이엣에 최초의 풍동(Wind tunnel)을 건설하였다. 에디스베일 야외관측소에서 미기상학 야외 실험들이 스윈뱅크, 테일러, 맥길로리, 디컨에 의해서 수행되었다. 이들은 지표면에서 이루어지는 열평형에 관한 모든 성분들을 최초로 측정하였고, 대기권과 지면 사이의 마찰력도 측정하였다. 이들 결과들은 연구논문(Swinbank, 1951; Deacon, 1953; Taylor, 1958)들을 통해서 발표되었다.

반면 찰스 프리스틀리는 대기대순환(general circulation)에 특히 관심을 가지고 있었다. 제2차 세계대전 동안 라디오존데와 바람 탐측 레이더의 개발로 인하여 위도대 사이의 수평 열 및 운동량을 추정할 수 있는 가능성이 열리게 되었다. 그는 1949년 잉글랜드 라크힐(Larkhill)에서 측정된 자료를 기반으로 하여 이들에 관한 제목의 세미나 논문(Priestley, 1949)을 발표하였다. 그 후 수년 동안 알렉산더 트롭(Alexander James Troup, 1927~1983)과 함께 이들에 대해서 연구하여 1954년 연구소 최초의 기술논문을 발표하게 되었다. 트롭은 이를 더 확장시켜 오스트레일리아 해안선을 가로지르는 수분 플럭스들을 계산하였고, 세계기후원격상관에 관심을 가지게 되었다.

연구인원들이 증가함에 따라서, MPS는 자동차 경기장으로 사용되던 아스펜데일(Aspendale)에 새로운 건물들을 지어 1953년 이전하게 되었다. 여기에 최초의 증발산계(lysimeter)가 설치되었고, 1954년 감비아 산(Mt. Gambier)에서 야외실험이 수행되었다. 1955년 MPS는 마침내 CSIRO 기상물리학연구소(Division of Meteorological Physics; DMP)로 확장 개편되었다. 최초 책임자는 역시 프리스틀리였다. 프리스틀리의 지휘 하에서 DMP는 안드제이 베르손(Andrzej Berson)의 종관연구 그룹에서 수행한 한랭전선과 해풍 연구, 이안 맥길로리 연구그룹의 수분 모니터링과 서리 제거 방법 연구, 윌리엄 스윈뱅크 연구그룹의 하층대기에 대한 미기상학 연구, 피터 펑크(Peter Funk)에 의한 태양복사와 열복사의 측정에 관한 연구, 프랭크 바렛(Frank Barrett)에 의한 상층 대기의 오존 측정, 그리고 기록계, 레이더, 복사계에 관한 연구들이 수행되었다. 이러한 연구결과들의 발표로 인하여 CSIRO DMP는 세상에 조금씩 알려지게 되었다.

1957년 프리스틀리는 미국 일리노이 주 시카고 대학교(UChicago)에서 안식년을 보내게 되었고, 그 기간 동안 한 강좌를 강의하였다. 시카고 대학교 출판부는 그의 강의 내용을 기반으로 하여 『하층대기 내의 난류 수송』이란 모노그래프(monograph)(Priestley, 1959)를 출판하였다.

1960년대 찰스 프리스틀리는 전 세계 대기연구 프로그램(the Global Atmospheric Research Programme; GARP)을 공식화하고 계획하는 데 위임된 유명한 과학자 중의 한 사람이었다. 그는 먼저 세계기상기구 자문위원회의 일원으로 최종적으로 GARP를 위한 공동조직위원회의 일원으로 활약하였다. 또한 WMO의 두개의 실행 그룹과 국제기상 · 대기물리학협회(The International Association of Meteorology and Atmospheric Physics; IAMAP)의 운행위원회뿐만 아니라 세 개의 위원회에서 활동하였다. 1970년대에는 오스트레일리아 과학원에 의해 부여된 중요한 연구위원회의 위원장을 맡았나. 첫 번째는 초음속 항공기의 대기 효과에 관한 것으로 초음속 항공기에 의해서 기후학적 효과가 밀접하게 나타나지 않을 것으로 결론을 내렸다. 두 번째는 기후변동에 관한 것으로 오스트레일리아와 해외에서도 잘 받아들여졌다. 프리스틀리는 이러한 두 가지 연구위원회에 참여하여 선경지명적인 견해를 표명하였다. 이들 과제들은 현재에도 여전히 환경 문제로 중요하게 생각되고 있다.

오스트레일리아 대기과학 분야에서 프리스틀리의 탁월한 선경지명의 예는 많이 존재한다. 1969년 CSIRO와 오스트레일리아 연방 기상국(BoM)은 여러 해에 걸친 찰스 프리스틀리, BoM의 국장인 윌리엄 깁스(William J. Gibbs, 1916~2005)[3],

3) 오스트레일리아 기상학자. 시드니 대학교에서 1938년 학사학위(B.Sc.), 미국 매사추세츠 주

CSIRO의 원장인 프레드릭 화이트(Sir Frederick William George White, 1905~1994)[4]의 노력으로 정부의 승인을 받아 합동 연방기상연구센터(Commonwealth Meteorology Research Centre; CMRC)를 설립하였다. 실제 기상국 내의 연구 과학자 범주에 관한 정부에 대한 요청은 빌 깁스에 의해서 이루어졌다. 윌리엄 깁스는 찰스 프리스틀리와 프레드 화이트의 변함없는 협조를 받았다. 1972년 프리스틀리는 빌 깁스와 함께 배경대기 조성을 관측하는 오스트레일리아 관측소의 설립을 다시 요청하였다. 이에 따라 태즈메이니아 주 북서 지방에 게이프 그림 기준 대기오염 관측소(Cape Grim Baseline Air Pollution Station)가 설립되었고, 이곳에서 온실 기체, 오존 약화 기체, 다른 오염물질에 관한 많은 확실한 정보들을 제공할 수 있게 되었다.

찰스 프리스틀리는 일정한 간격으로 상을 수상하였고, 1955년 오스트레일리아 과학원(Australian Academy of Science; AAS)의 펠로로 선출되었다. 1958년부터

케임브리지 매사추세츠 공과대학교(MIT)에서 1952년 기상학으로 석사학위(M.Sc.), 오스트레일리아 빅토리아 주 멜버른 대학교에서 1965년 명예과학박사학위 받음. 오스트레일리아 연방 기상국(BoM) 시드니 지대(1939~1940) 빅토리아 주 멜버른 BoM 본부(1940~1941); 오스트레일리아 공군(RAAF) 기상장교(1941~1946); BoM 연구담당 감독 기상학자(1948~1958), 연구담당 부국장(1958~1962), 국장(1962~1978) 역임함. 세계기상기구(WMO) 초대 부총재(1967~1975)로 활동함.

4) 뉴질랜드-오스트레일리아 물리학자, 과학 행정가. 전리권과 레이더를 연구함. 뉴질랜드 웰링턴 빅토리아 유니버시티 칼리지에서 물리학으로 1928년 학사학위(B.Sc.)와 1929년 석사학위(M.Sc.)를 받고, 잉글랜드 케임브리지 대학교 세인트존스 칼리지에서 1934년 물리학으로 Ph.D.를 받음. 잉글랜드 킹스 칼리지 런던 물리학 시연자 겸 조 전임강사(1932~1936); 뉴질랜드 대학교 캔터버리 칼리지 물리학과 학과장(1936~1941); 오스트레일리아 연방 과학·산업연구원(CSIRO)(1941~1970) 부원장(1957~1958)과 원장(1959~1970)을 역임함. 오스트레일리아 과학원(AAS) 펠로(1960~1994)와 영국 왕립학회 펠로(1966~1994)로 선출됨.

1960년까지 운영위원회에서 위원으로 봉사하였고, 1959년부터 1960년까지 부위원장으로 재임하였다. 1960년 영국 왕립기상학회(RMetS)의 펠로로 선출되었는데, 이 자리는 그 당시 오스트레일리아 과학자 중에는 오직 한 사람만이 영광을 차지한 것이다. 또한 그는 1966년 영국 왕립학회(Royal Society) 펠로로 선출되었다. 1973년 세계기상기구(WMO)에서 수상하는 최고의 상인 IMO 상을 받았다. 그러나 그에게 가장 기쁨을 준 상은 미국 기상학회(AMS)의 최고의 상인 카를-구스타프 로스비 연구 메달이었다. 그는 이 메달을 1974년에 받았는데 수상 이유는 난류과정의 이해와 소규모와 대규모 역학 사이를 연계시킨 공적이었다. 1976년 오스트레일리아 훈장과 플린더스 메달(Flinders Medal; 그림 14-2)을 수여받았는데 이 영예들은 AAS에서 물리과학자들에게 수여하는 최상의 상이었다.

27년 동안 CSIRO에 근무하고 있던 동안, 프리스틀리는 오스트레일리아와 외국에서 여러 직책을 요청받았으나 기상학을 성숙한 과학으로 달성시키기 위한 그의 책무를 위해서 모든 것을 거절하였다. CSIRO DMP는 1971년 CSIRO 대기물리학연구소(Division of Atmospheric Physics; DAP)로 명칭이 변경되었다. 그는 1973년 CSIRO DAP의 소장직을 은퇴하였고, 1973년부터 1977년까지 CSIRO 환경 물리학 연구원(EPRL)의 원장이 되었다. 이후 그는 빅토리아 주 멜버른 모나쉬 대학교(Monash University) 수학과 비상근 교수가 되었다. 모나쉬 대학교를 그만둔 후,

그림 14-2 1957년 오스트레일리아 과학원에서 오스트레일리아를 탐험한 매튜 플린더스(Matthew Flinders, 1774~1814)를 기념하기 위해 제정된 플린더스 메달로서, 오스트레일리아에서 물리과학 분야에서 최상의 연구 업적을 이룬 과학자에게 2년마다 수여하고 있다.

그의 마지막 중요한 과학 업적은 빌 깁스로부터 물려받은 라트로브 계곡 대기 연구(Latrobe Valley Airshed Study)의 책임자로서 10년간 연구하였으며, 이 연구는 대기오염 프로젝트로는 가장 대형 과제 중의 하나가 되었다.

찰스 프리스틀리는 1980년대 후반 모든 공직에서 은퇴하였다. 은퇴 기간 동안, 그가 좋아한 골프를 마음껏 즐길 수 있었고, 고전 음악 수집에도 탐닉하였다. 1995년 그는 80세 생일 기념행사를 그가 50여 년 전에 설립한 CSIRO 대기연구소(DAR)에 열린 1차 프리스틀리 공개강좌(Inaugural Annual Priestley Lecture)가 열리기 직전에 열었다. 찰스 프리스틀리는 1998년 5월 여러 해 동안 병환에 시달리다가 사망하였다.

Chapter

15

지균 운동량 근사를 고안한 노르웨이 기상학자

아른트 엘리아센

노르웨이 기상학자인 아른트 엘리아센(Arnt Eliassen, 1915~2000; 그림 15-1)은 1915년 12월 9일 노르웨이 오슬로에서 태어나 그곳에서 성장하였고, 오슬로 대학교(University of Oslo; UiO)에 진학하였다. 처음에는 천체물리학을 전공하였지만, 빌헬름 비에르크네스와 그의 조수인 아이나르 회일 란의 세미나를 들은 후 기상학으로 전공을 바꾸었다. 몇 년 동안 할보르 쇨베르그 교수 밑에서 연구 학생과 조수로서 보낸 후, 노르웨이 기상대(The Norwegian Meteorological Institute)의 예보관이 되었다. 그곳에서 곧 자신의 연구 아이디어를 개발하기 시작하였다. 그는 기압 좌표계로 기본 방정식을 나타내는 장점을 발견하였고, 후에 준 지균성(semi-geostrophy)으로 명명된 "지균 운동량 근사(geostrophic momentum approximation)"를 개발하였다. 이 근사는 덜 제한적이었지만, 미국 기상학자인 줄 차니의 "준지균방정식(quasi-geostrophic equation)"들보다 초기 수치날씨예보(NWP) 실험에 적용하는 것이 더 어려웠다. 뛰어난 직관적 통찰과 수학적인 이해에 기초를 두어, 그는 아주 유용한 형태로 방정식을 개선시키는 역량을 발휘하였다. 이

그림 15-1 노르웨이 기상학자인 아른트 엘리아센은 수치분석과 수치예보의 선구자이며, 오슬로 대학교 교수를 역임하였다.

능력은 그의 과학적인 공헌을 통하여 보여주었다.

수치날씨예보의 개발에 대한 원리는 1904년 빌헬름 비에르크네스에 의해서 만들어졌지만, 그와 루이스 리처드슨(Lewis Fry Richardson, 1881~1953) 어느 누구도 1940년대 후반 아른트 엘리아센에 의해서 이루어질 때까지 이들 원리들을 성공적으로 적용시키지 못하였다.

미국 뉴저지 주 프린스턴 고등연구소(IAS)에서, 수학자인 요한 폰 노이만(Johann Ludwig von Neumann, 1903~1957)[1)]은 전자계산기의 개발을 주관하고 있었다. 폰 노이만은 날씨예보가 중요한 응용 분야가 될 것이라고 인식하고 있었지

1) 헝가리-미국 수학자, 물리학자. John von Neumann으로도 표기함. 고속전자계산기인 MANIAC(Mathematical Analyzer, Numerical Integrator and Computer)을 개발함. 스위스 취리히 스위스연방공과대학교(ETH Zürich)에서 화학공학으로 학사학위를 받고, 헝가리 파즈마니 페테르 대학교에서 Ph.D.(지도교수: 리포트 페예르)를 받음. 독일 베를린 대학교 사강사; 미국 뉴저지 주 프린스턴 대학교 교수(1930~1933)와 프린스턴 고등연구소(IAS) 교수(1933~1957) 역임함. 미국 수학회(AMS)의 31대(1951~1952) 회장을 역임하였고, 보셔 메모리얼 상(1938)을 수상함. 미국 기상학회(AMS)의 카를-구스타프 로스비 연구메달(1955)과 엔리코 페르미 어워드(1956)를 수상함. 1932년 『양자역학의 수학적 기초』와 1937년 『연속기하학에 관한 강의』를 저술함.

만, 수학과 물리학에 확실한 배경을 가진 기상학자들의 도움을 필요로 하였다. 이 프로젝트에 초기부터 참여한 줄 차니를 필두로, 엘리아센은 1948년부터 1949년까지 프로젝트에 참여하기 위해서 초청을 받게 되었다. 컴퓨터가 준비되지 않았기 때문에, 이들 두 명의 과학자들은 간단한 1차원 분석 모델로서 예보실험을 수행하였다. 이것에 대한 결과들은 행성파들이 대형 산맥에 의해서 영향을 받는다는 유명한 논문으로 발표되었다. 나아가 "에크만 펌핑(Ekman pumping)"에 의한 대류권 상대소용돌이도의 준 선형 감쇠(damping)가 발달하였다. 엘리아센은 실질적인 수치예보가 시행되기 전에 프린스턴을 떠나게 되었지만, 그 대신에 그의 동료였던 라그나르 피외르토프트(Ragnar Fjørtoft, 1913~1998)가 오슬로에서 와서 마지막까지 프로젝트에 참여하게 되었다.

미국 뉴저지 주 프린스턴 고등연구소에서 보낸 시간은 그에게 선도적인 미국 과학자들과 폭넓게 교류하는 데 도움을 주었다. 그의 과학적인 발달에 또 다른 중요한 요인은 그의 절친한 친구인 아이나르 회일란에 의해서 이끌어지고 있던 젊은 과학자 그룹이었다. 이 그룹은 50년 이상을 통하여 이론유체역학에 대한 강력한 연구학파로서 기능을 하였다.

카를-구스타프 로스비가 주도하던 스톡홀름 국제기상연구소(International Meteorological Institute)에서 짧게 보낸 후, 1953년 오슬로 대학교 전임강사(lecturer)가 되었고, 1958년 교수로 승진하였다. 오슬로 대학교에 지구물리학과를 창설하여 그의 남은 인생의 연구 장소가 되도록 하였다.

일생 동안 엘리아센은 기상역학 분야에 영향을 미치는 많은 공헌을 하였다. 그의 여러 논문들은 이 분야에 고전이 되었다. 그의 주된 주제 중의 하나는 평형 흐름의 2차 순환이었다. 이것은 전 지구 규모 자오선 순환뿐만 아니라 전선과 열대 저기압에 발생하는 중규모 순환을 포함한다. 또 다른 주요 토픽은 모든 규모들로 발생하는 산악파 내의 에너지와 운동량의 전파였다. 노르웨이 수학자인 에노크 팔름(Enok

Johannes Palm, 1924~2012)[2)]과 함께, 그는 이들 파들에 대한 상층 경계 조건을 분명하게 정의하였다. 이것은 현재 대기 모델 내에 중력파-항력(gravity wave-drag) 매개변수화에 널리 사용되고 있다. 그들은 또한 "엘리아센-팔름 플럭스(Eliassen-Palm flux)"를 정의하였다. 이것은 20년 후에 사용되었다. 수치예보 분야에서, 그는 관측 자료의 통계 내삽과 예상 방정식(prognostic equation)의 수치 적분들에 대한 방법들을 제안하였다. 특히 등 온위면 상에서 모델링을 처음으로 시행하였다. 이 아이디어는 대기 모델링에 널리 보급되지는 않았지만, 등밀도 해양 모델링(isopycnic ocean modelling)에서는 현재에도 여러 그룹에 의해서 사용되고 있다.

엘리아센은 기상학 선생으로서 강한 영향력을 지니고 있었다. 복잡한 주제들을 명확하고 간결한 방식으로 설명하는 그의 능력은 매우 고무적이었다. 나아가, 그는 그의 학생들의 우수성과 독립성에 대한 엄격한 자격을 결코 완화하지 않았다. 오슬로 대학교에서, 기상역학에 대한 교육과정을 개발하였다. 그의 강의 노트는 가히 바이블과 같았다. 아쉽게도 그의 강의노트는 끝내 영어로 출판되지는 않았지만, 클라인슈미트 주니어(E. Kleinschmidt Jr.)와 함께 집필한 리뷰 논문인 『기상역학(Dynamical Meteorology)』(Eliassen and Kleinschmidt Jr., 1957)은 교재로서 널리 사용되고 있다. 또한 1978년 카리 페데르센(Karre Pedersen)과 함께 『기상학: 물리과정과 운동』을 출판하였다(Eliassen and Pedersen, 1978). 그의 국제적인 명성은 그의 학과로 많은 방문자들이 오도록 만들었고, 이것은 학생들에게는 유익한 점이 되었다.[3)]

---

2) 오슬로 대학교에서 1950년 박사학위(지도교수: 빌헬름 비에르크네스)와 1954년 Ph.D.를 받음. 노르웨이 공과대학교 역학 교수(1960~1963), 오슬로 대학교 응용수학 교수(1963~1994) 역임함. 노르웨이 학술원 펠로(1959~2012), 노르웨이 왕립학술원 펠로(1961~2012)로 선출됨.

엘리아센은 1953년 노르웨이 과학원(The Norwegian Academy of Sciences)의 정회원으로 선출되었다. 1964년 기상역학 분야에 많은 중요한 공헌한 공로로 미국 기상학회(AMS)가 수여하는 카를-구스타프 로스비 연구메달을 수상하였고, 1969년 대단히 영예로운 상인 발잔 상을 수상하였다.[4)]

아른트 엘리아센은 2000년 4월 22일 오슬로 자택에서 사망하였다. 노르웨이 기상학자인 안톤 엘리아센(Anton Eliassen, 1945~)[5)]이 그의 아들이다.[6)]

---

3) http://www3.interscience.wiley.com/cgi-bin/fulltext/120773738/PDFSTART

4) http://en.wikipedia.org/wiki/Arnt_Eliassen

5) 노르웨이 기상학자. 대기오염수송과 기후모델링을 연구함. 오슬로 대학교(UiO)에서 1970년 기상학으로 박사학위(cand. real.)를 받음. 노르웨이 대기연구소(NILU) 과학자(1972~1977); 노르웨이 기상대(DNMI) 연구원(1978~1983), 운영 대장(1989~1997), 사무부총장(1997~1998), 사무총장(1998~); UiO 기상학과 겸임 교수(1984~2000) 역임함. 유럽 기상학회(EMS) 실버 메달(2015)을 수상함.

6) http://www.snl.no/Anton_Eliassen

Chapter 16

수치예보의 선구자인 미국 기상학자

조지 크레스만

미국 기상학자인 조지 파머 크레스만(George Palmer Cressman, 1920~2008; 그림 16-1)은 유명한 기상학자들이 가장 많이 배출된 시대에서 활동한 사람이었다. 주로 물리학의 원리에 기초를 둔 기술과학을 전공한 과학자로서 제2차 세계대전 동안 훈련받았던 그 세대의 과학자들은 기상학으로 전환해야 하는 필연적인 의무를 지니고 있었다. 그들은 레이더, 위성, 컴퓨터를 포함한 새로운 기술을 개발하였고, 이들을 확대시켰다. 그들은 날씨예보를 혁명적으로 향상시켜 국민들에게 정확한 날씨예보와 경보를 제공하였고, 1940년대와 1950년대의 기상학자들이 달성하지 못했던 범위까지 이를 수 있도록 하였다. 조지 크레스만은 이 세대의 중추적인 선도자 중의 한 사람이었다. 그는 수치예보 분야와 기상대에서 공헌하였고 기상학에 대한 국제적인 협조를 이룩하였다. 조지와 함께 일을 한 과학자들은 지적으로 엄격하고 부적절한 감정들을 회피하고 인간적으로 겸손하다는 점을 알고 있었다.

조지 크레스만은 1920년 미국 펜실베이니아 주 남동부에 위치한 웨스트 체스터(West Chester)의 작은 마을에서 태어나 그곳에서 성장하였다.[1] 그의 아버지는

그림 16-1 미국 기상학자인 조지 크레스만은 수치 예보 분야를 선구적으로 연구하였다.[2)]

교육자였고 할아버지는 의사(M.D.)였는데, 그는 학교생활을 성실하게 한 것으로 보인다. 그의 고향에 눈 폭풍들이 자주 강타하였기 때문에, 기상학에 대한 그의 관심은 어린 시절부터 이루어졌다.

조지 크레스만은 1937년 고등학교를 졸업하였고, 물리학과 기상학을 전공하기 위해 펜실베이니아 주 유니버시티 파크 펜실베이니아 주립대학교(Penn State)에 등록하였다. 펜실베이니아 주립대학교 기상학 프로그램은 막 결성되었고, 두 명의 교수진으로 구성되었다. 여기에는 헬무트 란츠베르크(Helmut Erich **Landsberg**, 1906~1985)[3)]와 한스 노이베르거(Hans H. **Neuberger**, 1910~1996)[4)]가 있었다.

---

1) http://www.alltheanswers.com/content_biography/george-palmer-cressman.html

2) 사진출처: BAMS, 89(11), 1751~1754

3) 독일-미국 기후학자로서 도시 기후학을 연구함. 독일 프랑크푸르트 대학교에서 1930년 지진 기록에 초점을 둔 학위논문으로 Ph.D.(지도교수: 베노 구텐베르크)를 받음. 프랑크푸르트 대학교 타우누스 지구물리학 및 기상학 관측소 소장; 미국 펜실베이니아 주 유니버시티 파크 펜실베이니아 주립대학교(광산공학과 지구물리학과 기상학 강사(1934~1941); 미국 일리노이 주 시카고 대학교 교수(1941~1951); 미국 공군 케임브리지 연구센터(CRC) 지구물리부 부장(1951~1954); 미국 기상국(USWB) 환경자료서비스(EDS) 대장(1954~1966); 미국 메릴랜드 대학교(칼리지파크)(UMCP) 교수(1967~1976) 및 명예교수(1976~1985); 미국 지구물리연합(AGU) 회장(1968~1970) 역임함. AGU의 윌리엄 보위 메달(1978), 세계기상기구(WMO)의 24번째 IMO 상(1979), 독일기상학회(GMS)의 베게너 메달(1980), 미국

1941년 이학사 학위를 받고 졸업한 후, 크레스만은 신설된 미 육군 항공대 기상교육 프로그램에 응시하여 들어가게 되었다. 그는 당시 미혼이었지만 훗날 아내가 된 넬리아와 펜실베이니아 주립대학교 시절부터 사귀고 있었다. 사관생도(Cadet)들은 결혼이 허용되지 않았기 때문에, 그가 뉴욕 대학교(NYU) 기상학 프로그램을 마칠 때까지 그녀는 펜실베이니아 주립 대학교 대학원을 다니게 되었다. 그는 기상학 프로그램을 마치게 되어 소위로 임관하였고, 1942년 2월 그들은 결혼하였다.

롱 아일랜드 주 미첼 비행장(Mitchell Field)에서 예보관으로 잠시 근무한 후, 크레스만은 NYU에서 그 다음 일리노이 주 시카고 대학교(UChicago)에서 사관생도에게 기상학을 가르치는 교관으로서 재발탁되었다. 시카고 대학교에서 임무를 마친 후, 그는 서부 여러 공군기지에서 복무하였고 그 다음 플로리다 주 홈스테드 공군기지(Homestead Airbase)에서 훈련담당관으로 복무하였다. 대부분 그의 동료들과 마찬가지로, 전쟁이 끝난 후 제대하였다. 가족을 부양하는 남자로서 그는 무슨 일을 할 것인가를 빨리 결정해야 하였다. 카를-구스타프 로스비로부터 시카고 대학교로 돌아오라는 제의를 받았을 때, 이를 즉시 받아들여 현재 "시카고 기상학파(Chicago School of Mctcorology)"로 불리는 일원이 되었다. 시카고 대학교에서 학문적인 연구를 수행하는 동안, 종관 실험실과 대학교 기상관측소를 운용하였다. 그는 장파의 역학과 전파에 관한 로스비의 연구에 예보응용을 다룬 주요한 세 편의 논문을 발표

기상학회(AMS)의 클리블랜드 애비 상(1983), 미국 국가과학메달(1985)을 수상함. 1941년 『자연기후학』, 1969년 『날씨와 건강; 생물기상학 개론』, 1976년 『날씨, 기후, 인간 거주』, 1981년 『도시기후』를 저술함.

4) 독일-미국 기상학자. "편광계(polarimeter)"를 디자인함. 독일 함부르크 대학교(U-H)에서 1936년 기상학으로 박사학위를 받음. 미국 펜실베이니아 주 유니버시티 파크 펜실베이니아 주립대학교(Penn State)) 지구물리학 강사(1937~1970, 기상학과 학과장(1941~1961) 및 교수; 미국 플로리다 주 세인트피터즈버그 사우스 플로리다 대학교(USF) 기상학 교수 역임함.

하였다. 이들 논문들은 그의 박사학위 논문으로 받아들여져, 1949년 그는 박사학위(Ph.D)를 수여받았다.

박사학위 취득 후, 크레스만은 스베레 페테르센에 의해서 미 공군(USAF)을 자문하는 직원으로 채용되었다. 그는 이 기간 동안 여러 곳을 여행하였고, 여러 프로젝트에 참여하였다. 프로젝트 중의 하나는 1950년대 초반 네바다 핵폭탄 실험을 위한 관측과 예보를 제공하는 기상 지원을 하는 것이었다. 조지가 미 공군을 자문하는 동안, 날씨예보는 비약적인 발전을 이룩하였고 이것이 그의 경력의 초점이 되었다. 1950년대 초반 기상학은 과학에 기반을 둔 학문으로 성장하였다. 그러나 날씨예보는 이러한 발전에도 불구하고 초보 단계를 벗어나지 못하였다. 뉴저지 주 프린스턴 고등연구소(IAS)에서 존 폰 노이만, 줄 차니, 그리고 다른 연구자들의 노력에 의해서 컴퓨터에 의한 수치예보가 이루어지게 되었다. 이 기간 동안 조지는 프린스턴 방문 과학자 중의 한 사람이었고, 컴퓨터를 기반으로 한 예측 능력을 발휘하여 현업 날씨예보를 향상시키는 데 기여하였다.

1954년 7월 1일, 미 해군(USN), 미 공군(USAF), 미 기상국(USWB)이 공동으로 참여하는 수치예보공동연구단(JNWPU)이 설립되었고, 조지가 초대 소장으로 취임하였다. JNWPU의 운영은 IAS의 기상 프로젝트, 공군 케임브리지 연구소 지구물리 이사회의 수체예보 프로젝트, 스웨덴 스톡홀름 국제기상연구소에 의한 연구로 최정상이 되었다. 조지의 지휘로 1955년 5월 6일 최초의 현업 수치예보를 시작하였다. JNWPU의 최초 현업 예보 일기도는 400 hPa, 700 hPa 900 hPa 등압면의 36시간 예보 일기도였다(Harper *et al.*, 2007).

컴퓨터 시대에 적합한 예측모델을 완성시키는 것 이외에도, 관측 자료들을 수집하고, 전문들을 해석하고, 자료들의 질을 점검하고, 모델 방정식들을 적분하는 데 적합하도록 관측소 자료들을 격자점 자료들로 변환시키고, 모델들을 실행시키며, 출력 자료들을 전시하는 것들이 필요하였다. 예보관들에게 유용하도록, 이런 단계들은 시기

적절하게 완성되어야 했다. 이것은 인간 간섭의 여지가 없다는 의미이다. 전체 단계들은 자동적으로 이루어졌고, 사전에 결코 이루어질 수 없는 것이었다. 프레스만은 미국기상국(USWB)의 프리데릭 슈만(Frederick Gale Shuman, 1919~2005)[5], 미 공군의 해롤드 베디엔트 주니어(Harold Arthur Bedient Jr., 1919~2003)[6], 여러 다른 사람들과 더불어 이들 작업들을 정열적이고 현명하게 추진하였다.

조지는 수치날씨예보 단계들의 모든 부분에 참여한 선구자였다. 그러나 그의 불멸의 업적은 오늘날 "자료동화(data assimilation)"의 조상격인 "객관분석(objective analysis)"이었다. 객관분석이란 불규칙적으로 분포된 관측소 자료들을 일정한 간격을 가진 격자점 자료들로 변환시키는 단계이다. 그는 처음으로 컴퓨터과학자인 브루스 길크리스트(Bruce Gilchrist, 1930~2015)와 함께 다항근사 기술(polynomial-fitting method)을 개발하였다.

그가 개발한 성공적인 기술은 앞서 아이슬란드 기상학자인 팔 베르그토르슨(Pall Bergthorsson, 1923~)과 스웨덴의 기상학자인 보 되스(Bo R. Döös, 1922~2010)에 의해서 개발된 아이디어에 기초를 둔 것이었다. 그리고 이 기술은 기상학, 수학, 김퓨터 과학 분아에서 조심스립게 관심을 가지게 되었다. 또한 공학 분야에서도 관심을 가지게 되었다. 조지 크레스만의 분석 방법은 전 세계적으로 연구와 현업에서 오랜 세월 동인 널리 사용되었다.

크레스만의 지도력 하에서 이룩된 JNWPU의 업적들은 미국 민 · 군 모두에서 현

---

5) 미국 기상학자로서 수치날씨예보 분야를 연구함. 인디애나 주 먼시 볼 주립대학교에서 1941년 수학으로 학사학위(B.Sc.), 매사추세츠 주 케임브리지 매사추세츠 공과대학교(MIT)에서 1942년 기상학으로 석사학위(M.Sc.)와 1951년 박사학위(Sc.D.)를 받음. 미국 기상국(USWB), 국립기상센터(NMC) 센터장 역임함. 미국 기상학회(AMS) 후반세기 어워드(1980)를 수상함.

6) 미국 기상학자로서 수치날씨예보 분야를 연구함. 미 육군항공대 기상장교로 복무함. 미국 공군(USAF) 공군기상대(AWS), 국립해양기상청(NOAA), 국립기상대(NWS)에서 활동함.

대 날씨예보의 발달에 기초가 되었다. 이들 업적들은 다른 나라에서 무상으로 공유되었고, 날씨 예측의 국제 발전에도 중요한 공헌을 하였다.

1959년, 군 기상대와 기상국은 각자의 길을 가게 되었고, 조지는 USWB에 새로 설립된 국립기상센터(the National Meteorological Center; NMC)[7)]의 초대 소장으로 취임하였다. NMC는 정규적으로 손으로 묘화하는 분석과 예보 일기도 작성을 수행한 예전의 국립경보시스템(National Warning System; NAWAS)과 JNWPU의 민간 부분의 임무를 결합한 것이었다.

1964년, 로버트 화이트(Robert M. White, 1923~)[8)]의 추천으로 조지는 NMC를 떠나 USWB 산하 국립기상대(National Weather Services; NWS) 대장직을 수락하였다. 1년 후, 미 상무부 산하에 환경과학사업청(the Environmental Science Services Administration; ESSA)[9)]이 결성되었고, USWB가 국립기상청(NWS)으로 되었을 때, 화이트는 ESSA의 청장이 되었고, 크레스만은 NWS의 청장이 되었다. 이 직책은 ESSA 산하에 속하였고 1965년부터 1979년까지 NOAA 지도자들이 임명된 자리였다.

크레스만이 청장으로 근무하고 있던 시절은 새로운 과학과 기술을 NWS에 적용

---

7) 현재는 NCEP으로 되어 있음.

8) 미국 기상학자. 위성기상학(Satellite meteorology) 분야를 연구함. 매사추세츠 주 케임브리지 하버드 대학교(Harvard University)에서 학사학위와 매사추세츠 주 케임브리지 매사추세츠 공과대학교(MIT)에서 Ph.D.를 받음. 미국 기상국(USWB) 국장(1963~1965), 환경과학서비스청(ESSA) 청장(1965~1970), 국립해양대기청(NOAA) 청장(1970~1977), 대기연구를 위한 대학 연합(UCAR) 회장(1980~1983), 미국 국립공학원(NAE) 원장(1983); 미국기상학회(AMS) 39대(1980) 회장을 역임함. 세계기상기구(WMO)의 IMO 상(1980)과 캘리포니아 주 로스앤젤레스 서던 캘리포니아 대학교(USC)에서 수여하는 환경업적 타일러 상(1992)을 수상함.

9) 1970년 국립해양대기청(the National Oceanic and Atmospheric Administration; NOAA)로 개명됨.

한 시절로 기억되고 있다. 이 기간 동안 그의 공적들은 너무 많고 인상적이었다. 여기에는 날씨예보를 위한 새로운 기술 도입, 캔자스 시에 기상대 훈련 센터(Weather Service Training Center) 건립, 강 예보센터(River Forecast Center)를 신설하여 기상대 내에 수문학 분야를 구축하였고, 수위와 홍수 예측을 위한 유량 모델을 수행하는 데 필요한 것으로는 컴퓨터 능력의 도입, 미국 연방항공국(FAA) 항공 교통관제 센터(ATC)에 항공 기상 지원을 위한 기상서비스센터(Center Weather Service Units)의 설립, FAA 레이더로부터 날씨정보를 접속시킨 항공기상 서비스의 개선 등을 들 수 있다.

NWS 책임자로서 크레스만은 기상 서비스의 발전과 국제 교류에 대해서 정열적으로 활동하였다. 그러나 그는 대통령들의 재정적인 삭감과 관측소 폐쇄에 대한 압박에 실망하게 되었다. 1978년 후반, 조지는 NWS 청장직을 사임하고 NMC의 연구 개발부의 일개 연구자로서 복귀한다고 선언하였다. 여기서 수행된 연구분야는 제트기류의 에너지학과 중력파에 관한 것이었고, 이들 논문들은 AMS 저널에 게재되었다.

크레스만과 프랜시스는 여행과 다른 나라 문화에 대한 관심을 공유하였고, 1980년대에 자주 여행을 다녔다. 1982년 중국에 장기 체류하는 동안, 크레스만은 중국기상대에 자문을 하였고 프랜시스는 영어를 가르쳤나. 두 사람은 중국 학생들과 친한 관계를 맺었고, 이런 관계는 오랜 세월 동안 지속되었다. 1983년, 조지는 오스트레일리아 정부로부터 오스트레일리아 연방 기상국(Bureau of Meteorology; BoM)의 평가를 도와주도록 요청받았다. BoM의 상태와 변화에 대한 기회에 관한 그의 보고서는 오늘날 BoM이 시행하고 있는 현대 과학과 기술에 기반을 둔 기상서비스의 시금석이 되었다. 1984년, 크레스만은 스페인 정부로부터 요청을 받아 유사한 서비스를 제공하였다. 1987년 조지는 은퇴하였지만, 그의 지적인 관심사와 달리기, 사진 촬영, 음악 등과 같은 취미 생활은 오랫 동안 유지하였다.

크레스만의 공헌은 수많은 수상으로 인지할 수 있다. 여기에는 "공군 근무우수상"(1956), "상무부 골드메달"(1961), 미국 항공우주학회(AIAA)의 "로버트 엠로지 어워드"(1966), AMS의 "응용기상학 발전 최고공로상"(1971), "AMS 클리블랜드 애비 어워드"(1976), WMO의 "세계기상기구 상(IMO Prize)"(1978), 연방항공국(FAA)의 "특별 공로상(1980)"을 들 수 있다. 그는 특히 1979년 펜실베이니아 주립대학교에서 수여한 "특별 동창상"을 자랑스럽게 생각하였다.

크레스만은 세계기상기구(WMO)의 프로그램을 오랜 기간 지원하고 공헌한 사람이었다. 1961년 그는 4년 임기의 대기과학위원회의 전신인 고층대기학 위원회(Commission on Aerology)의 회장을 역임하였다. 1963년, 그는 WMO 자문 위원회 초대 위원장으로 선출되었고, 세계기상감시(WWW)와 지구대기연구프로그램(GARP)에 초기 계획에 중요한 역할을 하였다. NAW 책임자로서 조지는 1963년부터 1968년까지 다섯 번 WMO 총회에 참석하였고 세계와 지역 기상 센터 설립을 포함한 많은 국제적인 정책 결정에 중요한 역할을 하였다.

조지는 미국 기상학회(AMS), 미국 지구물리연합(AGU), 미국 과학진흥협회(AAAS)의 펠로였고, 1994년 그는 AMS의 명예회원으로 선출되었다. 그는 일생동안 AMS 활동에 적극적으로 참여하였다. 여기에는 『기상학 저널(*Journal of Meteorology*)』(1954~1961)과 『응용기상학 저널(*Journal of Applied Meteorology*)』(1962~1966)의 부편집인(associate editor)과 출판 위원회 위원장(1960~1961)을 역임하였다. 그는 AMS 이사회(Council)에 두 차례(1957~1957; 1970~1972) 선출되었고,37대(1978) 회장을 역임하였다.

미국 국립기상청(NWS) 청장을 역임한 조지 크레스만은 미국에서 가장 존경받은 기상학자로서 2008년 4월 17일 메릴랜드 주 록빌(Rockville) 국립 루터교 요양원에서 사망하였다.

시카고 대학교 기상학과의 창설 역사

1940년 10월 카를-구스타프 로스비와 호러스 바이어스(Horace Robert Byers, 1906~1998)[10]의 노력으로 일리노이 주 시카고 대학교(UChicago) 기상학 연구소(Institute of Meteorology)가 창설되었고, 1943년 기상학과(Department of Meteorology)로 변경되었다. 앞서 여러 시도들에 의해서 시카고 대학교에 기상학 프로그램이 시작하게 되었다(Koelsch, 1996). 앨버트 마이컬슨(Albert Abraham Michelson, ForMemRS, 1852~1931)[11]은 1895년 "지구물리학(terrestrial

---

10) 미국 기상학자. 항공 기상학, 종관 기상 분석, 재해폭풍, 구름물리학, 날씨변형의 선구자. 뇌우 프로젝트(Thunderstorm Project)를 수행함. 캘리포니아 대학교(버클리)(UCB)에서 지리학을 전공하였고, 매사추세츠 주 케임브리지 매사추세츠 공과대학교(MIT)에서 1929년 지리학으로 학사학위(A.B.), 1932년 기상학으로 석사학위(M.Sc.), 1935년 박사학위(Sc.D.)(지도교수: 카를-구스타프 로스비)를 받음. 미국 기상국(USWB) 국장(1935~1940); 일리노이 주 시카고 대학교(UChicago) 기상학과 교수(1940~1965); 텍사스 T&M 대학교(TAMU) 지구과학대학 초대 학장(1965~1974) 역임함. 미국 국립과학원(NAS) 정회원으로 선출되었고, 미국 기상학회(AMS) 19대(1952~1953) 회장과 국제기상학 · 대기물리학협회(IAMAP) 회장 역임함. 1944년 『일반기상학』을 저술함.

11) 폴란드-미국 물리학자, 천체물리학자. 미국인 최초의 노벨 물리학상 수상자로 유명함. 간섭계의 개발과 분광학 및 미터원기에 대한 연구를 수행함. 별의 직경을 측정하였고, "마이컬슨-몰리 실험(Michelson-Morley experiment)"으로 유명함. 미국 메릴랜드 주 아나폴리스 미국 해군사관학교(USNA)를 졸업하였고, 독일 베를린 대학교에서 Ph.D.(지도교수: 헤르만 헬름홀츠)를 받음. 오하이오 주 클리블랜드 케이스 웨스턴 리저브 대학교(CWRU) 물리학 교수(1883~1889); 매사추세츠 주 우스터 클라크 대학교 물리학 교수(1889~1892); 일리노이 주 시카고 대학교 물리학 교수(1892~1929) 역임함. 간섭계의 개발과 분광학 및 미터원기에 대한 연구업적으로, 1907년 노벨 물리학상을 단독 수상함. 미국 물리학회(APS) 2대(1901~1902) 회장 역임함. 영국 왕립학회 외국인 회원(1902~1931)으로 선출되었고, 코플리 메달(1907)을 수상함. 미국 예술과학아카데미 럼퍼드 상(1888), 이탈리아 국립과학원의 마테우치 메달(1903), 미국 국립과학원(NAS)의 헨리 드레이퍼 메달(1916), 영국 왕

physics)” 강좌를 개설하였고, 시카고 대학교 지질학과 창설자인 토마스 체임벌린(Thomas Chrowder **Chamberlin**, 1843~1928)[12]은 그의 교과목에서 “대기의 작용(The Agency of the Atmosphere)”을 가르쳤지만 아무도 뿌리를 내릴 시도는 하지 않았다. 1903년 펜실베이니아 주 필라델피아 펜실베이니아 대학교(UPenn) 지리학과 존 구드(John Paul **Goode**, 1862~1932)[13] 교수와 1935년 캐나다 온타리오 주 토론토 대학교(U of T) 지리학과 토마스 테일러(Thomas Griffith **Taylor**, 1880~1963)[14] 교수의 노력도 있었지만 결과는 비슷하였다. 시카고 대학

립천문학회(RAS)의 천문학 분야 금메달(1923), 프랭클린 연구소의 물리학 분야 엘리엇 크레손 메달(1912)과 프랭클린 메달(1923)을 수상함.

12) 미국 지질학자, 교육자, 행성과학자. 태양계 생성에 관한 “체임벌린-몰튼 미행성체 가설(Chamberlin-Moultonplanetesimal hypothesis)”로 유명함. 1866년 위스콘신 주 벨로잇 칼리지를 졸업하였고, 미시간 주 앤아버 미시간 대학교(U-M)에서 지질학으로 학사학위를 받음. 위스콘신 주 델라반 고등학교 교장; 벨로잇 칼리지 지질학 교수; 위스콘신 대학교(UW) 총장(1887~1892); 일리노이 주 시카고 대학교에 지질학과를 창설하고 교수 및 학과장; 미국 지질학회(GSA) 6대(1894) 회장; 미국 과학진흥협회(AAAS) 회장(1908) 역임함. 국립과학원(NAS) 정회원으로 선출되었고 GSA의 펜로즈 금메달(1924)과 초대 펜로즈 메달(1927)을 수상함. 1893년 『*Journal of Geology*』를 창간하고, 편집자로 활동함. 롤린 솔즈베리와 함께 『지질학』과 1916년 『지구의 기원』을 저술함.

13) 미국 지리학자 겸 지도제작자. “구드의 세계지도(Goode's World Atlas)”로 유명함. 미네소타 대학교(UMN)에서 1889년 학사학위를 받고, 펜실베이니아 주 필라델피아 펜실베이니아 대학교(UPenn)에서 1901년 경제학으로 박사학위(Ph.D.)를 받음. 펜실베이니아 주 필라델피아 펜실베이니아 대학교(UPenn) 지리학과 교수(1901~1917); 일리노이 주 시카고 대학교 지리학과 교수(1917~1928) 역임함.

14) 영국(잉글랜드)-오스트레일리아 지리학자, 지질학자, 기상학자, 탐험가. 초기 남극 탐험대에 지질학자로 참가함. 오스트레일리아와 캐나다의 최초 지리학교수를 역임함. 오스트레일리아 뉴사우스웨일스 주 시드니 대학교(University of Sydney) 교수(1920~1928); 미국 일리노이 주 시카고 대학교 교수(1928~1935); 캐나다 온타리오 주 토론토 대학교(U of T) 지리학과 창립 교수(1935~1951) 역임함. 1913년 에드윈 퀘일과 함께 『오스트레일리아의 기후와 날씨』를 저술함.

교 천문학과 교수인 포레스트 몰튼(Forest Ray Moulton, 1872~1952)[15] 또한 기상학 분야를 도입하고자 하였지만, 그 개념은 결코 실현화되지 못하였다. 1930년 후반 거침없고 적극적인 스웨덴 기상학자인 카를-구스타프 로스비는 시카고 대학교에 기상학 프로그램을 시작하는 아이디어를 부활시켰다(Allen, 2001).

1926년 로스비는 스웨덴-미국 재단의 연구비 지원으로 미국으로 건너왔다(Phillips, 1998). 2년간 미국기상국(USWB)에서 일한 다음, 로스비는 매사추세츠 주 케임브리지 매사추세츠 공과대학교(MIT)에서 기상학 교수로서 11년간 재직하였다. 1939년 MIT를 떠나 워싱턴 D.C.에 소재한 미국 USWB 연구개발 부서의 부국장이 되었다. 그는 노르웨이 기상학파의 아이디어를 기상국에 적용하고자 부단한 노력을 경주하였지만 "구학파(old school)"의 반발이 만만치 않았다. 그러나 로스비는 기상국 내와 대학교 모두에서 기상학 교육을 진흥시키기 위해서 매진하였다(Byers, 1959). 그때까지 미국에는 대학원 프로그램이 3곳에만 개설되었다. 즉, 카를 로스비의 MIT, 어빙 크릿(Irving P. Krick, 1906~1996)[16] 지도 하의 캘리포

---

15) 미국 천문학자. "조우설(encounter theory)"을 주장함. "체임벌린-몰튼 미행성체 가설(Chamberlin - Moulton planetesimal hypothesis)", "애덤스-몰튼 방법(Adams-Moulton methods)", "몰튼 평면(Moulton plane)"으로 유명함. 미시간 주 앨비언 칼리지에서 1894년 학사학위(A.B.)를 받고, 일리노이 주 시카고 대학교에서 1899년 수학과 천문학으로 Ph.D.를 받음. 시카고 대학교 천문학과 전임연구원(1898~1900), 전임강사(1900~1903), 조교수(1903~1908), 부교수(1909~1912), 교수(1912~1952) 역임함. 국립과학원(NAS) 정회원(1910~1952)으로 선출됨. 리튼하우스 천문학회의 리튼하우스 메달(1943)을 수상함. 1902년 『항성역학개론』, 1905년 『천문학개론』, 1912년 『기술 천문학』, 1920년 『주기성 궤도』, 1926년 『강외 탄도학』, 1930년 『미분방정식』을 저술함.

16) 미국 기상학자. 장기예보와 구름 씨뿌리기의 선구자. 미국 공군 기상장교로 D-Day 예보에 참여함. 캘리포니아 대학교(버클리)(UCB)에서 물리학으로 학사학위(B.Sc.)를 받고, 캘리포니아 주 패서디나 캘리포니아 공과대학교(Caltech) 항공학과에서 1934년 푄현상으로 Ph.D.를 받음. Caltech 기상학과 창설 교수 및 학과장 역임함. "Irving P. Krick & Associates"를 창립하여 활동함.

니아 주 패서디나 캘리포니아 공과대학교(Caltech), 아델스탄 스필하우스(Athelstan Spilhaus, 1911～1998)[17] 지도 하의 뉴욕 대학교(NYU)였다. 로스비는 서해안과 중서부 지방 모두에 연구 프로그램이 성립되어야 할 강한 필요성을 내다보았다. 최종적으로 그는 강력한 개혁 연구로 명성을 얻고 있고 동해안에 영향을 미치는 폭풍의 경로 상에 위치하는 편리한 장소인 시카고 대학교가 그러한 프로그램에 최적의 장소라고 언급하였다(Koelsch, 1996).

로스비의 처음 목표는 캘리포니아 대학교(UC)에 새로운 기상학 프로그램의 책임자로 노르웨이 기상학자인 야코브 비에르크네스를 옹립하는 것이었다. 1939년 9월 야코브 비에르크네스는 국제지구물리학연합(IGU) 기상학 협회의 간사 자격으로 미국을 방문하였다. 워싱턴 D.C.에서 개최된 미국 지구물리학 연합 총회에 참석한 것 이외에도, 그는 MIT와 여러 서해안 연구소에서 강연을 개최하기로 계획되어 있었다. 로스비는 이것이 시카고 대학 당국에 관심을 불러일으킬 절호의 기회라고 판단하였다. 외교적인 방식으로 그는 야코브 비에르크네스의 방문에 관여하고 있던 MIT 총장인 칼 콤프턴(Karl Taylor Compton, 1887～1954)[18]에게 편지를 보냈다. 칼

---

17) 남아프리카공화국-미국 지구물리학자, 해양학자. 심해자기온도계(bathythermograph)를 개발함. 남아프리카공화국 케이프타운 대학교(UCT)에서 공학으로 학사학위(B.Sc.)를 받고, 미국 매사추세츠 주 케임브리지 매사추세츠 공과대학교(MIT)에서 1938년 석사학위(M.Sc.)와 1946년 Ph.D.를 받음. 남아프리카공화국 방위군(SADF) 연구원; 미국 매사추세츠 주 우즈홀해양연구소(WHOI) 연구원(1936~1937); 뉴욕 주 뉴욕시티 뉴욕대학교(NYU)(1937~1948) 조교수, 기상해양학과 창립 교수, 연구소 소장(1946~1948); 미네소타 대학교(1949~1966) 공과대학 학장 역임함. 프랭클린 연구소 이사장 및 미국 과학진흥협회(AAAS) 회장을 역임함.

18) 미국 물리학자. 오하이오 주 우스터 대학교에서 1908년 철학학사학위와 1909년 물리학으로 석사학위(M.Sc.)를 받고, 뉴저지 주 프린스턴 대학교에서 1912년 물리학으로 Ph.D.를 받음. 우스터 대학교 화학과 강사(1909~1910); 오리건 주 포틀랜드 리드 칼리지 물리학 강사(1913~1915); 프린스턴 대학교 물리학과 부교수(1915~1918)와 교수(1918~1930); 미국

콤프턴의 동생인 아서 콤프턴(Arthur Holly Compton, 1892~1962)[19]은 시카고 대학교 물리학과 교수였고 두 사람 모두 기상학의 발전에 굉장한 관심을 가지고 있었다. 1939년 2월 1일자로 칼 콤프턴에게 보낸 편지에서 로스비는 그의 결의를 설명하였다.

칼 콤프턴은 미국 기상국 자문위원회의 위원이었다. 이 위원회의 주된 목적은 기단분석방법을 기상국의 일기예보 과정에 도입하는 것을 촉진시키는 데 있었다. 그러나 그 당시 미국 내에 단지 3개 대학교에만 대학원 과정이 설치되어 있었기 때문에, 필요한 훈련을 제공하는 것이 어렵다는 것이 판명되었다. 칼 콤프턴은 이것이 새로운 프로그램을 형성하는 데 관심을 불러일으킬 것으로 판단하여 그의 동생인 아서 콤프턴에게 1939년 2월 2일 직접 편지를 썼다.

아서 콤프턴은 이러한 제안을 기쁘게 생각하였지만 수입이 감소하던 시기에 독립적인 기상학과를 설립하는 데 재정적인 어려움이 현실적으로 존재할 것이라 생각하였다. 아서 콤프턴은 이러한 문제를 시카고 대학교의 문제로서 치부하는 것이 아니라 미국 전체 대학교의 한 기상학과로 취급하는 것이 타당한 것으로 생각하였다. 그

물리학회(APS) 16대(1927~1928) 회장; 매사추세츠 주 케임브리지 매사추세츠 공과대학교(MIT) 총장(1930~1948) 역임함. 미국 예술과학아카데미(AAAS)의 럼퍼드 상(1931)을 수상함.

19) 미국 물리학자. 엑스선을 연구함. 오하이오 주 우스터 대학에서 1913년 학사학위(B.Sc.)를 받고, 뉴저지 주 프린스턴 대학교에서 물리학으로 1914년 석사학위(M.A.)와 1916년 Ph.D.(지도교수: 하먼 쿡)를 받음. 미주리 주 세인트루이스 워싱턴 대학교(WashU) 물리학과 웨이먼 크로우 물리학 교수(1920~1923); 일리노이 주 시카고 대학교 물리학 교수(1923~1946) 및 찰스 스위프트 물리학 석학 교수; 미국 물리학회(APS) 20대(1934) 회장; WashU 9대(1946~1954) 총장, 자연철학 석학 교수(1954~1961) 역임함. 콤프턴 효과의 발견으로, 1927년 노벨 물리학상을 찰스 윌슨과 공동 수상함. 미국 예술과학아카데미(AAAS)의 럼퍼드 상(1926), 영국 왕립학회의 휴스 메달(1940), 프랭클린 연구소의 프랭클린 메달(1940)을 수상함.

렇지만 이 일을 조심스럽게 들여다 보아야 하고 무엇을 할 수 있는지에 대해서 알아야 한다고 인식하였다(Compton, 1939). 아서 콤프턴은 칼 콤프턴의 편지를 총장인 로버트 허친슨(Robert Maynard **Hutchins**, 1899~1977)과 물리학부의 학부장인 헨리 게일(Henry Gordon **Gale**, 1874~1942)[20]에게 제출하였다. 1896년 시카고 대학교 최초의 정규 4년제를 졸업한 게일 학장은 제1차 세계대전 동안 측풍기구(pilot-balloon) 프로젝트를 수행하면서 통신대(Signal Corps)에서 복무하였다. 비록 그가 이 새로운 프로그램에 전적으로 동의한다고 하더라도 재정적인 어려움은 이 일을 어렵게 만들었다. 1939년 2월 10일자로 아서 콤프턴에게 보낸 답장에서 완곡하게 거절의 뜻을 보냈다(Gale, 1939).

비록 초기의 아이디어는 거절당했다 하더라도, MIT에서 로스비와 함께 연구하였고 워싱턴 D.C.에 소재한 USWB에 로스비와 함께 근무하던 호러스 바이어스는 약 10개월 후 새로운 착상을 부활시키는 사람이 되었다. 1975년 시카고 대학교 기상학과 창설 35주년을 기념하는 오찬회에서 바이어스의 관점으로부터 이야기를 듣게 되었다(Byers, 1976). 로스비와 프랜시스 레이첼더퍼(Francis Wilton **Reichelderfer**, 1895~1983)[21]가 지휘하고 있던 USWB은 기상국 예보 방법에 한대전선과 기단 개념을 도입함으로써 기상국 내에 현업 훈련 프로그램이 급속도로 성장하게 되었다. 현업 훈련이 시카고 대학교를 포함시키는 것으로 확장되었을 때, 워싱턴의 관료에게

---

20) 미국 천체물리학자. 일리노이 주 시카고 대학교에서 1899년 물리학으로 Ph.D.를 받음. 시카고 대학교 교수 및 학과장; 미국 물리학회(APS) 17대(1929~1930) 회장 역임함. 『*Astrophysical Journal*』 편집인(1912~1940)으로 활동함. 1906년 로버트 밀리컨과 함께 『물리학 기초과정』을 저술함.

21) 미국 기상학자. 날씨예보를 연구함. 일리노이 주 에번스턴 노스웨스턴 대학교(NU)에서 1916년 화학공학으로 학사학위를 받음. 미국 해군 기상장교로 복무함. 미국 기상국(USWB) 국장(1938~1963), 미국 기상학회(AMS) 12대(1940~1941) 회장, 세계기상기구(WMO) 초대 총재를 역임함. WMO의 IMO 상(1964)을 수상함.

실망한 바이어스는 자원하여 임무를 맡았다. 그는 빅터 스타(Victor Paul Starr, 1909~1976)[22]와 빈센트 올리버(Vincent Oliver)를 합류시켰다.

바이어스의 설명에 따르면, 그는 시카고 대학교와 접촉하기로 결정하였다. 실제로 바이어스는 로스비와 칼 콤프턴, 로스비와 아서 콤프턴 간에 주고 받은 편지에 대해서 아는 바가 없었다. 바이어스는 시카고 대학교에 어느 누구와 접촉해야 하는 지에 대해서 몰랐다고 회고했다. 바이어스는 물리학과를 방문하여 게일과 접촉하였다. 게일은 바이어스와 스타를 다음번 물리학과 콜로키움에 초대하였다. 이 당시 게일은 시카고 대학교에 기상학과를 설립하는 아이디어를 아주 잘 받아들이고 있었다. 조지 플라츠만(George W. Platzman, 1920~2008)[23]은 "게일이 수학자인 길버트 블리스(Gilbert Ames Bliss, 1876~1951)[24]와 대화를 나눈 후 마음을 바꾸기 시작했다."라고 어렴풋이 회상하고 있다. 길버트 블리스는 제1차 세계대전 동안 잉글랜드 애버딘 병기 훈련장(Proving Grounds)에서 미 육군 탄도학 고문으로 복무하는 동

---

22) 미국 기상학자. 수치날씨예보 분야를 연구함. 일리노이 주 시카고 대학교(UChicago)에서 1946년 기상학으로 Ph.D.를 받음. 매사추세츠 주 케임브리지 매사추세츠 공과대학교(MIT) 기상학 교수 역임함. 미국 기상학회(AMS)의 카를 구스타프 로스비 연구메달(1961)을 수상함.

23) 미국 기상학자. 폭풍 해일 예보 분야의 선구사. 일리노이 주 시카고 대학교에서 1948년 기상학으로 Ph.D.를 받음. 시카고 대학교 지구물리과학과 교수 및 명예교수(1948~1990) 역임함.

24) 미국 수학자. 변분법(calculus of variations)을 연구함. 일리노이 주 시카고 대학교에서 1897년 수학으로 학사학위, 1898년 석사학위, 1900년 Ph.D.(지도교수: 오스카 볼차)를 받음. 미네소타 대학교 수학과 조교수(1900~1902), 시카고 대학교 수학과 조교수(1902~1904); 미주리 주 컬럼비아 미주리 대학교(MU) 조교수(1904~1905); 뉴저지 주 프린스턴 대학교(1905~1908); 시카고 대학교 교수 및 학과장(1908~1941) 역임함. 미국 국립과학원(NAS) 정회원(1916~1951)으로 선출되었고, 미국 수학회(AMS)의 16대(1921~1922) 회장 역임함. 미국 수학협회(MAA)의 초대(1925) 쇼브네 상을 수상함. 1925년 『변분법』, 1933년 『대수 함수』, 1944년 『강의 탄도학 수학』, 1946년 『변분법 강의』를 저술함.

안 기상학의 중요성을 알게 되었다. 1939년 9월 독일군이 폴란드를 전격적으로 침범함으로써 기상학 프로그램의 잠재적인 중요도가 급속도로 상승하였다.

바이어스는 기상학 프로그램의 설치를 위한 가능성을 타진하기 위해서 게일과 부총장인 에머리 필비(Emery Thomas Filbey, 1878~1969)를 만나 점심을 나누었다. 이러한 아이디어에 열렬한 지지자였던 필비는 이러한 노력에 소요되는 예산이 어느 정도인지에 대해서 바이어스에게 물었다. 이에 대해 바이어스는 년 $50,000이라고 제시하였다. 후에 제시된 과예산은 $15,000~$20,000로 축소되었다. 필비는 게일의 은퇴로 물리학부 학부장이 된 아서 콤프턴의 협조를 받아 기금을 모금하기 위한 활동을 하였다. 콤프턴 또한 기상학 프로그램을 국가 방위에 기여할 수 있는 핵심적인 부분으로 간주하여 열렬히 협조하였다(Compton, 1940a). 콤프턴은 필비에게 다음과 같은 편지를 보냈다. “만약 이러한 기금을 어느 곳에서도 찾지 못한다면, 돈을 조달하기 위해서 물리과학대학 내의 다른 연구비에서 약간 삭감해야 된다고 나는 생각하고 있습니다. 물론 우리가 필수적이라 생각하는 일부 활동들이 약화될 것입니다. 그렇지만 기상학에 관한 연구는 선행되어야 합니다.”

가장 확실한 기증자로 접촉된 사람은 시웰 에이베리(Sewell Avery, 1873~1960)였다. 에이베리는 미국 석고회사(U.S. Gypsum)의 이사장을 역임하였고, 후에 몽고메리 워드(Montgomery Ward) 사의 CEO로 근무하였으며, 대학교 관재인 위원회에서 종사하였다. 콤프턴이 에이베리에게 보낸 편지(Compton, 1940b)에서 그는 기상학 프로그램의 목적에 대해서 다음과 같이 간략하게 설명하였다. “항공에서 잘 훈련된 기상학자들을 필요로 하는 정부의 요구에 부응하고 장기간 일기예보를 위한 필요성이 광범위하게 인식되고 있기 때문이다.” 그는 시카고 대학교가 USWB에 의해서 여러 가지 조건에서 가장 부합되는 곳으로 선택되었다고 말하였다.

이러한 작업은 우리가 찾을 수 있는 가장 최고의 사람인 로스비 박사와 대단히 능력 있는 정부 기상학자인 바이어스 박사에 의해서 지휘가 이루어졌다. 콤프턴은 정부의 즉각적인 요구에 직접적이고 유용한 공헌을 이룰 가칭 'Sewell L. Avery Institute of Meteorology'로 명명된 새로운 프로그램을 시작하는 데 $15,000이 소요된다고 말하였다. 에이베리는 설득되어 익명의 $15,000[25]의 기부금으로 시작하는 것에 동의하였다.

일단 기금이 확보됨에 따라 설립과정은 급속도로 이루어졌다. 바이어스의 적극적인 추천으로 로스비가 새로운 연구소의 소장으로 선발되었다. 로스비는 1년 동안 USWB에 머물러 있었다. 바이어스 자신은 운영간사를 맡아 주요 행정 과제를 수행하였다. 빅터 스타, 해리 웩슬러(Harry Wexler, 1911~1962)[26], 마이클 페렌스 주니어(Michael Ference Jr., 1911~1996)[27], 헨리 레퍼드(Henry Milton Leppard, 1886~?), 올리버 울프(Oliver Reynolds Wulf, 1897~1987)[28]가 전임교수로

---

25) 2000년대 기준으로 약 $180,000에 해당되는 금액이다.

26) 미국 기상학자. 기상위성 분야를 연구함. "달 분화구 웩슬러(lunar crater Wexler)"로 유명함. 매사추세츠 주 케임브리지 하버드 대학교에서 학사학위를 받고, 매사추세츠 주 케임브리지 매사추세츠 공과대학교(MIT)에서 1939년 기상학으로 Ph.D.를 받음. 시카고 대학교 기상학과 조교수 역임함. 미국 기상국(USWB)(1934~1942, 1946~1962)에서 근무했으며, 육군항공대(1942~1946)에서 복무함. 미국 기상학회(AMS)의 카를-구스타프 로스비 연구메달(1962)을 수상함.

27) 미국 물리학자. 일리노이 주 시카고 대학교에서 물리학으로 1933년 학사학위(B.Sc.), 1934년 석사학위(M.A.), 1936년 Ph.D.를 받음. 일리노이 주 시카고 대학교 물리학 조교수, 기상학과 부교수(1937~1946); 미 육군 통신대(Signal-Corps) 공학연구소 수석 과학자와 기술담당 소장(1948~1953); 포드 자동차 회사 과학연구소 수석 과학자(1951~1970), 운영위원회 회장, 연구담당 부이사장 역임함. 1971년 국립 공학원(NAE) 정회원으로 선출됨.

28) 미국 기상학자. 매사추세츠 주 우스터 공과대학교(WPI)에서 1920년 화학으로 학사학위를 받고, 캘리포니아 주 패서디나 캘리포니아 공과대학교(Caltech)에서 1926년 기상학으로 Ph.D.를 받음. 농림부 고정질소연구소(FNRL)(1920~1922) 주니어 화학자, 농림부 화학토양국(Bureau of Chemistry and Soils) 화학자 겸 물리학자(1928~1939), 일리노이 주 시카고 대학교 기상학연구소 전임교수(1941~1945); 미국 기상국(USWB) 기상학자

임명되었다.

마침내 1940년 10월 1일 물리학과 건물 내에 기상연구소가 문을 열었다. 이 연구소의 목적은 첫째 지구 대기의 이해를 진흥시키는 것이고, 둘째 기상학의 원리를 교육시키는 것이고, 셋째 기상학 분야에 전문적으로 활동할 수 있는 대학원생들을 훈련시키는 것이었다.

최초의 등록 학생들은 USWB와 민용항공국(CAA)에서 파견한 15명이었다. 1942년 1월에 이르면 미국 육군항공대와 해군에서 파견된 학생들을 포함해서 36명으로 증가하였다. 비록 로스비의 비전이 기상학의 이론을 가르치는 데 있었지만, 일본의 진주만 공격으로 인한 제2차 세계대전의 참전으로 모든 역량이 전쟁에 모아지게 되었다. 1940년 4월 미국 대통령 프랭클린 루즈벨트(Franklin Delano Roosevelt, 1882~1945)는 5만 대의 군용기를 생산할 것이라고 선언하였다. 이러한 군용기의 운용에는 훈련받은 약 1만 명의 기상장교들이 필요하게 된다. 로스비는 즉각적으로 군대 내에서 이루어지는 훈련보다는 대학교 내에서 기상 사관생도들을 훈련시키도록 결정하였다(Byers, 1970). 로스비는 대학기상위원회(University Meteorological Committee)의 위원장으로서 빅 파이브(MIT, NYU, Caltech, UCLA, UChicago) 기상학 프로그램과 미국 육군항공대 기술훈련사령부의 지휘를 받는 미시간 주 그랜드 래피드즈(Grand Rapids) 기지에서 이루어지는 6개의 프로그램을 총괄하였다.

1941년부터 1945년까지, 시카고 대학교에서는 2년 과정을 9개월로 압축하여 약 1,700명의 기상장교들을 훈련시켰다. 이 기간 동안 7개의 훈련 강좌들이 완성되었

(1939~1967) 역임함. 환경과학서비스청(ESSA) 대기과학연구소(Institute of Atmospheric Sciences), Caltech(1945~1967) 전임 연구원로도 활동함. 미국 국립과학원(NAS) 정회원(1949~1987)으로 선출됨. 미국 화학회(ACS)의 Hillebrand Prize(1935)를 수상함.

고, 1943년에 이르면 클래스의 인원이 거의 500명에 도달하였다.

전쟁이 끝난 1년 후, 기상학과의 규모는 급격한 쇠락을 맞이하였지만, 핵심 인물들은 남아서 대기대순환 역학모델의 개발을 통해서 특성화시킨 소위 말하는 "시카고 기상학파(Chicago School of Meteorology)"를 구성하게 되었다(NcIntyre, 1951).

시카고 기상학파는 상층 대기 내의 제트류의 발견,아열대 제트류의 존재, 열대저기압의 연구를 통해서 기상학 분야에 즉각적으로 반향을 일으켰다. 그들의 활동은 20세기 동안 기상학 발달에 혁혁한 공로를 가지게 되었다. 예를 들면, 미국 기상학회(AMS) 회장 중에서 시카고 기상학파 소속의 기상학자가 무려 15명이 들어 있다. 여기에는 카를-구스타프 로스비(Carl-Gustaf A. Rossby), 호레이스 바이어스(Horace R. Byers), 스베르 페테르센(Sverre Petterssen), 모리스 네이버거(Morris Neiburger, 1910~1986), 필립 톰슨(Phillip Duncan Thompson, 1922~1994), 루이스 바탄(Louis Joseph Battan, 1923~1986), 버너 수오미(Verner Edward Suomi, 1915~1995), 조지 벤튼(George S. Benton, 1917~1999), 데이비드 아틀라스(David Atlas, 1924~2015), 워너 바움(Werner A. Baum, 1923~2006), 조지 크레스만(George Palmer Cressman, 1919~2008), 체스터 뉴턴(Chester W. Newton, 1920~), 로스코 브라엄 주니어(Roscoe R. Braham Jr., 1921~), 조안 심슨(Joanne Gerould Simpson, 1923~2010), 윌리엄 보너(William D. Bonner, 1926~2009)이다. 또한 시카고 대학교 기상학과를 졸업한 인재들은 여러 대학교에서 새로운 기상 프로그램에 참여하였다.

Chapter 17

수치날씨예보에 공헌한 잉글랜드 기상학자

존 소이어

잉글랜드 기상학자인 존 스탠리 소이어(John Stanley Sawyer, 1916~2000; 그림 17-1)는 1916년 6월 19일 잉글랜드 웸블리(Wembley)에서 태어났다. 그의 아버지는 웨스트 런던에서 공무원으로 근무하였고, 그의 어머니는 재봉사로 일하였다(Field, 2006).

존 소이어는 앨퍼튼 초등학교(Alperton Primary School)에서 교육을 받았고 라티머 어퍼 스쿨(Latymer Upper School)에 입학하였다. 여기서 그는 과학에 상당한 관심을 가지게 되었다. 그의 부모는 그가 공무원이 되기를 간절히 바랐지만, 그는

그림 17-1 영국(잉글랜드) 출신의 기상학자인 존 소이어는 영국 기상대에서 수치날씨예보에 공헌하였고 영국 왕립기상학회 58대(1963~1965) 회장을 역임하였다.

케임브리지 대학교 지저스 칼리지(Jesus College, Cambridge)에 입학할 수 있는 주 장학생으로 선발되었다. 여기서 수학 졸업시험(Mathematical Tripos)에 1등급을 받았고, 수학에 탁월한 재능을 보였다. Part Ⅱ에서, 그는 천문학으로 시험을 보았다. 그는 1938년 데이비드 브런트(Sir David Brunt, FRS, 1886~1965)[1]가 저술한 『기상역학과 물리기상학(*Dynamical and Physical Meteorology*)』을 택하였고, 기상학에 관심을 가지게 되었다.

1938년, 존 소이어는 행정 공무원으로 임명되었지만, 그는 영국 기상대(UKMO)에 합류하기 위해 응모하였다. 그 당시 전쟁 발발의 위협이 증대되고 있었기 때문에 영국 공군(the Royal Air Force; RAF)의 요구로 UKMO에서 기술 장교를 모집하고 있었다. 전망은 별로였지만, 과학적인 측면이 그에게 관심을 끌었기 때문에 그는 기술 장교 모집에 응모하였다.

여러 공군 비행기지에서 단기 예보를 준비하는 훈련을 잠깐 받은 후, 소이어는 제2차 세계대전의 첫 해를 손니 섬(Thorney Island)에서 보냈다. RAF는 이곳에서 연안 정찰비행과 독일 선박을 공격하였다. 또한 이곳에는 레지널드 슈트클리프

---

1) 영국(웨일스) 기상학자. 현대기상학(modern meteorology)의 선구자로 불림. FIDO(Fog Investigation and Dispersal Operation) 안개 소산 시스템을 개발함. 부력 진동수인 "브런트-배이샐라 진동수(Brunt-Väisälä frequency)"로 유명함. 국제학교에서 교육을 받았고, 웨일스 대학교(University College of Wales at Aberystwyth)에서 1907년 수학으로 학사학위를 받음. 잉글랜드 케임브리지 대학교 트리니티 칼리지를 졸업함. 영국 기상대(UKMO) 기상학자(1916~1934); 임페리얼 칼리지 런던(ICL) 최초 기상학 전임교수 및 석좌교수(1934~1952) 역임함. 1916년 기상학 분야 왕립공학자로 등록됨. 런던물리학회 회장(1945~1947); 영국 왕립기상학회(RMetS) 48대(1942~1944) 회장 역임함. 버컨 상(1933)과 시먼스 금메달(1947)을 수상함. 영국 왕립학회(Royal Society) 펠로(1939~1965)로 선출되었고, 간사(1948~1957)와 부회장(1949~1957)을 역임하였고, 로열 메달(1944)을 수상함. 1917년 『관측의 조합』, 1928년 『기상학』, 1934년 『물리·역학 기상학』, 1936년 『모두를 위한 날씨 과학』, 1942년 『날씨 연구』를 저술함.

(Reginald Cockcroft Sutcliffe, FRS, 1904~1991)[2]가 복무하고 있었다. 1940년 초 슈트클리프가 프랑스로 떠남에 따라서 소이어는 작은 예보실(the small forecasting office)의 운영을 넘겨 받게 되었다. 그는 또한 짧은 기간 동안 채텀(Chatham)에서 수석 기상장교로 근무하였다. 여기서 잉글랜드 남부 지방 주변에서 수행된 공군과 해군 작전을 조절하였다(Field, 2006).

1943년부터 1945년까지, 소이어는 빅 공군대령(Group Captain Bigg)의 부관으로 배속되었고, 인디아와 실론 공군기지로부터 일본군을 공격하기 위해 출격하는 RAF 비행을 위한 예보를 준비하는 임무를 공동으로 맡았다. 1945년, 그는 인디아에서 말라리아가 창궐하는 바람에 병에 걸리게 되어 잉글랜드로 후송되었다. 병마와 싸우고 있던 기간 동안, 그는 스베레 페테르센에 의해서 밀도 장 내에서 발생하는 이류를 추정하여 대기압의 변화를 예보하는 방법을 발표한 논문에 대한 비평을 썼다. 이것은 1946년 영국 왕립기상학회 『퀴틀리 저널』에 게재되었다(Sawyer, 1946). 1947년 소이어는 2편의 논문(Sawyer, 1947a; Sawyer, 1947b)을 발표하였다. 그중 하나는 열대 저기압에 관한 내용이었다. 이 논문은 UKMO 산하 작은 연구 기관에서 활동하고 있던 찰스 덜스터(Charles Summer Durst, 1888~1961)[3]의 격

---

2) 영국(웨일스) 기상학자. 날씨예보에 역학적인 방법을 적용함. 잉글랜드 리즈 대학교(University of Leeds)에서 수학으로 학사학위, 통계학으로 Ph.D.(지도교수: William Berwick)를 받음. 영국 기상대(UKMO) 부대장(1926~1965); 레딩 대학교(Reading University) 최초 기상학 교수(1966~1970)로 임명됨. 영국 왕립학회(Royal Society) 펠로(1957~1991)로 선출됨. 국제기상학 · 대기물리학협회(IAMAP) 회장(1967~1971)과 영국 왕립기상학회(RMetS) 54대(1955~1957) 회장을 역임하였고, 부컨 상(1950)과 시먼즈 골드메달(1955)을 수상함. 영국 물리학회(IoP)의 찰스 크리 메달 및 상(1959)과 세계기상기구(WMO)의 IMO 상(1963)을 수상함. 1939년 『비행사용 기상학』을 출판함.

3) 영국(잉글랜드) 기상학자. 공간과 시간에 따른 바람의 변동을 연구함. 영국 기상대(UKMO) 기상학자 및 부대장(1919~1961) 역임함. 1949년 『비행장 기상학』을 저술함.

려를 받았다. 다른 하나는 인디아 북서 지방에서 발생하는 열대 지방 전선의 구조에 관한 내용이었다.

1949년, 예보연구부(the Forecast Research Division)가 슈트클리프의 지휘하에 던스터블에서 창설되었다. 연구팀에는 프레드 부쉬비(Fred H. Bushby, 1924~2004)[4)]가 있었다. 소이어와 부쉬비는 함께 수치날씨예보에 많은 공헌을 하였다. 이 연구지대에는 2개 부서가 있었다. 그중 하나는 장기예보에 관한 것을 다루었고, 다른 하나는 단기예보를 취급하였다. 소이어는 단기예보 부서를 책임지었다. 1950년에 게재된 논문에서, 역학적인 관점으로부터 대기의 대규모 연직 운동을 추정하였다(Sawyer, 1950). 1947년에 발표된 발달의 이론에 관한 슈트클리프의 논문은 저기압과 고기압의 발달에 대한 범주를 확립시키는 기류 패턴으로부터 취합되는 층후 패턴의 중요성에 관한 것이었다(Sutcliffe, 1947). 그 당시, 북반구 상층 일기도 묘화는 1000 hPa와 300 hPa 사이의 여러 등압면에서 나타나는 기압 패턴에 층후 패턴을 그래프로 더하여 작성되었다. 소이어는 연속 방정식을 사용하여 발산과 소용돌이도 변화율과 함께 연직 운동을 계산하는 슈트클리프 방법을 적합시켰다. 이 방법은 저기압과 고기압 발달의 주요 지역들을 대체적으로 결정하였고 강한 연직 운동이 일어나는 지역들이 관측되는 강우 지역들과 잘 일치하였다.

1951년 존 소이어는 에릭 이디(Eric T. Eady, 1915~1966)[5)]와 함께 중위도

---

4) 영국(잉글랜드) 기상학자. 수치날씨예보(numerical weather prediction)를 구축함. "부쉬비-소이어 모델(Bushby-Sawyer model)"과 "부쉬비-팀슨 모델(Bushby-Timpson model)"로 유명함. 임페리얼 칼리지 런던(ICL)에서 1944년 수학으로 학사학위(B.Sc.)를 받음. 영국 공군(RAF) 기상전대(Meteorological Branch) 기상장교(1944~1848); 던스터블 영국 기상대(UKMO) 본부 예보연구지국(Forecasting Research Branch) 예보관(1948~1974), 역학연구 담당 부대장(1974~1978), 대장(1978~1984) 역임함.

5) 영국(잉글랜드) 수학자, 기상학자. 경압불안정성 이론을 개발함. "이디 모델(Eady model)"로 유명함. 임페리얼 칼리지 런던(ICL)에서 1946년 수학으로 Ph.D.를 받음. 영국 기상대

지역에 나타나는 기류 패턴의 역학에 관한 리뷰 논문(Sawyer and Eady, 1951)을 발표하였다. 장파에 대한 카를-구스타프 로스비의 이론은 연직 바람 시어를 포함시키지 못한 반면, 1947년 발표된 줄 차니의 논문(Charney, 1947)과 1949년 발표된 이디의 논문(Eady, 1949)은 경압대기 내에서 발생하는 중위도 파동을 분석하였다. 1947년 발표된 슈트클리프의 논문은 중위도에서 나타나는 경압 불안정도(baroclinic instability)에 관한 아이디어를 구축한 것이었고, 차니와 이디는 편서풍 기류 내에서 발생하는 파동의 안정도를 평가하는 데 관여하였다. 이디는 요란 흐름 면(disturbance stream surface)의 경도 남북 방향 경사(meridional slope)가 평균 온위의 경사보다 더 클 때 작은 파동들을 충분한 안정 상태를 유지한다는 것을 발견하였다. 그러나 시어가 1 m s^{-1} km^{-1}보다 큰 경우, 불안정도가 형성될 수 있는 파장 대가 존재하였다(Atkinson, 1981).

1950년 동안, 500 hPa 패턴의 경압 모델의 개념이 로스비로부터 미국에서 전파되었고, 1953년 소이어와 부시비는 이 주제를 함께 다루었고 500 hPa 패턴에 응용된 순압 아이디어들이 층후 패턴에 관련된 소이이어의 발달 이론들에 결합된 2개 매개변수 모델(two-parameter model)을 성립하였다. 이것은 대기권 내의 3개 등압면에서 기압, 바람, 온도의 변화들을 예측할 수 있는 모델의 기초가 되었다. 이 모델의 개발은 1959년 UKMO에 최초의 컴퓨터가 노입됨으로써 가속화되었다. 그러나 컴퓨터 시스템이 너무 느려 현업 예보까지 이룩하기에는 두 번째 컴퓨터의 도입까지 기다려야 하였다. 최초의 현업 수치예보는 1965년 11월 2일 실시되었다. 역학 연구팀의 주요 업적은 소이어에 의해서 공식화된 10층 모델을 개발한 것이었다. 이 모델은 연직 운동과 구름과 강수에 관여하는 대규모 응결과 증발 과정의 계산을 수행하

(UKMO)(1938~1945) 항공기상 예보관과 기상 예보관; ICL 기상학과 교수(1949~1966) 역임함.

였다. 이것이 영국 기상대가 NWP 분야에서 세계적인 선두를 유지하도록 한 것이었다(Golding *et al.*, 2004).

1952년부터 1958년까지, 소이어의 연구는 주로 전선의 구조와 역학에 관련된 내용을 다루었다. 1952년에 발표된 논문에서, 그는 경사져 있는 전선 불연속에 의해서 분리된 기단은 기단 내에 온도 또는 운동이 불균일하게 분포되어 활승(upsliding)과 활강(downsliding)을 동반한다는 것을 보여주었다(Sawyer, 1952). 그는 전선을 발생시키는 바람 장 내에서 온난 공기는 한랭 공기에 비해서 상승하는 운동을 나타낸다는 것을 보여주었다. 이런 효과의 크기는 일반적으로 약 5 cm/s로 계산하였다.

1950년대 중반까지, 소이어는 특성적인 전선 구름과 강수에 기여하는 온난 공기의 활승 운동에 관한 만족스러운 설명이 존재하지 않는다는 것을 발견하였다. 따라서 그는 전선을 2개의 기단 사이에서 강한 온도 대조를 나타내는 지역으로 고려하지 않고 상이한 온도를 가진 기류의 "활성 합류(active confluence)" 지역으로 고려하여 1956년 이에 관한 논문(Sawyer, 1956)을 발표하였다.

소이어는 상층 바람 관측 자료와 등압면 일기도에서 측정되는 지균풍 자료에 의해서 전선 지역에서 발견되는 공기의 유적에 대한 수치 계산으로 추정되는 과정들을 받아들였다. 그는 넓은 상이한 지역으로부터 유입된 공기는 빈번하게 전선 지역으로 들어왔고 많은 경우, 합류 과정의 존재가 실재로 확인되었다.

그는 활성 전선(active fronts)은 수평 온도 경도의 강화를 유발하는 변형 장과 관련된다는 사실을 관측하였다. 그리고 이러한 효과가 700 hPa 등압면에서 가장 명백하게 정의된다고 지적하였다.

1958년에 발표된 또 다른 중요한 논문(Sawyer, 1958)에서 소이어는 전선 부근 상공 중층과 상층의 온도, 습도, 구름의 3차원 분포를 설명하였다. 이러한 관측은 500 hPa과 600 hPa 고도에서 로열기상연구비행대(RMRF) 소속의 해스팅스 관측

비행기에 의해서 전선을 수평 횡단하는 동안 이루어졌다. 500 hPa 고도에서의 온도 관측으로 밝혀진 사실은 폭이 80 km로서 확실한 경계를 가지는 좁은 전선대가 종종 존재한다는 것이었고, 습도 관측에 의해서는 전선대 내와 부근 모두에서 보통 건조하다는 것이 밝혀졌다. 이러한 사실은 하강이 진행된다는 것을 지시하는 것이었다. 소이어는 전선 지역 내의 수평 온도 경도는 등엔트로피면의 기울기를 유발하는 제트류의 한랭 면에서 일어나는 공기의 “부등 침강(differential subsidence)”으로부터 일어난다고 제안하였다. 상층 대류권 내에서 발생하는 “전선 발생(frontogenesis)”은 단지 제트류가 그의 경로를 따라 강화되거나 더욱더 저기압성 회전이 강화될 때 발생하였다.

600 hPa 고도에서 전선에서의 온도 경도는 덜 명백하였고 전선 경계의 온난 면에서의 공기는 비교적 습윤하였다. 이 지역에는 구름들이 덮여 있었고 구조는 활승 온난 공기를 동반하는 일반적인 전선과 유사하였다.

1960년 소이어는 높이에 따라 바람과 온도가 임의로 변동하는 기류(airstream) 내의 마루 상의 공기 흐름에 대한 해를 구하기 위해서 “Meteo”란 이름을 가진 새로운 컴퓨터를 사용하였다. 이러한 주제는 항공기의 사고 잠재성 때문에 상당한 관심을 가지고 있었다. 어떻게 언덕들이 대기권 전체에 그들의 항력(drag)을 발휘하는지에 대해서 의문을 기울인다는 것은 중요하고 의미 있는 일이다. 풍하 파(lee wave)가 지면에 산맥의 흐름을 형성시키는 데 중요하다고 여겨지기 때문이다. 풍하 파는 “스코러 매개변수(Scorer's parameter; SP)”가 상공보다는 지면 근처 층에서 더 크게 나타날 때 발달하고 그런 다음 그들의 진폭은 높이에 따라 감소하게 된다. 그러나 소이어는 높이의 한수인 SP의 다른 분포가 또한 풍하 파를 일으킨다는 것을 발견하였다. 그러한 풍하 파는 성층권까지는 비록 거리가 멀어지게 되면 진폭이 감소하기는 하지만 그들의 진폭은 그대로 유지된다. 또한 풍하 파는 수평 방향 내의 일부 영역의 파장 범위에서 항상 3차원이고 2개 층으로 존재한다는 것을 보여주었다.

또한 1960년, 소이어는 UKMO 역학연구지대의 부대장으로 승진하였고, 1976년 은퇴할 때까지 대장으로 근무하였다. 1961년 그는 고층 기상학 위원회의 부회장으로 선출되었고 영국 국가 측지학 및 지구물리학 위원회(British National Committee for Geodesy and Geophysics)의 위원장으로 임명되었다. 이를 통해 그는 국제사회에 알려지게 되었다. 그러나 그는 여전히 기상대 임무에 대해서 책임감을 지니고 있었다.

소이어는 1937년 12월 15일 RMetS의 회원이 되었고, 1962년 펠로로 선출되었고, 1963년부터 1965년까지 58대 회장을 역임하였다. 1964년 회장 연설(Presidential Address)을 위해서, "기상 분석"이라는 주제를 선택하였다(Sawyer, 1964). 1930년대 동안, 전선 분석은 예보에 중대한 공헌을 하였지만, 이러한 주관적인 분석은 보통 노르웨이 기상학파의 이상적인 모델에 강제적으로 맞추는 것이었다. 소이어는 이러한 분석이 어떻게 레이더 에코와 기상위성 구름 영상으로부터 얻은 자료를 이용하여 전선대와 중위도 저기압의 대규모 형상과 연관시키는지에 대해서 기술하였다. 예를 들면, 레이더 분석에서는 온난 전선 강우에서 보여주는 밴드 상 구조를 보여주는 통상적인 전선 모델과는 다른 흥미롭고 중요한 특징을 나타내었다. 소이어는 구름 영상은 경압대, 저기압의 발달과 스티어링를 보여준다고 역설하였다. 또한 이것은 전선 상에서 새로운 파동의 형성 지시자 또는 다른 종관 형성의 초기 신호를 포함한다고 강조하였다. 전선들은 온도풍처럼 넓은 지역에 걸쳐서 강한 수평 온도 대조를 나타내지는 않았다. 강우 분포는 대류권 내의 연직 운동을 직접 지시하는 것이었고 숨은열 방출은 폭풍의 에너지 수지에 중요한 역할을 하였다. 저기압 후면에 나타나는 건조 슬롯(slot)은 중층과 상층 구름의 분포에 직접적인 결과였으며, 적절하게 조사되지 못한 저기압 구조에 중요한 특징이었다. 이들은 향후 40년 동안 광범위하게 연구되었다.

1965년, 소이어는 RMetS 총회에서 하층 대기의 역학에 관한 주제로 연설하였다

(Sawyer, 1965). 그는 중위도 지역 상공의 대류권계면에서부터 10 hPa 고도(약 30 km)까지 확장하여 관측된 특징들과 그들의 계절 변동들을 고려하였다. 성층권 하부 내의 공기에 의한 복사 열 손실과 획득에 대해서는 여러 연구자(예: Murgatroyd and Singleton, 1961)들이 추정하였지만, 소이어도 이러한 가열 율과 냉각 율이 계절 온도 변화보다 상당하게 더 크다는 것을 발견하였다.

그는 한대 지역 상공 성층권 하부에서의 냉각은 반드시 "남북 순환(meridional circulation)"의 하강 가지에 의한 단열 가열 또는 준 수평 맴돌이들에 의한 북향으로의 열 수송에 의해서 상쇄되어야 한다고 규정하였다. 그는 후자에 대해서 의문을 가졌지만 그 뒤 이루어진 관측에 의해서 평균 남북 순환의 존재가 확립되었다. 그러나 그의 연구들은 대류권계면 바로 위에서 발생하는 대류 요란의 성질, 성층권 소용돌이(vortex)의 역학, 대류권과 성층권 사이의 연직 결합에 관심을 집중하였다.

RMetS는 1956년 소이어에게 휴 로버트 밀 메달, 1962년 부컨 상, 1971년 시먼스 기념 금메달을 수여하였다. 1973년 WMO는 그에게 기상역학과 기상학에 대한 국제협력의 공로를 인정하여 최고의 영예 상인 IMP 상을 수여하였다. 그는 WMO와 CSU가 공동으로 수행하는 전 지구 대기연구프로그램(Global Atmospheric Research Programme; GARP)을 위한 공동기구 위원회(Joint Organizing Committee)의 회원이 되었고 1974년부터 GARP에 관한 왕립학회 위원회의 위원장이었다. 소이어는 1959년부터 1961년까지 영국 왕립기상학회 학회지인 『쿼틀리 저널』의 편집인으로 봉사하였다. 은퇴 후, 그는 계속해서 국가환경연구심의회, 중규모 날씨예보 유럽 센터(ECMWF)의 과학자문 그룹에서 봉사하였다. 그리고 그는 여러 영국 왕립기상학회와 UKMO의 많은 위원회에서 활동하였다.

1997년 세계기상기구(WMO) 『불레틴(*Bulletin*)』 인터뷰에서, 타바(H. Taba) 박사는 소이어를 대기의 움직임과 이에 따른 중요한 문제점을 아주 잘 이해하는 사람으로 회고하고 있다(Taba, 1997). 많은 젊은 과학자들은 그의 명백한 판단과 객

관성에 의해서 영향 받게 되었고, 그의 연구 팀은 대기와 관련된 복잡한 의문점에 봉착하였을 때 그의 열정에 의해서 강력한 동기를 부여받게 되었다. 그의 개인적인 연구는 주로 날씨 시스템의 구조와 역학에 관한 분석과 이론적인 탐구였다. 그리고 UKMO의 초기 "수치날씨예보(numerical weather prediction; NWP)" 개발에 과학적인 지도력을 제공하였다(Field, 2006). 2001년 존 메이슨(Sir John Mason)이 쓴 사망자 약력(Obituary)(Mason, 2001)에서, 존 소이어의 겸양을 소개하였고, 같은 세대에서 가장 훌륭한 기상학자 중의 한 사람으로 소이어를 기억하였다. 존 소이어는 2000년 9월 19일 84세로 사망하였다.

Chapter

18

물리기후학을 창시한 벨로루시 기상학자

미하일 부디코

벨로루시 지리학 겸 기상학자인 미하일 부디코(Mikhail Ivanovich Budyko, 1920~2001; 그림 18-1)는 1920년 1월 20일 벨로루시 고멜(Gomel)에서 태어났다. 그는 레닌그라드 공과대학(Leningrad Polytechnic Institute) 물리학부에서 1942년 공학과 물리학으로 석사학위(M.Sc.)를 받고, 레닌그라드 중앙지구물리연구소(Main Geophysical Observatory; MGO)에서 1951년 물리학과 수학으로 박사학위를 받았다. MGO에서 연구원(1942~1954), 부소장(1954~1972), 소장(1972~1975)으로 활동하였다. 그 다음 상트페테르부르크 수문연구소(State Hydrological Institute; SHI) 기후 변화 연구부(Division for Climate Change Research)의 책임자(1975~2000)로 지명되어 활동하였고, 이 직책을 죽기 전까지 유지하였다. 그는 1992년 러시아 과학 아카데미(Russian Academy of Sciences; RAS)의 학술원 회원(Academician)으로 선출되었다.[1)]

1) https://en.wikipedia.org/wiki/Mikhail_Budyko

그림 18-1 벨로루시의 지리학자, 기상학자인 미하일 부디코는 물리기후학의 창시자이다.[2)]

태양으로부터 받은 열과 지구 표면으로부터 복사되는 열의 평형에 대해서 처음으로 계산한 벨로루시 과학자들은 전 세계 모든 관측 자료들을 가지고 그들의 계산을 점검하였다. 1956년 부디코는 그의 결과들을 종합하여 『지구 표면의 열평형(Heat Balance of the Earth's Surface)』이란 책으로 발간하였다. 이 연구는 기후학을 전 세계에서 관측된 기후 자료에 기초를 둔 정량적인 분야로부터 물리적인 분야로 바뀌게 만들었다. 미하일 부디코는 "물리기후학(physical climatology)"의 개척자가 되어 1956년 자신의 책에 기후도를 첨가하는 작업을 시작하여 1963년에 완성하여 지구 열평형의 모든 분야를 보여줄 수 있도록 하였다. 기후 변화의 계산은 이러한 기후도에 기초한 것이다(Oldfield, 2016).

1956년 벨로루시의 기상학자인 미하일 부디코는 "부디코 기후구분(Budyko climatic classification)"을 제안하였다. 이 구분은 습윤 지표면으로부터 증발에 유용한 순 복사(R_0)와 연 평균 강수량 전체를 증발시키는 데 필요한 열(Lr)에 기초를 두고 있다. 여기서 Lr은 기화에 의한 숨은열이다. 이들 두 값의 비가 기후 구분에 사

2) www.ras.ru/win/db/show_mem.asp

용되었다. 건조한 기후일수록 그 값은 더 크고 비가 1인 경우 건조 기후와 습윤 기후의 경계가 된다. 이 비를 "부디코 비(Budyko ration)"라 한다(Rohli and Vega, 2008). 이 방법에 의해서 구분된 기후형은 다음의 표 18-1과 같다.

표 18-1 부디코의 기후구분

R0/Lr	기후형
3.0 이상	사막(desert)
2.0-3.0	반사막(semidesert)
1.0-2.0	스텝 초원(steppe grassland)
0.33-1.0	삼림(forest)
0.33 미만	툰드라(tundra)

1960년대 미하일 부디코는 인간 활동에 의해서 세계 기온이 많이 증가할 가능성을 이미 예견하고 있었다. 그는 태양 복사를 반사하고 온도 증가를 감소시키기 위해서 성층권 내에 산란 입자들의 필요하게 되는 그런 날이 도래할 것이라 제안하였다. 1972년, 그는 과거 기후 변화와 이산화탄소의 대기 중의 농도 변화 사이에는 연계성이 존재할 것이라 확신하였다. 그 당시, 그는 화석 연료의 사용 증가로 인해 세계 기후가 상당히 온난화된다는 것을 분석을 근거로 경고하였다. 1972년 그의 계산에 의하면, 1950년부터 약 2070년 사이에 약 3.5 ℃의 기온 상승을 예측하고 있다(그림 18-2)(Allaby, 2002).

1980년대 초반 대규모 열핵(수소폭탄) 전쟁의 기후학적 결과에 대해서 숙고하기 위하여, 대기권의 조성이 변하여 이것이 기후에 미치는 효과에 대해서 연구하였다. 그는 그러한 전쟁은 대기권에 굉장한 양의 에어로졸을 유입시켜 인간의 생존을 위협하는 전 세계가 매우 한랭한 "핵겨울(nuclear winter)"에 돌입할 것이라 제안하였다.

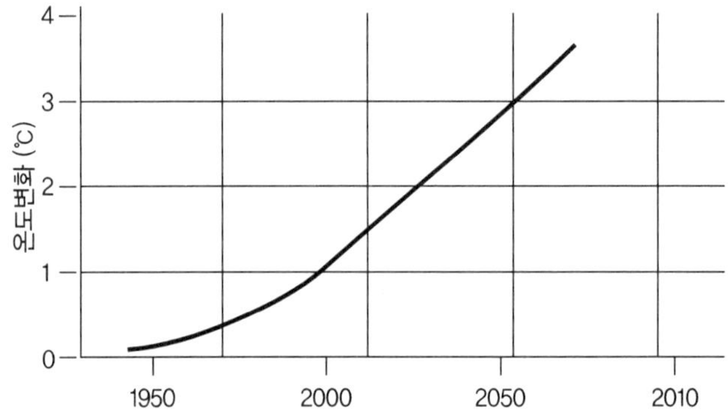

그림 18-2 1972년 미하일 부디코가 예측한 이산화탄소의 대기 중의 농도 증가로 전 세계 평균 기온이 상승하는 것을 나타낸 곡선이다.3)

부디코는 『전 세계 생태학(*Global Ecology*)』(Budyko, 1980), 알렉산드르 로노프(Aleksandr Borisovich Ronov, 1913~)4), 알렉산드르 얀신(Aleksandr Leonidovich Yanshin, 1911~1999)5)과 함께 『지구대기의 역사(*History of the Earth's Atmosphere*)』"(Budyko *et al.*, 1987), 게오르기 골리친(Georgy Sergeyevich

3) 그림 출처: Allaby, Michael, 2002 : Encyclopedia of weather and climate. Vol. 1, 84-85. Facts On File, Inc.

4) 러시아 지질학자로서 지질학과 지구화학을 연구함. 레닌그라드 대학교(LSU)에서 1938년 졸업함. 소비에트연방(USSR) 과학원 라듐연구소(Radium Institute) 연구원(1939~1943); 지구물리학연구소(Institute of Earth Physics) 연구원(1944~1950); 지구화학 및 분석화학 연구소(V. I. Vernadskii Institute of Geochemistry and Analytic Chemistry) 연구원(1950~1954)과 소장(1954~) 역임함.

5) 러시아 지질학자, 생태학자. 모스크바 지질연구소(Moscow Geological Institute Research)에서 1936년 교육학 박사학위와 1956년 지질연구소(Geological Institute)에서 1956년 교육학 박사를 받음. 지질연구소 지역 지구조과 매니저(1956~1959); 소비에트연방 과학원 시베리아 지원(Siberian Division) 지질학 및 지구물리학연구소 부소장(1959~1982); 모스크바 USSR 과학원 부원장(1982~1988)을 역임함.

Golitsyn, 1935~)[6], 유리 이즈라엘(Yuri Antonievich **Izrael**, 1930~2014)[7]과 함께 『전 세계 기후재앙(*Global Climatic Catastrophes*)』(Budyko et al., 1988)을 저술하였고, 유리 이즈라엘과 함께 『인공기후변화(*Anthropogenic Climatic Change*)』(Budyko and Izrael, 1991)를 편찬하였다.

미하일 부디코는 소비에트연방(USSR)의 레닌 국가 상(Lenin National Prize)(1958), 세계기상기구(WMO)의 금메달(Gold Medal)(1987), 러시아 과학아카데미의그리고리에프 상(A. A. Grigoryev Prize)(1995), 환경 연구에 대한 그의 공로를 기린 푸른 행성 상(Blue Planet Prize)(1999)을 포함해 수많은 상들을 수상하였다. 미하일 부디코는 2001년 10월 12일 러시아 상트페테르부르크에서 사망하였다.

핵겨울

핵겨울(nuclear winter)이란 용어는 1983년 미국 대기과학자인 리처드 터코

---

6) 러시아 대기물리학자. 다른 행성들의 대기 순환을 연구함. 모스크바 러시아 과학원(RAS) 오부코프 대기물리학연구소(A. M. Obukhov Institute of Atmospheric Physics) 소장(1990~2009) 역임함. 1988년 미하일 부디코, 유리 이즈라엘과 함께 『전 세계 기후재앙』을 저술함. 유럽지오사이언스연합(EUG)의 알프레트 베게너 메달(2005)을 수상함.

7) 우즈베키스탄-러시아 기상학자. 세계기상기구(WMO)의 세계날씨감시(WWW) 프로그램 개발에 기여함. 우즈베키스탄 타시켄트 중앙아시아 국립 대학교 물리학과에서 1953년 학사학위와 1969년 물리학과 수학으로 Ph.D.를 받음. 러시아 과학원(RAS) 전 세계 기후환경연구소(Global Climate and Environment Institute) 소장(1990~2011) 역임함. WMO 초대 부총재와 기후 변화에 관한 정부 간 패널(IPCC) 부위원장 역임함. RAS 정회원(1994~2014)으로 선출됨. WMO의 IMO 상(1992); 유엔환경계획(UNEP)의 사사가와 환경상(1992)을 수상함. 1988년 미하엘 부디코, 게오르기 골리친과 함께 『전 세계 기후재앙』과 2002년 데보라 몰리(Deborah Morley)와 함께 『핵폭발과 사건 이후 방사능 낙진』을 저술함.

(Richard Peter Turco, 1942~)[8] 등이 발표한 논문(Turco *et al.*, 1983)에서 처음으로 사용되었다. 각 논문 저자들의 성을 모은 머리글자를 따서 이 논문을 보통 「TTAPS」라 부른다. 사실 1982년 파울 크루첸(Paul Josef Crutzen, ForMemRS, 1933~)[9]과 존 버크스(John William Birks, 1946~)[10]에 의해서 발표된 논문

---

8) 대기화학과 지구시스템 모델링을 연구함. 1983년 핵겨울(nuclear winter)이란 용어를 공동으로 창안함. 뉴저지 주 럿거스 대학교에서 전기공학으로 학사학위(B.Sc.)를 받고 일리노이 대학교(UI)에서 전기공학으로 석사학위와 1971년 Ph.D.를 받음. 캘리포니아 주 로스앤젤레스 연구개발회사(R&DAssociates) 시니어 연구과학자(1971~1988); 캘리포니아 대학교(로스앤젤레스)(UCLA) 대기과학과 겸 환경연구소 교수 및 석학 명예교수(1988~) 역임함. 1990년 칼 세이건과 함께 『아무도 생각하지 못하는 곳으로 행로; 핵겨울과 군비경쟁의 종말』과 1997년 단독으로 『공성전 하의 지구』를 저술함.

9) 네덜란드 대기화학자, 기후학자로서 오존 고갈을 연구함. 네덜란드 암스테르담 대학교에서 1954년 토목공학으로 학사학위를 받고, 스웨덴 스톡홀름 대학교에서 1963년 석사학위(M.Sc.), 1968년 Ph.D., 1973년 과학박사학위(D.Sc.)를 받음. 잉글랜드 옥스퍼드 대학교 클라렌든 연구소 박사 후 과정 펠로(1969~1971); 미국 콜로라도 주 볼더 국립대기연구센터(NCAR) 연구과학자(1974~1977)와 대기질 부 연구과학자(1974~1977)와 연구 담당 센터장(1977~1980); 미국 캘리포니아 주 라호야 캘리포니아 대학교(샌디에이고)(UCSD) 스크립스 해양연구소(SIO) 교수(1992~2008) 및 명예교수(2008~); 대한민국 서울대학교(SNU) 지구환경학부 초빙 교수(2009~); 독일 마인츠 막스플랑크 화학연구소(Max Planck Institute for Chemistry) 대기화학과(1998~2000) 멤버와 명예 멤버(2000~) 역임함. 오존층 파괴의 화학적 메커니즘을 연구하여, 1995년 노벨 화학상을 미국화학자인 셔우드 롤런드, 마리오 몰리나와 공동 수상함. 미국 지구물리연합(AGU) 펠로(1986~); 스웨덴 왕립과학원(RSAS) 정회원(1991~); 러시아 과학원(RAS) 외국인 회원(1999~); 영국 왕립학회 외국인 펠로(2006~)로 선출됨. 미국 물리학회(APS)의 Leó Szilárd Award(1985), 캘리포니아 주 로스앤젤레스 서던 캘리포니아 대학교(USC)에서 수여하는 환경업적 타일러 상(1989), UNEP의 지구 오존 어워드(1995)를 수상함.

10) 미국 대기과학자로서 성층권의 화학 분야를 연구함. 1974년 캘리포니아 대학교(버클리)(UCB)에서 Ph.D.(지도교수: 해럴드 존스턴)를 받음. 콜로라도 주 볼더 콜로라도 대학교(CU Boulder) 대기해양과학 프로그램 교수 및 명예교수 역임함. 2005년 2B Technologies, Inc.를 창립하여 회장으로 활동함.

(Crutzenand Birks, 1982)에서 이미 핵전쟁에 뒤따라 일어나는 화재에 의해서 발생되는 연기로 인해 전 세계의 사후 효과에 대한 가능성을 언급하였다(Eagleman, 1991).

핵폭탄의 폭발로 인한 효과들을 결정하기 위해서는, 핵폭탄의 종류와 폭발 위치, 대기 중으로 주입되는 먼지 양, 연기와 아산화질소(nitrous oxide)와 관련된 가정들이 요구된다. 만약 1메가톤(Mt)의 핵폭탄이 지상에서 폭발한다면 어떻게 될까?

1 Mt의 폭발로 생성되는 버섯모양의 먼지구름은 성층권으로 먼지를 주입시킨다. 1 Mt 폭발은 대기 중 약 20 km 상공까지 먼지구름을 만들게 된다. 만약 핵무기가 1 Mt 미만이라면 대부분의 먼지는 대류권에 머물게 될 것이다. 대기 중으로 먼지의 주입은 아주 빠르게 일어날 것이다. 구름의 높이는 폭발 5분 후에 안정화될 것이고, 10분 후의 높이는 폭탄의 소요 양에 달려 있다. 4 Mt 원자 폭탄일 경우 구름의 밑부분은 15 km가 될 것이고 구름의 높이는 약 28 km가 될 것이다. 구름의 꼭대기와 밑 부분의 높이는 무기의 소요 양에 따라 증가한다.

먼지 구름의 높이는 주변 온도 구조에 의해서 영향을 받게 될 것이다. 한대 지방의 한랭 공기의 냉각 효과는 먼지 구름의 상승을 적게 할 것이다. 한대 지방에서 1 Mt의 핵무기가 폭발한다면 구름의 밑 부분의 높이는 6 km이고 꼭대기의 높이는 18 km이나 동일한 양의 핵폭발이 적도 지방에서 이루어진다면, 밑 부분의 높이는 12 km가 되고 꼭대기는 22 km에 달하게 된다. 대류권 먼지의 양은 200에서 500 테트라그램(tetragram) 정도이다. 성층권으로 주입되는 먼지의 양은 120에서 300 테트라그램이 될 것이다.

핵폭발의 다른 주된 효과는 핵폭발로부터 만들어지는 수많은 화재로부터 발생하는 연기의 입력이다. 화재의 수는 재질의 연소 특성과 관련된다. 핵폭발에 의해 생성되는 화재의 특징은 일반적인 화재와는 판이하게 다르게 이루어진다. 그 차이점 중의 하나는 핵폭발에 의한 화재는 즉각적으로 주요 방화대를 횡단하여 불태워버리지만 반면 자연적인 화재는 방화대(firebreak)에서 옆으로 퍼질 수는 있으나 결코 이를 넘을 수는 없다는 것이다.

핵 불덩어리의 상승은 지상의 집단 화재에서 중앙 대류 운동으로 이루어진다. 바람은 대류 중심에 관련되어 더 빠른 연소를 일으키게 한다. 불덩어리 근처의 주 상승기류에 부수적으로 다른 소용돌이도 중심과 거의 토네이도의 크기만 한 불 회오리들이 발달하게 되어 화재를 더욱더 번지도록 위해서 불타는 가연성의 재료들을 흩어지도록 한다. 핵폭발에 만들어지는 화재로부터의 연기는 지구에 들어오는 햇빛의 양에 큰 효과를 가지게 된다.

핵폭발의 효과들은 수없이 많다. 주요한 하나의 효과는 성층권으로 주입되는 질소산화물 때문에 나타나는 오존층의 고갈이다. 오존은 화학 반응에 의하여 연속적으로 발생되지만 핵폭발 후에는 오존의 생산이 적어지게 된다. 핵폭발이 일어난 수개월 후 최저치에 도달하게 된 다음, 오존층이 정상적으로 되돌아가는 데는 수년의 세월이 소요될 것이다.

핵폭발 후 나타나는 주요 인자는 대기를 통하여 투과하는 햇빛의 감소로 인해 광학두께가 감소한다는 것이다. 이것은 식물의 광합성을 저해하여 식물이 고사하고 식량의 감소를 초래하게 될 것이다. 시간에 따른 광학두께의 변화들이 핵폭발 후 예상되는 온도 변화를 계산하는 데 사용될 수 있다. 지상 온도의 감소는 상당한 시간동안 계속적으로 느낄 수 있을 것이다. 정상 온도의 수 ℃내로 기온이 복귀하기 위해서는 150일 이상의 시간이 필요한 것으로 추정되었다.

미국 캘리포니아 주 로렌스 리브모아 국립 연구소(LLNL)의 2차원 모델의 계산 결과는 중위도 지방에서는 핵폭발 후 10일째 −11 ℃의 온도 변화를 계산하였고, 절반의 회복 시간은 120일로 계산되었다.

지구의 온도가 더 한랭해지면 이에 따라 온도 연직분포는 아주 많이 변하게 될 것이다. 대기 중의 연기와 먼지들이 태양 복사를 흡수하기 때문에 대단히 한랭한 지상 온도가 만들어지지만 태양 복사의 흡수는 대기를 가열하도록 한다. 그러므로 지상 역전층이 그전 우리가 알고 있는 것보다는 훨씬 깊게 발달하게 될 것이다. 계산에 의하면 역전층의 두께는 지면에서부터 상공 11 km까지 확장된다. 대기 중에 일어나는 가열은 11 km 상공에서는 약 25 ℃까지 온도가 증가할 것이다. 이에 대해서 지표에서의 지상 기온은 약 -30 ℃로 하강하게 된다(그림 18-3). 이것이 핵겨울을 유발하게 되는 것이다.

변형된 기온 연직 분포가 대기 내의 대류 과정에 주 효과들이다. 약한 대류가 지표면에서부터 11 km까지 일어나지만 대류 혼합은 11 km 이상의 높이에서 발생한다. 대류구름의 밑면의 고도는 보통은 1~2 km 고도에 나타나는 대신에 11 km이며 구름은 11 km 에서부터 위로 확장될 것이다. 그러므로 지구는 보통 하층구름 대

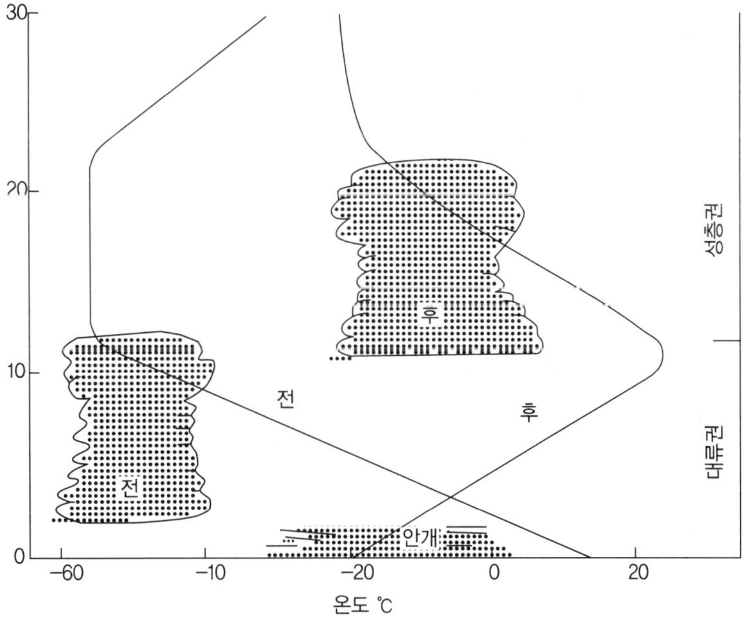

그림 18-3 대규모 핵폭발이 일어난 후 예상되는 변형된 온도 연직 분포와 구름 밑면의 높이이다(윤일희, 1998).

신에 대단히 높은 구름들이 덮이게 될 것이다. 더욱이 구름은 하층 한랭 지역은 얼음 결정으로 형성되고 온난한 상층 대기 내에서는 액체 물로 형성된다. 강수 형태는 우박, 진눈깨비, 그리고 눈으로 될 것이다. 왜냐하면 지표면에서부터 11 km까지는 한랭공기가 존재하고 그 위 상층 공기는 온난 공기이기 때문이다.

핵폭발 후 예상되는 바람 변화는 북위 30°에서부터 남위 30°까지 확장되어 있는 강한 서풍 바람 대를 가진 상층 대기를 더욱더 강화시키게 된다. "자오면 순환(meridional circulation)" 또한 변하게 될 것이고 이는 기후에 커다란 영향을 미치게 될 것이다. 열적도 상의 상승 공기를 가지는 적도 부근의 대류 활동은 일반적으로 북반구와 남반구를 분리시킨다. 북반구 내에서의 가공할 만한 연직운동과 가열은순환에 따라 북반구내에서 적도 상공 위로 상승하는 공기를 가지고 적도에서부터 남위 30°까지 하강하는 세포 순환을 일으키기에 충분하다. 이것은 북반구와 남반구 사이에 상당한 혼합을 일으키도록 한다. 그러므로 비록 효과는 적다고 하더라도 남반구 또한 북반구의 핵 교환에 의해서 영향을 받는다.

핵폭발 후 복사 안개는 보통 지표 근처 공기의 냉각에 의한 대단히 한랭한 지면 때문에 나타난다. 안개는 지표면에서 한랭 온도가 유지되는 시간만큼 지속된다. 구름양과 강수 형태는 대류권 내의 억압된 대류에 의해서 많이 변하게 된다. 그리고 이것은 반향을 가지게 된다. 대류권이 대부분의 수분을 계속적으로 함유하기는 하나 전체 대류권이 대단히 안정화되기 때문에 적은 강수를 유도하게 될 것이다. 핵폭발 후 지구상의 모든 상층 구름의 효과들을 추정하는 것은 어렵다. 그러한 구름은 비록 확실하게 알려진 것은 아니지만 태양복사의 알베도와 지구로부터의 적외선 복사의 손실에 영향을 미치게 될 것이다.

대부분의 연기와 먼지가 사라진 후 눈 덮임의 변화는 그들이 발달된 후에 그들을 변화시키기 위해서는 얼음 및 눈 덮임의 저항이 있기 때문에 남아 있게 된다. 이와 유사하게 식생 분포는 주변 환경에 매우 민감하게 반응하기 때문에 많은 장소에서 영원히 변하게 될 것이다. 현재 잘 발달된 해류들은 핵폭발 후 대기대순환이 변함에 따라 변할 수 있을 것이다. 확실하게 상층 대기 수증기 양은 장기간 동안 변하게 될 것이다. 왜냐하면 다량의 수증기의 주입이 성층권 내로 이루어지기 때문이다.

Chapter 19

구름과 에어로졸을 연구한 미국 기상학자

피터 홉스

잉글랜드 태생 미국 기상학자인 피터 빅터 홉스(Peter Victor Hobbs, 1936~2005; 그림 19-1)는 1936년 5월 31일 잉글랜드 런던에서 태어났다. 그는 어린 시절 서리 주 카운티에서 개최하는 수영 대회와 주니어 복싱 대회에 출전하는 등 매우 활달하고 도전적인 소년이었다. 또한 이 기간 동안 과학에 대해서 매우 각별한 관심을 가졌다. 그는 12세 때 런던 대학교 임페리얼 과학기술대학(Imperial College of Science and Technology, London University)의 유명한 구름학자인 존 메이슨(Sir Basil John Mason, 1923~2015)[1] 교수가 발표한 "구름과 인공강우(*Clouds*

1) 잉글랜드 기상학자. 구름물리학을 연구함. "메이슨 방정식"으로 유명함. 런던 대학교 임페리얼 칼리지에서 물리학으로 학사학위를 받음. 런던 대학교 임페리얼 칼리지 기상학 전임강사(1948~1961) 및 물리학과 구름물리학 초대 교수(1961~1965); 영국 기상청(UKMO) 청장(1965~1983); 영국 왕립기상학회(RMetS) 61대(1968~1970) 회장; 영국 물리학회(IOP) 회장(1976~1978); 영국 왕립학회(Royal Society) 부회장(1976~1986); 맨체스터 과학기술대학교(UMIST) 총장(1984~1996) 역임함. 영국 왕립학회(Royal Society) 펠로(1965~2015)로 선출됨. 럼퍼드 메달(1972), 로열메달(1991), 찰스 크리 메달 및 상(1965)을 수상함.

그림 19-1 잉글랜드-미국 기상학자인 피터 홉스의 주된 연구 분야는 구름과 강수물리학, 중규모 기상학, 대기화학, 대기오염 기상학이었다.[2)]

and Rainmaking)"라는 제목의 대중 강연에 참석하였다. 강연이 끝난 후, 홉스는 메이슨 교수에게 어떻게 하면 그의 연구 그룹에 참여할 수 있는지에 대해서 물어보았다. 이에 대해 메이슨 교수는 "당신이 물리학 학사학위를 취득하면 다시 나한테 오시오."라고 대답하였다. 12년 후인 1960년 홉스는 손에 물리학 학사학위를 들고 메이슨 교수의 방에 나타났다. 메이슨 교수는 그 자리에서 홉스를 대학원생으로 받아 들였다(Mass, 2005).

피터 홉스는 잉글랜드 임페리얼 칼리지 런던(ICL)에서 1963년 구름물리학으로 박사학위(Ph.D.)(지도교수: 존 메이슨)를 취득하였다. 그런 다음 그해 말 미국 워싱턴 주 시애틀 워싱턴 대학교(University of Washington; UW) 대기과학과의 조교수로 자리를 옮겼다. 그가 옮긴 이유는 UW 기상학과가 전 세계 구름물리학의 중심이었기 때문이었다. 그는 1963년 기상학과 내에 구름 · 에어로졸 연구 그룹(Cloud and Aerosol Research Group; CARG)을 창설하였다(그림 19-2). 이 그룹은 성장을 거듭하여 대기과학과에서 가장 큰 연구 그룹이 되었고, 40년 동안 활발하게 연구를 수행하였다. 그는 1966년 부교수로 승진하였고 1970년 교수가 되었다.

---

2) 사진 출처: Mason, John, 2005 : Obituary. Peter V. Hobbs. Weather, 60(12), 359.

그림 19-2 1963년 워싱턴 대학교 기상학과에서 피터 홉스 교수에 의해서 창설된 구름·에어로졸 연구 그룹(CARG)의 로고이다.[3]

홉스의 초기 연구는 확산, 충돌과 병합, 결빙, 분열, 얼음입자들의 대전 등을 포함한 구름 과정의 실험적인 연구(Dye and Hobbs, 1966)와 이론적인 연구(Hobbs, and Scott, 1965)에 집중되어 있었다. 1960년대 그의 CARG는 연구 내용을 확대하여 에어로졸과 구름에 대한 야외 연구를 수행하게 되었다. 예를 들면, 워싱턴 주 서부 올림픽 국립공원에 위치한 정상 높이가 약 2,400 m인 올림퍼스 산(Mt. Olympus)에 야외관측소를 설치하여 측정한 경우이다(Wallace, 2005).

홉스는 항공구름물리하연구소의 설립을 꿈꾸었고, 1969년 그의 CARG에 첫 번째 연구용 항공기를 구매할 수 있었다. 그들의 첫 번째 항공기는 앞서 하워드 휴스(Howard Hughes, 1905~1976)[4]가 소유하던 것으로, 제2차 세계대전 시절에 제작된 더글러스 B-23(Douglas B-23)이었다(그림 19-3). 항공기에 측기를 장착함에 따라 구름 속을 비행하면서 실시간으로 얼음 입자들의 영상을 받을 수 있었고,

3) 출처: http://carg.atmos.washington.edu/

4) 미국 비행사, 공학자, 영화 제작자, 감독, 자선가로 유명함.

그림 19-3 피터 홉스의 CARG에서 처음으로 사용한 연구용 항공기 더글러스 B-23이다.[5)]

에어로졸과 가스들을 수집할 수 있었으며, 얼음 입자 농도도 측정할 수 있었다.

1969년부터 1984년까지 홉스와 동료 연구자들은 B-23으로 수천 시간을 비행하였다. 이러한 비행으로 수집된 자료들을 근거로 대기 에어로졸과 구름 화학으로부터 구름물리학과 중규모기상학까지 폭넓은 주제로 80편의 논문과 30명의 학위논문들이 발표되었다. 이 기간 동안, 홉스는 항공기를 이용한 일련의 주요 프로젝트들을 수행하였다. 여기에는 캐스케이드 산맥 상공의 구름의 구조와 강수 형성과 구름 씨뿌리기의 효과를 연구한 캐스케이드 프로젝트(Cascade Project, 1970~1974)와 북서태평양 상에서 발생하는 저기압성 폭풍 내의 구름 미물리학과 중규모로 이루어지는 강우와 관련된 저기압성 중위도 폭풍(CYCLonic Extratropical Storms; CYCLES) 프로젝트(1973~1986)가 포함된다.[6)]

CYCLES 프로젝트를 수행하는 동안, 그는 온도이류가 도플러 레이더 영상으로부터 쉽게 진단될 수 있다는 것과 저기압과 전선에 관련된 강수 구조는 강수 띠와 매우 강도가 큰 코어로 구성된다는 것을 처음으로 시연하였다. 홉스는 자연 구름 내에

5) 사진 출처: http://carg.atmos.washington.edu/

6) https://www.eol.ucar.edu/field_projects/cycles-79

서 일어나는 "얼음 증가(ice enhancement or ice multiplication)"에 관심을 가지고 이들을 설명하고자 노력하였다. 1970년대 워싱턴 주 상공에서 항공기 관측으로 얻은 자료를 분석하여, 활동적인 얼음 핵의 농도보다 실제 구름 속의 얼음 입자 농도가 수십 또는 수백 배 초과한다는 것을 발견하였다. 이어진 측정에 기초하여 현재에는 얼음 증가는 육상과 해상 모두에서, 대류구름과 전선구름 모두에서, 그리고 모든 위도에서 발생한다는 것으로 잘 알려지게 되었다. 그의 동료인 아서 랭노(Arthur L. Rangno, 1942~)[7]와 함께, 홉스는 수많은 구름 씨뿌리기 실험을 면밀히 분석하여 많은 실험들이 매우 적절한 결과를 얻었다는 것을 증명하였다(Hobbs and Rangno, 1978). 또한 B-23 관측 항공기는 화산분출물의 조성을 밝히는 최초의 항공기 연구로 많이 사용되었다. 여기에는 1975년 캐나다 브리티시컬럼비아 주 밴쿠버에 소재한 베이커 화산(Mt. Baker) 분화(Radke *et al.*, 1976), 알래스카의 여러 화산들의 분화(Hobbs *et al.*, 1977), 1980년의 세인트헬렌스 화산(Mt. St. Helens) 분화(Hobbs *et al.*, 1982)에 대한 연구들을 들 수 있다.

1984년 B-23은 대형 수송기인 콘베어 C-131A(Convair C-131A; 그림 19-4)로 대체되었다. 이 관측 항공기에는 대기 에어로졸, 구름, 대기회학, 복사를 연구하기 위한 측기들이 장착되었다. C-131A를 이용하여 홉스와 동료 연구자들은 구름구조, 태양복사에 대한 구름효과, 북극 오염, 연기의 성질과 기후에 대한 연기의 효과, 해양대기의 화학, 구름 내의 화학반응, 에어로졸-구름 상호작용 등을 연구하였다. 연기에 대한 특별한 연구는 1991년 쿠웨이트 석유 화재로부터 나온 연기 연구(Hobbs *et al.*, 1996)와 1995년 브라질 아마존 분지에서 발생한 바이오매스 연소로부터 발생한 연기의 연구(Hobbs *et al.*, 1995)이다. 이러한 측정에 기초하여

---

7) 구름 내의 얼음 입자들의 기원과 농도와 구름씨뿌리기를 연구함. 워싱턴 주 시애틀 워싱턴 대학교(UW) 대기과학과 구름·에어로졸연구그룹(CARG) 비행 기상학자(1976~2006) 역임함.

그림 19-4 1984년 피터 홉스의 CARG에서 더글러스 B-23을 대체한 연구용 항공기 콘베어 C-131A이다.[8)]

홉스와 그의 동료 과학자들은 연기 속의 입자들이 더 검다는 것과, 앞서 우리가 믿고 있던 것보다는 기후에 대한 냉각 효과들이 덜 하다는 것을 밝혀내었다. 또한 이 기간 동안, 홉스의 CARG는 구름구조와 미국 동해안과 중앙부 상공에서 발생하는 강수의 조직을 연구하였다. 후자의 연구를 통하여 로키 산맥의 서부에서는 강수 조직이 표준 구조가 아니라는 것을 밝혔고, 이에 따라 그들은 저기압과 그에 수반되는 전선에 대한 새로운 개념 모델(new conceptual model)을 만들었다(Hobbs *et al.*, 1997).

1997년 3월, 홉스의 CARG는 다기능을 갖춘 콘베어-580(Convair-580; 그림 19-5)을 구입하여 희귀 가스, 대기 에어로졸, 구름을 측정할 수 있는 세계에서 가장 최상의 플랫폼으로 변경시켰다. 콘베어-580은 1998년 북극 구름을 연구하기 위한 FIRE[9)]-ACE/SHEBA 프로젝트를 수행하기 위해서 알래스카, 1999년에는 중규모 대류시스템을 조사하기 위한 KWAJEX[10)] 프로젝트를 위한 마셜군도, 2000년 바이오매스 연소의 효과에 관한 SAFARI-2000 프로젝트를 수행하기 위해서

8) 출처: http://carg.atmos.washington.edu/
9) First ISCCP Regional Experiment
10) Kwajalein Experiment

그림 19-5 1997년 3월, 홉스의 그룹이 구입한 다기능을 갖춘 콘베어-580로, 이를 이용하여 희귀 가스, 대기 에어로졸, 구름을 측정하였다.[11)]

남부 아프리카를 비행하였다. 그리고 2001년에는 미국 북서 태평양 상공을 비행하면서 유일한 자료세트를 생산하기 위한 IMPROVE-I[12)]과 IMPROVE-II[13)] 프로젝트를 수행하여 구름물리학 매개변수화 모델을 개량할 수 있도록 하였다. 또한 2001년 미국 동해안에 대한 CLAMS[14)] 프로젝트를 수행하였다. 이 프로젝트의 목표는 해양 환경 상에서 나타나는 에어로졸의 복사 효과의 이해를 위한 것이었다. 홉스의 그룹은 브라질과 마셜군도 상공을 항공기로 비행하면서 직경이 거의 1 cm에 달하는 세계에서 가장 큰 빗방울을 수집하였고 이를 기네스북(Guinness Book of World Record)에 등재시켰다. 홉스는 콘베어-580을 그들이 수집한 방대한 항공기 측정 자료를 면밀히 분석하기 위하여 팔게 되었다.

또한 홉스는 교육자와 저술가로서도 명예를 얻었다. 그의 프로젝트 수행으로 인하여 많은 학생들과 연구원들에게 기회를 부여하였다. 그는 34명의 석사학위 학생들과

11) 출처: http://carg.atmos.washington.edu/
12) Washington Offshore Frontal Study
13) Oregon Cascade Orographic Study
14) Chesapeake Lighthouse & Aircraft Measurements for Satellite

29명의 박사학위 학생들을 지도하고 장학금을 지원하였다. 이러한 배출학생들의 숫자는 대학교의 학과와 국립연구소에서도 가장 탁월한 위치를 차지하였다.[15] 피터 홉스는 340편의 논문과 4권의 저서를 독자적으로 또는 공동저자로 출판하였다. 4권의 책은 1974년 옥스퍼드 대학교 출판부에서 발간한 『얼음 물리학(Ice Physics)』, 1995년과 2000년 케임브리지 대학교 출판부에서 발간한 『대기과학 용 기초 물리화학(*Basic Physical Chemistry for the Atmospheric Sciences*)』, 2000년 케임브리지 대학교 출판부에서 출판한 『대기화학개론(*Introduction to Atmospheric Chemistry*)』, 1977년 같은 과의 존 월리스(John Michael Wallace, 1940~)[16]와 공동으로 아카데미 프레스에서 출판한 『대기과학(Atmospheric Science: An Introductory Survey)』(그림 19-6)이다.[17] 피터 홉스가 공동으로 편집한 저서는 3권이 있다. 첫 번째 책은 1981년 『구름: 형성, 광학성질, 효과(*Clouds: Their Formation, Optical Properties and Effects*)』로서 아카데미 프레스에서 출판되었다(Hobbs and Deepak, 1981). 두 번째는 1988년 패트릭 맥코믹(M. Patrick McCormick, c. 1939~)[18]과 공동으로 발간한 『에어로졸과 기후(*Aerosols and*

---

15) http://carg.atmos.washington.edu/sys/Student.pdf

16) 미국 기상학자. 대규모 대기역학과 기후변동성과 변화를 연구함. 뉴욕 주 글렌 코브 웹 해군조선공학 대학교에서 1962년 학사학위(B.Sc.)를 받고, 매사추세츠 주 케임브리지 매사추세츠 공과대학교(MIT)에서 1966년 Ph.D.를 받음. 워싱턴 주 시애틀 워싱턴 대학교(UW) 대기과학과 조교수(1966~1970), 부교수(1970~1975), 교수(1975~), 명예교수; UW 대기해양협동연구소(JISAO) 소장(1982~1997, 2003~2006) 역임함. 미국 기상학회(AMS)의 클라렌스 르로이 마이징거 어워드(1975)와 카를 구스타프 로스비 연구메달(1993)을 수상함. 미국 지구물리연합(AGU)의 제임스 매클레인 메달(1972)과 로저 르벨 메달(1999)을 수상함. 1977년 피터 홉스와 함께 『대기과학』을 저술함.

17) http://cargsun2.atmos.washington.edu/~debbie/HobbsWebPage/Hobbs.html

18) 미국 대기물리학자. 지상, 항공기, 위성 라이더와 에어로졸, 구름, 오존과 다른 대기 종들의 전 세계 특성을 연구함. 펜실베이니아 주 워싱턴 앤드 제퍼슨 칼리지에서 1962년 물리학으

(a) (b)

그림 19-6 존 월리스와 피터 홉스가 공동으로 집필한 유명한 대기과학 교과서인 (a)『대기과학』의 초판과 (b)『대기과학』의 2판이다.

Climate)』(Hobbs and McCormick, 1988)이고, 세 번째는 1993년 아카데미 프레스(Academic Press)에서 출판한『에어로졸-구름-기후 상호작용(*Aerosol-Cloud-Climate Interactions*)』(Hobbs, 1993)이다.

『대기과학』 조판은 30,000부 이상 팔려, 수십 년 동안 대기과학의 대표적인 개론 교과서로 되었다. 그의 마지막 활동 중의 하나는 와병 중에도 불구하고『대기과학 2판』을 위해서 자신이 맡은 부분을 완성하였다.『대기과학 2판』은 그가 죽은 후인 2007년에 발간되었다. 그의 강의는 열정과 명료함으로 유명하다. 그의 교수 혁신

로 학사학위(B.A.)를 받고, 버지니아 주 윌리엄스버그 윌리엄스 앤드 메리 칼리지(W&M)에서 물리학으로 1964년 석사학위(M.A.)와 1967년 Ph.D.를 받음. 국립항공우주국(NASA) 버지니아 주 햄프턴 랭글리 연구센터(LaRC) 연구과학자(1967~1970), 사진 전자측기 섹션 책임자, 에어로졸 리서치 브랜치(ARB) 책임자; 버지니아 주 햄프턴 대학교(HU) 과학학부 물리학 교수 겸 대기행성과학과(APS) 교수(1996~); 대기과학센터(CAS) 공동 센터장 역임함. 미국 기상학회(AMS)의 줄 그레고리 차니 어워드(1991)를 수상함.

중의 하나는 학생들로 하여금 칠판에 나와 문제를 직접 풀게 하는 것이었다. 이 방법은 동기 부여를 실제로 향상시켰다(Mason, 2005).

대기과학 분야 이외에도 홉스의 관심은 어느 분야에 얽매이지 않고 광범위하였다. 건강이 좋은 시절에는 정기적으로 달리기를 좋아하였다. 그는 또한 그의 골프 클럽에서 개최하는 골프 대회에 열심히 참여하였다. 그러나 그가 가장 좋아한 것은 음악이었다. 특히 오페라를 좋아하였고, 그 중에서도 바그너의 오페라 "니벨룽의 반지(Der Ring des Nibelungen)"[19]을 매우 좋아하였다. 그는 워싱턴 대학교 음악학교의 석사와 박사학위 위원회에서 위원으로도 봉사하였다.

홉스는 AMS가 발행하는 여러 저널의 편집자로서 봉사하였다. 즉, 1967년부터 1972년까지는 『*Journal of Applied Meteorology*』의 부편집자, 『*Journal of Atmospheric Sciences*』에서는 1970년부터 1976년까지 부편집자, 1976년부터 1978년까지 편집자, 1978년부터 1983년까지 공동 책임 편집자로 활약하였다.

홉스는 1970년 AMS가 수여하는 "편집자 상(Editor's Award)"과 1984년 구름물리학, 구름화학, 중규모 기상학의 업적으로 "줄 그레고리 차니 어워드"를 받았다. 또한 미국 과학진흥협회(AAAS)가 1984년 독일에서의 연구 업적으로 "시니어 알렉산더 폰 훔볼트 어워드"를 홉스에게 수여하였다. 피터 홉스와 아서 랑노는 2005년 날씨 변형에 대한 공로로 세계기상기구(WMO)의 아랍에미리트 상(UAE Prize for Excellence in Weather Modification)을 수상하였다. 홉스는 1974년 AMS, 1982년 AAAS, 1993년 미국 지구물리학회(AGU)의 펠로로 선출되었다. 또한 1984년부터 1992년까지 국제구름강수위원회(ICCP)의 위원장을 역임하였다(Wallace, 2005).

---

19) 독일의 작곡가 리하르트 바그너가 작곡한 4개 악장의 서사 악극 곡으로써 오페라 역사상 가장 위대한 걸작 가운데 하나임.

피터 홉스의 가장 중요한 유산 중의 하나는 29명의 박사학위(Ph.D.)와 34명의 석사학위(M.Sc.) 학생들을 배출한 것이다. 세계적으로 저명한 대기물리학자인 피터 홉스는 2005년 7월 25일 69세의 나이로 미국 워싱턴 주 시애틀 자택에서 췌장암으로 사망하였다(Wallace, 2005).

Chapter

20

기상역학 분야를 연구한 미국 기상학자

제임스 홀턴

미국 기상학자인 제임스 리드 홀턴(James Reed Holton, 1938~2004; 그림 20-1)은 1938년 4월 16일 워싱턴 주 스포캔(Spokane)에서 태어났다. 그는 워싱턴 주 워싱턴 주립대학교(WSU)가 자리 잡고 있는 풀먼(Pullman) 근교에서 성장하였다. 그의 아버지인 찰스 홀턴(Charles Stuart Holton)이 WSU에서 밀의 질병을 연구하고 있었고, 미국 농림부(USDA) 산하 연구소의 소장을 맡고 있었기 때문이었다. 홀턴은 풀먼 고등학교 상급반 회장을 맡았고, 1956년 졸업식에서 고별사를 낭독하였다. 고등학교 졸업 후, 매사추세츠 주 케임브리지 하버드 대학교(Harvard University) 물리학과에 진학한 그는 1960년 학사학위(B.Sc.)를 받았다. 매사추세츠 주 케임브리지 매사추세츠 공과대학교(MIT)로부터 장학금을 받고 대학원에 입학한 홀턴은 줄 그레고리 차니와 함께 연구하여 1964년 기상학으로 Ph.D.를 취득하였다(Hartmann, 2004).

워싱턴 주 시애틀 워싱턴대학교(UW)와 국립과학재단(NSF)으로부터 박사 후 연구원 자리를 제안받았지만, 그와 그의 아내는 1년간 스웨덴 스톡홀름 대학교(University

그림 20-1 미국 기상학자인 제임스 홀턴은 기상역학 분야에 많은 공헌을 하였다.[1)]

of Stockholm)에서 박사 후 과정 펠로로 지내기로 결정하고, 스웨덴 기상학자인 버트 볼린(Bert Richard Johannes **Bolin**, 1925~2007)[2)]의 연구그룹을 방문하였다. 1965년 귀국한 그는 UW 대기과학과의 조교수로 임명되어, 때때로 세계 여러 나라를 방문하는 것을 경우를 제외하고는 세상을 떠날 때까지 38년 동안 그 자리를 지켰다.

제임스 홀턴이 처음 연구한 분야는 소금물을 수조에 담고 회전시키는 회전수조에 관한 실험실 유체역학이었다(Holton 1965a; Holton, 1965b). 일시흐름 상태에서 점성 경계층의 역할에 관한 그의 연구는 로키산맥의 동쪽사면을 따라 형성되는 야간

---

1) 사진 출처: http://www.atmosp.physics.utoronto.ca/SPARC/News23/23_Hartmann.html

2) 웁살라 대학교에서 1946년 학사학위(B.Sc.)를 받고, 스톡홀름 대학교에서 기상학으로 1949년 석사학위(M.Sc.)와 1956년 Ph.D.(지도교수: 카를-구스타프 로스비)를 받음. 스톡홀름 대학교 기상학 교수(1961~1990)와 기후변화에 관한 정부 간 협의체(IPCC) 초대 위원장(1988~1998) 역임함. 세계기상기구(WMO)의 IMO 상(1981), 미국 기상학회(AMS)의 카를 구스타프 로스비 연구메달(1984), 캘리포니아 주 로스앤젤레스 서던 캘리포니아 대학교(USC)의 캘리포니아 주 로스앤젤레스 서던 캘리포니아 대학교(USC)에서 수여하는 환경업적 타일러 상(1988)과 푸른 행성 상(1995)을 수상함. 2007년 『기후변화의 과학과 정치의 역사』를 출판함.

제트에 관한 중요한 논문을 이끌어 내었다(Holton, 1967). 1968년 그는 열대 성층권에서 발생하는 「준2년 주기진동(Quasi-Biennial Oscillation; QBO)」에 관한 4편의 중요한 논문들을 발표하였다(Wallace and Holton, 1968; Holton, 1968). 이 중 1편의 논문은 QBO를 정확하게 설명한 것으로 간주되는 것으로 리처드 린젠(Richard Siegmund **Lindzen**, 1940~)[3]과 공동저자로 발표하였다(Holton and Lindzen, 1968).

제임스 홀턴은 1970년 초반까지 열대 역학과 파동 상호작용에 관한 연구를 계속하였다(Holton *et al.*, 1971). 1972년 그의 최초의 교과서인 『기상역학 개론(*An Introduction to Dynamic Meteorology*)』(그림 20-2)을 출판하였다. 이 책은 전 세계적으로 인기를 얻어 1979년 2판, 1992년 3판, 2004년 4판까지 발간되었다. 1973년 그는 미국 기상학회(AMS)가 수여하는 마이징거 어워드(Meisinger Award)을 수상하였다. 홀턴은 1973년부터 1974년까지 잉글랜드 케임브리지 대학교(University of Cambridge) 응용수학 및 이론물리학과를 방문하였다. 1975년 그는 성층권과 중간권의 역학에 관한 AMS가 발행하는 논문집(monograph)을 발간하였다(Holton, 1975). 이 논문집은 성층권의 역학, 오존, 수증기에 관한 연구 집단과 성층권과 대류권의 상호작용을 연구하는 연구 집단을 하나로 묶는 단초를 제공하였다.

---

3) 미국 대기물리학자로서 중층대기, 대기조석, 오존 광화학의 동역학을 연구함. 뉴욕 주 뉴욕시티 브롱크스 과학 고등학교와 뉴욕 주 렌셀러 폴리테크닉 대학교(RPI)를 졸업함. 매사추세츠 주 케임브리지 하버드 대학교에서 1960년 물리학으로 학사학위(A.B.), 응용수학으로 1961년 석사학위(S.M.)와 1964년 Ph.D.(지도교수: 리처드 구디)를 받음. 매사추세츠 주 케임브리지 매사추세츠 공과대학교(MIT) 알프레드 슬로안 석좌 기상학교수(1983~2013) 및 퇴임 명예교수(2013~) 역임함. 국립과학원(NAS) 정회원으로 선출됨. 미국 기상학회(AMS)의 마이징거 어워드(1968), 줄 그레고리 차니 어워드(1985), 미국 지구물리연합(AGU)의 제임스 매클레인 메달(1969)을 수상함. 1969년 시드니 채프만과 함께 『대기조석』을 저술함.

그림 20-2 1972년 출판된 제임스 홀턴의 첫 교과서 『기상역학 개론(*An Introduction to Dynamic Meteorology*)』이다.

1980년대 초반 QBO와 전 세계 성층권 순환 사이에 상호작용을 보여주는 관측 연구를 수행하였다. 이것이 성층권 파동을 구동시키는 것과 관련성이 있다는 것을 밝혔다. 1982년 그는 미국 기상학회(AMS)가 수여하는 "후반세기 어워드(Second Half-Century Award)"[4]를 수상하였다. 1983년 홀턴은 성층권 내의 중력파의 역할에 대해서 연구하기 시작하였다. 1984년 성층권의 수증기 퍼즐에 관한 리뷰 논문(Holton, 1984)을 발표하였고, 1986년에는 성층권에 대한 역학에 기초한 수송 매개변수화에 대한 연구를 수행하였다(Holton, 1986). 제임스 홀턴은 1987년 데이비드 앤드류(David G. **Andrew**)와 콘웨이 레오비(Conway B. **Leovy**, 1933~2011)[5]와 공동으로 『중층대기역학』을 출판하였다(Andrews *et al.*, 1987).

---

4) 현재는 줄 그레고리 차니 어워드(Jules Gregory Charney Award)로 불리고 있음.

5) 미국 기상학자. 행성 대기 분야를 연구함. "레오비-민츠 모델(Leovy-Mintz model)"로 유명함. 캘리포니아 주 로스앤젤레스 서던 캘리포니아대학교(USC)에서 1954년 물리학과 수학으로 학사학위(B.A.)를 받고, 매사추세츠 주 케임브리지 매사추세츠 공과대학교(MIT)에서 1963년 기상학으로 Ph.D.를 받음. 미국 공군(USAF) 예보장교(1954~1958);캘리포니아 주 산타모니카랜드연구소 연구기상학자(1963~1968); 워싱턴 주 시애틀 워싱턴 대학교(UW)(1968~2011) 대기과학과 교수(1974~1999) 및 명예교수(1999~2011); UW 환경

제임스 홀턴은 대기역학, 성층권-대류권 구성성분 교환(Holton and Gettelman, 2001), 중력파-평균 흐름 상호작용(Beres *et al.*, 2004)의 주제들에 대해서도 계속 연구하였다. 그가 사망할 당시 그는 아우라 위성(Aura Satellite)(그림 20-3) 발사 계획,적외영역탐측기(High Resolution Dynamics Limb Sounder; HIRDLS) 자료의 사용, 성층권과 대류권 사이에 일어나는 에너지와 구성성분의 교환에서 열대 대류권계면 전이 층의 역할에 관련된 의문을 해결하기 위해 이루어진 여러 가지 야외관측 프로그램에 몰두하고 있었다. 제임스 홀턴은 그가 갑자기 죽기 전까지 많은 연구 결과를 발표하였다. 2004년 그는 『기상역학 개론 4판』을 출판하였고, 사후 인 2012년 『기상역학 개론 5판』이 발간되었다. 그리고 그는 2002년 6권으로 된 『대기과학 백과사전(*Encyclopedia of Atmospheric Sciences*)』(그림 20-4)을 주디스 커리(Judith A. Curry, c. 1951~)[6]와 존 파일(John A. Pyle, 1951~)[7]과

문제연구소 소장(1986~1989) 역임함. 미국 기상학회(AMS) 펠로로 선출됨. 미국 천문학회(AAS) 행성과학 분과 제러드 피터 카이퍼 상(2000)을 수상함.

6) 미국 기후학자. 원격탐사, 극지의 기후, 대기모델링, 대기-해양 상호작용, 기후변화를 연구함. 일리노이 주 노던 일리노이 대학교(NIU)에서 1974년 지리학으로 학사학위(B.Sc.)와 일리노이 주 시카고 대학교(UChicago)에서 1982년 지구물리과학으로 Ph.D.를 받음. 위스콘신 대학교(매디슨) (UW-Madison) 기상학과 조과학사(1982~1986); 인디애나 주 웨스트라피엣 퍼듀 대학교 지구대기과학과 조교수(1986~1989); 펜실베이니아 주 유니버시티 파크 펜실베이니아 주립대학교(Penn State) 부교수(1989~1992); 콜로라도 주 볼더 콜로라도 대학교(CU Boulder) 대기해양과학과(ATOC) 교수(1992~2002); 조지아 주 애틀랜타 조지아 공과대학교(Georgia Tech) 지구대기과학부(EAS) 교수(2002~) 겸 학부장(2002~2014) 역임함. 미국 기상학회(AMS)의 헨리 휴턴 연구 어워드(1992)를 수상함. 1999년 『대기와 해양의 열역학』과 2002년 『대기과학사전』을 공동으로 저술함.

7) 영국(잉글랜드) 대기과학자. 성층권 오존고갈, 대기화학과 기후와의 상호작용을 연구함. 더럼 대학교에서 물리학으로 학사학위(B.Sc.)를 받고, 옥스퍼드 대학교에서 1978년 박사학위(D.Phil.)를 받음. 케임브리지 대기과학센터(CAS) 센터 장; 케임브리지 대학교 화학과 교수 역임함. 영국 왕립학회 펠로로 선출됨.

그림 20-3 2004년 7월 15일 미국 NASA에서 발사에 성공한 Aura는 행성 대기의 연구 목적을 가진 지구관측 위성이다.[8]

함께 편집하였다(Holton *et al.*, 2003).

제임스 홀턴은 재기가 넘치는 강연자이자 사랑받은 선생이었고 젊은 과학자에게는 훌륭한 조언자였다. 1992년 UW 기상학과 학생들은 홀턴을 "우수교수 상(teaching award)" 수상자로 선정하였다. 그는 수많은 훌륭한 과학자들을 남겼다. 그는 26명의 박사학위 수여자와 7명의 석사학위 학생을 지도하였다. 더불어 그는 UW에 온 약 20명의 박사 후 과정(Post-Doc) 학생들과 함께 연구하였다. 이들 중의 대부분은 선도적인 과학자가 되었다. 그는 1997년부터 2002년까지 대기과학과의 학과장으로 재임하였다.

제임스 홀턴은 대기과학자가 받을 수 있는 모든 상을 수상하였다. 1994년 그는 미국 국립과학원(NAS)의 정회원으로 선출되었고, 스톡홀름 대학교로부터 명예박사 학위를 받았고, 1998년 아르헨티나 부에노스아이레스 대학교(UBA)로부터 명예교수직을 수여받았다. 그는 2000년 미국지구물리연합(AGU)이 수여하는 로저 르벨 메달(Roger Revelle Medal)을 수상하였고, 2001년 미국 기상학회(AMS) 카를-

8) 출처: https://aura.gsfc.nasa.gov/

그림 20-4 2002년 출판된 6권으로 된『대기과학 백과사전』은 제임스 홀턴 등에 의해서 편집 발행되었다.

구스타프 로스비 연구 메달(Carl-Gustav Rossby Research Medal)을 수상하였다.[9)]

AMS에 적극적으로 협조하였던 홀턴은 1978년부터 1986년까지『대기과학 저널(*Journal of the Atmospheric Sciences*)』지의 공동 편집인으로 봉사하였고, 1984년부터 1986년까지 AMS 운영위원회의 위원을 역임하였다. 그는 1988년 논문 심사의 우수상을 인정받아 AMS 편집인 상(Editor's Award)을 수상하였고 1993년 하우비츠 기념강연자(Haurwitz Memorial Lecturer)가 되었다.

대학교 4학년 때 댄스파티에 참석한 홀턴은 그곳에서 신입생인 마가렛 피켄즈(Magaret Pickens)를 만났다. MIT 대학원생으로 2년을 보낸 후 그들은 결혼하여 41년간 동고동락하였다. 스웨덴 스톡홀름에서 머물던 시절인 1964년 그들은 장남인 에릭(Eric)을 얻었고 4년 후 차남인 데니스(Dennis)를 낳았다. 데니스는 다운증후군을 지니고 태어나 뉴 호프 팜(New Hope Farm)에서 살았기 때문에 홀턴은 그곳 장애인을 위해서 오랫동안 활동하였다.[10)]

9) http://www.atmosp.physics.utoronto.ca/SPARC/News23/23_Hartmann.html
10) http://seattletimes.nwsource.com/html/obituaries/2001878066_holtonobit13e.html

제임스 홀턴은 2004년 2월 24일 정오 무렵 허스키 스타디움에서 조깅을 하던 도중 심장발작을 일으켜 병원으로 옮겼지만, 3월 3일 65세의 일기로 워싱턴 주 시애틀 대학병원에서 사망하였다. 그 당시 그의 건강은 완벽한 것처럼 보였지만 운명을 달리하게 되었다.

참고문헌

Books

안희수와 오임상 공역(John A. Knauss 저), 물리해양학, 시그마프레스(서울), pp. 125-127.

윤일희 역(Joe R. Eagleman 저), 1998. 대기오염기상학, 시그마프레스(서울), 236 pp.

윤일희 편역, 2004. 현대기후학, 시그마프레스(서울), pp. 208-210.

윤일희, 2006. 스토리 기상학, 경북대학교출판부(대구), 346 pp.

윤일희 역(캐서란 쿨렌 저), 2007a. 천재들의 과학노트-6 대기과학, 일출봉(서울), 257 pp.

윤일희, 2007b. D-Day 예보에 참여한 기상학자들, 북스힐(서울), 221 pp.

한국지구과학회, 2009. 지구과학사전, 북스힐(서울), 1234 pp.

Abercromby, R., 1885. *Principles of forecasting by means of weather charts.* HMSO, London

Abercromby, R., 1887. *Weather.* International Science Series, Kegan, Paul, Trench & Co, London

Abercromby, R., 1888. *Seas and skies in many latitudes; or Wanderings in search of weather.* E. Stanford London, 402 pp.

Allaby, Michael, 2002. *Encyclopedia of weather and climate.* Vol. 1, 86-87. Facts On File, Inc.

American Meteorological Society, 2000. Glossary of Meteorology 2nd Edition. 855 pp.

Andrews, David G., James R. Holton, and Conway B. Leovy, 1987. *Middle Atmosphere Dynamics*. Academic Press, 489 pp.

Brunn, Sverre and Olaf Martin Devik, 1939. *Laerebok I fysikk for realskolen.*

Buchan, Alexander, 1867. *Handy Book of Meteorology*. William Blackwood and sons, 204 pp.

Buchan, Alexander, 1871. *Introductory Text-Book of Meteorology*. Blackwood, 218 pp.

Burton, J., 1994. The Meteorological Office Observatory Programme 1867 to 1883. In: *Observatories and climatological research*, Occasional Publication No. 29, Department of Geography, University of Durham, 80-89.

Businger, Joost A., and Eric B. Kraus, 1994. Atmosphere-ocean interaction, 2nd edition. Oxford University Press. 384 pp.

Bjerknes, Vilhelm, 1921. *On the Dynamics of the Circular Vortex with Applications to the Atmospheric Vortex and Wave Motion*. Geofysiske publikationae. Kara. II. No. 4, 88 pp.

Bjerknes, Vilhelm and Johan Wilhelm Sandström, 1910. *Dynamic Meteorology and Hydrography: Statics*. Carnegie Institution of Washington, 146 pp.

Bjerknes, Vilhelm, Theodor Hesselberg, Johan Wilhelm Sandström, Olaf Martin Devik, 1911. *Dynamic Meteorology and Hydrography: Kinematics*. Carnegie Institution of Washington, 175 pp.

Bjerknes, Vilhelm, Jacob Bjerknes, Harald Solberg, Tor Bergeron, 1933. *Physikalische Hydrodynamik mit Anwendung auf die dynamische Meteorologie*(*Physical Hydrodynamics with Application to the Dynamic Meteorology*). Berlin, 797 pp.

Budyko, M. I., 1980. *Global Ecology*. Progress Publishers, 323 pp.

Budyko, Mikhail Ivanovich, Georgy Sergeyevich Golitsyn, and Yuri Antonievich Izrael, 1988. *Global Climatic Catastrophes*. Springer-Verlag Berlin Heidelberg, 99 pp.

Budyko, Mikhail Ivanovich, and Yuri Antonievich Izrael, 1991. *Anthropogenic Climatic Change*. University of Arizona Pres, 485 pp.

Budyko, Michael I., Alexander B. Ronov, and Alexander L. Yanshin, 1987. *History of the Earth's Atmosphere*. Springer, 139 pp.

Carter, Douglas B. and John R. Mather, 1966. *Climatic Classification for Environmental Biology*. C. W. Thornthwaite Associates, Laboratory of Climatology, 395 pp.

Chamberlain, J. W., 1961. *Physics of the Aurora and Airglow*, Elsevier, New York.

Corless, R. and W. H. Dines, 1915. *The computer's handbook. Section V. Computations related to the theory of probabilities*. London, HMSO

Crowder, Bob, 1995. *The Wonders of the Weather*. An AGPS Press Publishing. p. 247.

Defant, A., 1929. *Dynamische Ozeanographie*(역학 해양학). Einführung in die Geophysik, Bd. 3. J. Springer, Berlin.

Defant, A., 1928c. "*Physik des Meeres*(바다의 물리학)". In Handbuch der Experimentalphysik, Geophysik, Band 2, Wien und Harms, Leipzig.

Defant, A., F. Defant, 1957. *Atmosphärische Dynamik*(대기역학). Akademische Verlagsgesellschaft, Frankfurt a. M.

Defant, A. and F. Defant, 1958. *Physikalische Dynamik der Atmosphäre, Akademische Verlagsgesellschaft*(대기의 물리역학), Frankfurt, 527 pp.

Defant, A., 1958. Ebb and Flow: *The Tides of Earth, Air, and Water* 1st edition. The University Press of Michigan, 121 pp.

Defant, A., 1960. Ebb and Flow: *The Tides of Earth, Air, and Water* 2nd edition. The University Press of Michigan

Eather, R. H., 1980. *Majestic Lights: The Aurora in Science, History, and the Arts. Spec. Publ. Ser.*, 323 pp., AGU, Washington, D.C.

Eliassen, Arnt, and Kaare Pedersen, 1978. *Meteorology: Physical Processes and Motion*. Universitetsforlaget, 204 pp.

Ertel, Hans, 1936. *Advektiv-dynamische Theorie der Luftdruckschwankungen und ihrer Periodizitäten*(Advective-dynamic theory of air pressure variations and their periodicities). D. Reimer.

Ertel, Hans, 1938. *Methoden und Probleme der dynamischen Meteorologie* (*Methods and problems of dynamical meteorology*). Springer

Ertel, Hans and Albert Defant, 1939. *Durch Niederschläge verursachte Störungen des Salzgehaltes im Ozean und deren Ausgleich durch Turbulenz*(Precipitation caused disturbances of the salt content in the ocean and its compensation by turbulence). de Gruyter.

FitzRoy, Robert, 1887. *Fishery Barometer Manual*. H. M. Stationery Office, 81 pp.

Foken, Thomas, 2008. *Micrometeorology*. Springer, 306 pp.

Garratt, J. R., D. Angus, and P. Holper. 1998. *Winds of Change*. CSIRO Publishing, 136 pp.

Hann, Julius von, 1872. *Die Erde als Ganzes. Ihre Atmosphäre und Hydrosphäre* (지권, 대기권, 수권).

Hann, Julius, 1883. *Handbuch der Klimatologie*(기후학 입문). J. Engelhorn Stuttgart, 423 pp.

Hann, Julius, 1906. *Lehrbuch der Meteorologie*(기상학 교본). C. H. Tauchnitz Leipzig, 600 pp.

Hann, J. and R. Süring, 1926 : *Lehrbuch der Meteorologie*(기상학 교본). Tauchnitz, Leipzig.

Hare, F. C., 1953. *The restless atmosphere*. Hutchinson's University Library.

Haugen, D. H. (Editor), 1973. *Workshop on Micrometeorology*. American Meteorology Society, Boston, 392 pp.

Hobbs, Peter Victor, 1993. *Aerosol-Cloud-Climate Interactions*. Academic Press, 235 pp.

Hobbs, Peter Victor and Adarsh Deepak, 1981. *Clouds: Their Formation, Optical Properties and Effects*. Academic Press, 497 pp.

Hobbs, Peter Victor and M. Patrick McCormick, 1988. Aerosols and climate. A. Deepak Pub., 486 pp.

Holton, James R., 1972. *An Introduction to Dynamic Meteorology*. Academic Press

Holton, James R., 1975. The dynamic meteorology of stratosphere and mesosphere. *Meteorology Monograph No. 37*, American Meteorological Society, Boston, Massachusetts.

Holton, James R., 1979. *An Introduction to Dynamic Meteorology 2nd edition*. Academic Press, 403 pp.

Holton, James R., 1992. *An Introduction to Dynamic Meteorology, 3rd edition*. Academic Press

Holton, James R., 2004. *An Introduction to Dynamic Meteorology, 4th edition*. Academic Press, 535 pp.

Holton, James R., J. A. Curry, and J. A. Pyle (Eds.), 2003. *Encyclopedia of Atmospheric Sciences*. Academic Press, London, 2780 pp.

Holton, James R. and Gregory J. Hakim, 2013. *An Introduction to Dynamic Meteorology 5th edition*. Academic Press, 532 pp.

Hoskins, Brian John and Ian N. James, 2014. *Fluid Dynamics of the Mid-Latitude Atmosphere*. Wiley Blackwell.

Kingston, John A., 2010. *Climate and Weather*. Collins. p. 73.

Critchfield, Howard J., 1983. *General Climatology* 4th edition. Prentice-Hall, pp. 148-151.

Knowles-Middleton, W. E., 1969. *Invention of the meteorological Instruments*. The John Hopkins Press, baltimore, maryland, USA

Kraus, Eric Bradshaw, 1972. *Atmosphere-Ocean Interaction*. Clarendon Press, 275 pp.

Kraus, Eric Bradshaw, 1980. *Modelling and Prediction of the Upper Layers of the Ocean: Proceedings of a NATO Advanced Study Institute*. Pergamon Press, 332 pp.

Lettau, H. H., and B. Davidson (Editors), 1957. *Exploring the Atmosphere's First Mile*. Vol. 1. Pergamon Press, London, New York, 376 pp.

Ley, William C., 1880. *Aids to the study and forecast of the weather*. H. M. Stationery Office, 38 pp.

Ludlam, F., 1966. *The cyclone problem*. Imperial College of science and Technology, London

Mather, John R. and Marie Sanderson, 1996. The Genius of C. Warren Thornthwaite, Climatologist-Geographer. University of Oklahoma Press, 226 pp.

Meteorological Office, 1925. *The observatories' year book*, 1922. HMSO, London

McAfee, R. J., 1981. Dawes's Meteorological Journal. Historical Note No. 2, Bureau of Meteorology, Australian Government Publishing Service, Canberra.

Mill, Hugh Robert, 1889. *An Elementary Class-Book of General Geography*. MacMillan and Co. London. 223 pp.

Mill, Hugh Robert, 1894. *Elementary commercial geography*. Cambridge University Press, 195 pp.

Mill, Hugh Robert, 1905. *The siege of the South pole; the story of Antarctic exploration*. Alston Rivers Limited, London, 455 pp.

Mill, Hugh Robert, 1923. *The life of Sir Ernest Shackleton*. W. Heinemann, 312 pp.

Mill, Hugh Robert, 1923. The Record of the Royal Geographical Society 1830–1930. Royal Geographic Society, London, 288 pp.

Palmén, Erick Herbert, 1969. *Atmospheric Circulation Systems: Their Structure and Interpretation*. C. W. Newton, Ed. Academic Press, New York, 603 pp.

Pasquill, F., 1962. *Atmospheric diffusion*. Van Nostrand Co., London, 297 pp.

Petterssen, Sverre, 1940. *Weather Analysis and Forecasting: A Textbook on Synoptic Meteorology*. McGraw–Hill Book Company, Inc., 505 pp.

Petterssen, Sverre, 1941. *Introduction to Meteorology*. McGraw–Hill Book Company, Inc., 254 pp.

Pettersen, Sverre, 1974. *Kuling fra nord : En værvarslers erindringer*(*Cooling from the North : A Weather Alert's Memories*). *Aschehoug*, Oslo, 311 pp.

Pertner, Joseph, 1902. *Meteorologische Optik*(Meteorological optics). Braumüller, Wien, 212 pp.

Pertner, Joseph, 1904. *Meteorologie*(Meteorology).

Pertner, Joseph, 1905. *Meteorologie und Klimatologie*(Meteorology and Climatology).

Pertner, Joseph, 1911. *Lehrbuch der kosmischen Physik*(Textbook of Cosmic Physics).

Priestley, C. H. B., 1959. *Turbulent transport in the lower atmosphere*. Chicago University Press, 130 pp.

Rohli, Robert V. and Anthony J. Vega, 2008. *Climatology*. Jones and Bartlett

Publishers, 466 pp.

Russell, H. C., 1893. Moving anticyclones in the southern hemisphere. *Quarterly Journal of the Royal Meteorological Society*, 19, 23–34.

Schuster, A., 1932 : *Biographical fragments*. Macmillan and Sons, London.

Shackleton, Ernest Henry, Hugh Robert Mill, T. W. Edgeworth David, and F. G. Behrends, 1909a. The heart of the Antarctic: being the story of the British Antarctic Expedition 1907–1909, vol.2. J. B. Lippincott Company, 365 pp.

Shackleton, Ernest Henry, Hugh Robert Mill, T. W. Edgeworth David, and F. G. Behrends, 1909b. The heart of the Antarctic: being the story of the British Antarctic Expedition 1907–1909, vol.1. J. B. Lippincott Company, 450 pp.

Shaw, William Napier, 1911. *Forecasting weather*. Constable, London.

Shaw, William Napier, 1927. *Manual of meteorology*. Cambridge University Press.

Shaw, William Napier, 1933. *The Drama of Weather*. Macmillian, 269 pp.

Shaw, William Napier and John Switzer Owens, 1925. *The Smoke Problem of Great Cities*. Constable & Company Ltd, London, 301 pp.

Sorbjan, Z., 1996. Hands–On Meteorology: Stories, Theories, and Simple Experiments. American Meteorology Society, 240 pp.

Sutton, O. G., 1953. *Micrometeorology*. McGraw–Hill, New York, 333 pp.

Thornthwaite, Charles Warren and John Russell Mather, 1955. The Water Balance. Laboratory of Technology Drexel Institute of Technology, 104 pp.

Thornthwaite, Charles Warren, Helen I. Slentz, and Carter Goodrich, 1934. Internal Migration in the United States. University of Pennsylvania Press.

Webb, Eric K., 1997. *Windows on Meteorology: Australian Perspective*. CSIRO Publishing, 342 pp.

Wiin-Nielsen, A. and Tsing-Chang Chen, 1993. *Fundamentals of Atmospheric Energetics*. Oxford University Press, 376 pp.

Wragge, Clement Lindley, 1906. *The Romance of South Seas*. Chatto & Windus, London, 312 pp.

Thesis

Williams, D. J., 1984. Sydney's climate since 1788-a preliminary investigation. B.Sc. Hons. Thesis, Macquarie University, North Ryde, NSW.

Pamphlet

Sawyer, J. S., 1947b. *The structure of the intertropical front over N. W. India during the S. W. Monsoon*, Pamphlet, Nat. Met. Library.

Reports

Buchan, Alexander, 1895. Report on oceanic circulation, based on observations made on board HMS Challenger, and other observations. Challenger Reports, Physics and Chemistry.

Kraus, E. B., 1947. Theories of drop and crystal formation. Division of Radiophysics, Council for Scientific and Industrial Research (Australia), 26 pp.

Kraus, E. B., 1964. Heat flux and surface stress on and near an island in the trade wind region. Woods Hole Oceanographic Institution, Report No. 4, Fourth semi-annual progress report.

Kraus, E. B., 1966. Aruba expedition 1965 : observations and analysis. Woods Hole Oceanographic Institution, 162 pp.

Kraus, E. B., and Edward N. Lorenz, 1961. A Numerical Study of the Effect of Vertical Stabikity on Monsoonal and Zonal Circulations. UNESCO/WMO Symposium on Change of Climate with Special Reference to the Arid Zones. Rome, 2-7 October, 1961.

Stewart, B., 1869. Epitome of work done at Kew. In: Minutes of the meeting of the Kew Committee of the British Association on 23 November 1869(unpublished, copy available in the National Meteorological Library).

Wood, M., 1994 : The quarterly weather report 1869-1880. In: *Observatories and climatological research*, Occasional Publication No. 29, Department of Geography, University of Durham, 90-96.

Articles

Abercromby, Ralph, 1875. *On certain small oscillation of the barometer. Quarterly Journal of Royal Meteorological Society*, 2(16), 435-436.

Abercromby, Ralph, 1884. *On the explanation of certain weather prognostics. Quarterly Journal of Royal Meteorological Society*, 10(49), 26-44.

Abercromby, Ralph and W. Marriott, 1883. *Popular weather prognostics. Quarterly Journal of Royal Meteorological Society*, 9(45), 27-47.

Adamson, Peter, 2003. Clement Lindley Wragge and the naming of weather disturbances. *Weather*, 58(9), 359-363.

Allen, Douglas R., 2001. The Genesis of Meteorology at the University of Chicago. *Bulletin of the American Meteorological Society*, 1905-1909.

André, J.-C., P. Bougeault, and J.-P. Goutorbe, 1990. Regional estimates of heat and evaporation fluxes over non-homogeneous terrain, Examples from the HAPEX-MOBILHY programme. *Boundary-Layer Meteorology*, 50, 77-108.

Atkinson, B. W., 1981. Atmospheric Waves. *Dynam. Meteorol.*, London, 101-115.

Barrell, H., 1969 : Kew Observatory and the National Physical Laboratory. *Meteorol. Mag.*, 98, 171.

Barrett, E. W., and V. E. Suomi, 1949. Preliminary report on temperature measurement by sonic means. *Journal of Meteorology*, 6, 273–276.

Baxendall, J., 1889. A new self-recording anemoscope. *Q. J. R. Meteorol. Soc.*, 25, 326–328.

Baxendall, J., 1903. Description of the Dines–Baxendall Anemograph. *Quarterly Journal of Royal Meteorological Society*, 29, 289–298.

Baxendall, J., 1937. British wind direction periodicities. *Met. Mag.*, 72, 127–133.

Beres, J. H., M. J. Alexander, and J. R. Holton, 2004. A method of specifying the gravity wave spectrum above convection based on latent heating properties and background wind. J. Atmos. Sci., 61(3), 324–337.

Bergeron, T. and G, Swoboda G., 1924. Wellen und Wirbel an einer quasistationären Grenzflache uber Europa. Analyse der Wetterepoche, 9–14. Oktober 1923. In: Veröffentliohungen des Geophysikalischen Instituts der Universitat Leipzig, Jg. 3, s. 62–172.

Beyrich, F., and H.–T., Mengelkamp, 2006. Evaporation over a heteorogeneous land syrface: EVA–GRIPS and the LITFASS–2003 experiment–an overview. *Boundary–Layer Meteorology*, 121, 5–32.

Beyrich, F., H.–J. Herzog, and J. Neisser, 2002. The LITFASS project of DWD and the LITFASS–98 Experiment: The project strategy and the experimental setup. *Theoretical and Applied Climatology*, 73, 3–18.

Birkeland, K., 1896. Sur les rayons cathodiques sous l'action de forces magnétiques intenses, *Arch. Sci. Phys. Nat.*, I, 497–512.

Bjerknes, J., 1974. necrology. Halvor Solberg(1895–1974). BAMS, 1974,

55(11), 1371−1372.

Bjerknes, J., 1904. Das Problem der Wettervorhersage, betrachtet vom Standpunkte der Mechanik und der PhysikDas(The problem of weather prediction, considered from the viewpoints of mechanics and physics). Meteorolo. Z., 21, 1−7.

Bjerknes, V., J. Bjerkenes, H. Solberg, and T. Bergeron, 1933. *Physikalische Htdrodynamik*. Berlin: Springer, 797 pp.

Bolle, H.−J., J.−C. André, J. L. Arrue, H. K. Barth, P. A. Bessemoulin, A. Brasa, H. A. R. DeBruin, G. Dugdale, E. T. Engman, D. L. Evans, R. Fantechi, F. Fiedler, A. van de Griend, A. C. Imenson, A. Jochum, P. Kabat, T. Kratzsch, J.−P. Lagouarde, I. Langer, R. Llamas, E. Lopez−Baeza, J. Melia Miralles, L. S. Muniosguren, F. Nerr, J. Noilhan, H. R. Oliver, R. Roth, J. Sanchez Diaz, M. de Santa Olalla, W. J. Shuttleworth, H. Soergaard, H. Stricker, J. Thornes M. Vauclin, and D. Wickland, 1993. EFEDA: European field experiment in a desertification− threatened area. *Annales Geophysicae*, 11, 173−189.

Bormtraeger, Gebrueder, 2004. Obituary Eric B. Krauss 1912−2003. Meteorologische Zeitschrift, 13(4), 345−346.

Bovscheverov, V. M., and V. P. Voronov, 1960. Akustitscheskii (Acoustic rotor). *Izvestiya Akademii Nauk SSSR, ser Geofiz*, 6, 882−885.

Bradley, E. F., 1968. A shearing stress meter for micrometeorological studies. *Quarterly Journal of Royal Meteorological Society*, 94, 380−387.

Brown, R. N. Rudmose and H. J. Fleure, 1950. OBITUARY: Hugh Robert Mill. *Geography*, 35(2), pp. 124−127.

Buchan, Alexander, 1869a. The Mean Pressure of the Atmosphere and the Prevailing Winds over the Globe, for the Months and for the Year.

Transactions of the Royal Society of Edinburgh, Part II-Volume 25 Issue 2, pp. 575-637.

Buchan, Alexander, 1869b. Interruptions in the Regular Rise and Fall of Temperature in the Course of the Year. *Journal of the Scottish Meteorological Society*, 2, 41-53.

Buchan, Alexander, 1889. Report on Atmospheric Circulation. *Journal of the Scottish Meteorological Society*.

Burton, Jim, 1993. Pen portraits of Presidents-George James Symons. *Weather*, 48(3), 75-77.

Businger, J. A., and A. M. Yaglom, 1971. Introduction to Obukhov's paper "Turbulence in an atmosphere with a non-uniform temperature". *Boundary-Layer Meteorology*, 2, 3-6.

Businger, J. A., M. Miyake, E. Inoue, Y. Mitsuta, and T. Hanafusa, 1969. Sonic anemometer comparison and measurements in the atmospheric surface boundary. *Journal of Meteorological Society of Japan*, 47, 1-12.

Buys-Ballot, C. H. D., 1857, Note sur les rapports de l'intensité et de la direction du vent avec les écarts simulanées du baromètre. *Comptes rendus de l'Académie des sciences*, 45, 765-768.

Byers, H., 1959. Carl-Gustaf Rossby, the organizer, *The Atmosphere and Sea in Motion*, B. Bolin, Ed., Rockefeller Institute Press, 440-474.

Byers, H., 1970. Recollections of the war years. *Bull. Amer. Meteor.* Soc., 51, 214-217.

Byers, H., 1976. The founding of the Institute of Meteorology at the University of Chicago. *Bull. Amer. Meteor. Soc.*, 57, 1343-1345.

Cave, C. J. P., 1928 : W. H. Dines, F.R.S., Obituary Notice. *Nature*, 121, No. 3037.

Cave, C. J. P., 1947. The great days of kite flying. *Weather*, 2, 134–136.

Charney, J. G., 1947. The dynamics of long waves in a baroclinic westerly current, *Jornal of Meteorology*. 4, 135–162.

Charney, J. G. and M. Stern, 1962. On the stability of internal baroclinic jets in a rotating atmosphere. *J. Atmos. Sci.*, 19, 159–72.

Compton, A. H., 1939. Letter to K. T. Compton, dated February 8, 1939. The University of Chicago Library Department of Special Collections, 2 pp.

Compton, A. H., 1940a. Letter to E. T. Filbey, dated July 9, 1940. The University of Chicago Library Department of Special Collection, 1 p.

Compton, A. H., 1940b. Letter to Sewell Avery, dated August 9, 1940. The University of Chicago Library Department of Special Collection, 2 pp.

Cressman, George P., 1996. "The Origin and Rise of Numerical Weather Prediction." In Historical Essays on Meteorology 1919–1995, edited by James R. Fleming, pp. 21–39. Boston: American Meteorological Society.

Crewe, M. E., 1995 : The Dines and the Meteorological Office. *Conf. Proc. The Dines Dynasty, 23 October 1993*. The Science Museum, London

Crutzen, P. J. and J. W. Birks, 1982. The Atmosphere after a Nuclear War: Twilight at Noon. *Ambio*, 11, 114–125.

Cummings, W. D. and A. J. Dessler, 1967. Field–aligned currents in the magnetosphere. *J. Geophys. Res.*, 72(3), 1007–1013.

Deacon, E. L., 1953. *Vertical Profiles of Mean Wind in the Surface Layers of the Atmosphere*. Geophysical Memoirs No. 91, The Meteorological Office, Bracknell, UK, 68 pp.

Defant, A., 1921. Die Zirkulation der Atmosphäre in den gemäßigten Breiten der Erde: Grundzüge einer Theorie der Klimaschwankungen(지구의 중위도 대에서의 순환; 기후섭동 이론의 원리). *Geografiska Ann*. 3, 209–266.

Defant, A., 1922. Die meridionale Temperaturverteilung auf der Erde und der Massenaustausch zwischen Äquator und Pol. Meteor. Z.(지구상에서 온도의 남북분포와 적도와 극 사이의 질량교환).

Defant, A., 1925. Gezeitenprobleme des Meeres in Landnähe, Probleme der Kosmischen(육지 근처 바다의 조석 문제). Physik, Bd. 6. H. Grand, Hamburg.

Defant, A., 1926. Wetter und Wettervorhersage(날씨와 날씨예보). Fr. Deutike, Wien, erste Auflage 1918, zweite Auflage.

Defant, A., 1928a. Lufthülle und Klima(대기와 기후). Enzyklopädie der Erdkunde. FR. Deutike, Wien.

Defant, A., 1928b. Statik und Dynamik der Atmosphäre(대기의 통계학과 역학). In Handbuch der Experimentalphysik, Geophysik, vol.1, Wien und Harms, Leipzig.

Defant, A., 1932. Ebbe und Flut des Meeres(바다의 썰물과 고조). In: "Meereskunde. Sammlung volkstümlicher Vorträge", Institut für Meereskunde, Berlin, Band 18, 7, Heft 203.

Defant, A., 1943. Die Gezeiten der festen Erde, des Meeres und der Atmosphäre (The tides of the solid earth, the sea and the atmosphere). Preuß. Akad. d. Wissenschaften, Vorträge u. Schriften H. 10.

Defant, A., 1951. Die Geophysik und ihre Stellung im Rahmen der übrigen Naturwissenschaften(Geophysics and its rank among the other natural sciences). —Rektorinaugurationsrede(총장취임연설문), Universität Innsbruck.

Defant, A., 1953. Ebbe und Flut des Meeres, der Atmosphäre und der Erdfeste. Verständliche Wissenschaft(Ebb and high tide of the sea, the atmosphere and the solid earth), Bd. 49. Springer-Verlag, Berlin u. Heidelberg 1953, 2. Aufl. .

Defant, A., 1957. Flutwellen und Gezeiten des Wassers(조석파와 물의 조석). In Encyclopedia of Physics, vol. 48, Geophysics II. Springer–Verlag, Berlin und Heidelberg.

Dines, L, H. G., 1947. Early days of upper air research. *Weather*, 2, 199–204.

Dines, W. H., 1883. Atmospheric vapour meter. *Symons Met. Mag.*, 18, 115–116.

Dines, W. H., 1886. Climate, Address to the Sanitary Institute, newcastle–on–Tyne. *Journal of Sanitary Institute*, 17, 257–271.

Dines, W. H., 1890. On variations of pressure caused by wind blowing across the mouth of a tube. *Q. J. R. Meteorol. Soc.*, 16, 208–215.

Dines, W. H., 1892. Anemometer comparisons. *Q. J. R. Meteorol.* Soc., 18, 165–183.

Dines, W. H., 1894. On the duration and lateral extent of gusts of wind and the measurement of their intensity. *Quarterly Journal of Royal Meteorological Society*, 20, 180–185.

Dines, W. H., 1902a. The element of chance applied to various meteorological problems. *Quarterly Journal of Royal Meteorological Society*, 28, 53–68.

Dines, W, H, 1902b. Report on the wind force experiments on HMS Worcester and at Stonemass Lighthouse. *Quarterly Journal of Royal Meteorological Society*, 28, 217–227.

Dines, W. H., 1903. The method of kite flying from a steam–vessel and meteorological observations obtained thereby off the west coast of Scotland. *Quarterly Journal of Royal Meteorological Society*, 29, 65–85.

Dines, W. H., 1905. On kites, kite flying and aeroplanes, *Aeronautical Journal*, 9, 4–7.

Dines, W. H., 1906a. The vertical temperature gradients on the west coast of Scotland and at Oxshott, Surrey. *Proc. R. Soc.*, A77, 440−458.

Dines, W. H., 1906b. Two new light meteorographs for use with unmanned balloons. *Symons Met. Mag.*, 41, 101−102.

Dines, W. H., 1911. The supposed cold of winter anticyclone. *Symons Met. Mag.*, 46, 34-35, 69−70.

Dines, W. H., 1915. Circulation and temperature of the atmosphere. *Mon. Wea. Rev.*, 43, 551−556.

Dines, W. H., 1916. The local circulation of the atmosphere. *Mon. Wea. Rev.*, 44, 182−186.

Dines, W. H., 1918. Meteorology in relation to aeronautics. *Aeronautical Journal*, 22, 17−29.

Dines, W. H., 1920. Atmospheric and terrestrial radiation. *Quarterly Journal of Royal Meteorological Society*, 46, 163−173

Dines, W. H., 1921. Observations on radiation from the sky and an attempt to dertermone the atmospheric constant of radiation. *Meteorol. Off. Geophys. Mem. No. 18*. London, HMSO

Dines, W. H. and L. H. G. Dines, 1923. An examination of British upper air data in the light of the Norwegian theory of the structure of the cyclone. *Quarterly Journal of Royal Meteorological Society*, 49, 167−176

Dines, W. H. and L. H. G. Dines, 1927 : Monthly mean values of radiation from various parts of the sky at Benson, Oxfordshire. *Mem. R. Meteorol. Soc.*, II No. 11. Edward Stanford Ltd., London

Dines, W. H. and D. Wilson Barker, 1899. Report on experiments on the exposure of anemometers at different elevations. *Quarterly Journal of Royal Meteorological Society*, 25, 1−10.

Dines, W. H. and G. M. Whipple, 1888. Report of the Wind Force Committee on experiments conducted at Hersham. *Quarterly Journal of Royal Meteorological Society*, 14, 253–259.

Dye, J. E. and P. V. Hobbs, 1966. *Effect of carbon dioxide on the shattering of freezing water drops*. Nature, 209, 464–466.

Dyer, A. J. and B. B. Hicks, 1982. Kolmogoroff constants at the 1976 ITCE. *Boundary–Layer Meteorology*, 22, 137–150.

Dyer, A. J., B. B. Hicks, and K. M. King, 1967. The Fluxatron–A revised approach to the measurement of eddy fluxes in the lower atmosphere. *Journal of Applied Meteorology*, 6, 408–413.

Dyer, A. J., J. R. Garratt, R. J. Francey, I. C. McIlory, N. E. Bacon, P. Hyson, E. F. Bradley, D. T. Denmead, L. R. Tsvang, J. A. Volkov, B. M. Kaprov, L. G. Elagina, K. Sahashi, N. Monji, T. Hanafusa, O. Tsukamoto, P. Frenzen, B. B. Hicks, M. Wesely, M. Miyake, and W. J. Shaw, 1982. An international turbulence comparison experiment (ITCE 1976). *Boundary–Layer Meteorology*, 24, 181–209.

Eady, E. T., 1949. Long waves and cyclone waves, *Tellus*, 1, 35–52.

Eliassen, Arnt, 1982. Vilhelm Bjerknes and his students. *Ann. Rew. Fluid Mech.*, 1982, 14, 1–11.

Eliassen, E. and E. Kleinschmidt Jr., 1957. Dynamical Meteorology. *Geophysics II*, pp 1–154.

Evans, D. S., 1974. Precipitating electron fluxes formed by a magnetic field aligned potential difference. *J. Geophys. Res.*, 79(19), 2853–2858.

Exner, W., 1920. Max Margules. In: Meteorologische Zeitschrift 37.

Field, Michael, 2006. Pen portraits of Presidents–J. S. Sawyer. Weather, 61(6), 173–175

Fukushima, N., 1976. Equivalence in ground geomagnetic effect of vertical currents connected with Pedesen currents in the uniform conductivity ionosphere. *Rep. Ionos. Space Res. Jpn.*, 30, 35−40.

Gale, H. G., 1939. Letter to A. H. Compton, dated February 10, 1939. The University of Chicago Library Department of Special Collections, 1 p.

Galvin, J, F. P., 2003. Kew Observatory. *Weather*, 58, 478−484.

Garratt, J. R., 1981. Comparison of observed mixed−layer depths to model estimates using observed temperatures and winds, and MOS forecasts. *Journal of Applied Meteorology*, 20, 1277−1283.

Garratt, J. R., and B. B. Hicks, 1990. Micrometeorological and PBL experiments in Australia. *Boundary−Layer Meteorology*, 50, 11−32.

Garratt, J. R., E. K.Webb and S. McCarthy, 2000. Charles Henry Brian Priestley 1915−1998. *Historical Records of Australian Science*, 2011, 22, 126−151.

Gold, E., 1920. Dr. Max Margules. *Nature*, 106(2661), 286−287.

Gold, E., 1928. Obituary to W. H. Dines, FRS. *Quarterly Journal of Royal Meteorological Society*, 54, 71−76.

Gold, E., 1936. Wind in Britain: the Dines anemometer and some notable records during the last 40 years. *Quarterly Journal of Royal Meteorological Society*, 62, 167−206.

Golding, B., K. Mylne, and P. Clark, 2004. This history and future of numerical weather prediction in the Met office, *Weather*, 59, 299−306.

Goutorbe, J. P., T. Lebel, A. Tinga, P. Bessemoulin, J. Brouwer, H. Dolman, E. T. Engman, J. G. C. Gash, M. Hoepffner, P. Kabat, Y. H. Kerr, B. Monteny, S. D. Prince, F. Said, P. Sellers, and J. Wallis, 1994. HAPEX−SAHEL: A large scale study of land atmosphere interactions in the semi−arid tropics. *Annales Geophysicae*, 12, 53−64.

Hanafusa, T., T. Fujitana, Y. Kobori, and Y. Mitsuta, 1982. A new type sonic anemometer−thermometer for field operation. *Papers in Meteorology and Geophysics*, 33, 1−19.

Harper, K., L. W. Uccellini, E. Kalnay, K. Carey, and L. Morone, 2007. 50th Anniversary of Operational Numerical Weather Prediction. BAMS, 88(5), 639−650.

Hartmann, Dennis L., 2004. Obituaries. James Reed Holton(1938−2004). BAMS, 2004, 85(7), 1015−1016.

Hay, J. S. and F. Pasquill, 1959. Diffusion in continuous sources in relation to the spectrum and scale of turbulence. *Advances in Geophysics*, 6. 345.

Heppner, J. P., J. D. Stolarik, and E. M. Wescott, 1971. Electric−field measurements and the identification of currents causing magnetic disturbances in the polar cap. *J. Geophys. Res.*, 76(25), 6028−6053.

Hess, G. D., B. B. Hicks, and T. Yamada, 1981. The impact of the Wangara experiment. *Boundary−Layer Meteorology*, 20, 135−174.

Grössenordnung der meteorologischen Elemente (1914)

Untersuchungen über die Gesetze der ausgeglichenen Bewegungen in der Atmosphäre (1928).

Hobbs, P. V. and W. D. Scott, 1965. *A theoretical study of the variation of ice crystal habits with temperature*. JGR, 70(20), 5025−5034.

Hobbs, Peter V. and Arthur L. Rangno, 1978. A Reanalysis of the Skagit Cloud Seeding Project. *Journal of Applied Meteorology*, 17, 1661−1666.

Hobbs, Peter V. and Lawrence F. Radke, 1992. Airborne Studies of the Smoke from the Kuwait Oil Fires. Science, 256(5059), 987−991.

Hobbs, P. V., J. D. Locatelli, and J. E. Martin, 1996. *A new conceptual model for cyclones generated in the lee of the Rocky Mountains*. Bull. Amer. Meteor.

Soc., 77, 1169−1178.

Hobbs, P. V., J. S. Reid, R. A. Kotchenruther, R. J. Ferek and R. Weiss, 1997. *Direct Radiative Forcing by Smoke from Biomass Burning.* Science, 275(5307), 1777−1778.

Hobbs, Peter V., Lawrence F. Radke, Jeffrey L. Smith, 1977. Eruptions of the St. Augustine Volcano: Airborne Measurements and Observations. *Science*, 195(4281), 871− 873.

Hobbs, Peter V., Jason P. Tuell, Dean A. Hegg, Lawrence F. Radke, Mark W. Eltgroth, 1982. *Particles and gases in the emissions from the 1980 - 1981 volcanic eruptions of Mt. St. Helens.* JGR, 87(C13), 11062-11086.

Högström, U., 1988. Non−dimensional wind and temperature profile in the atmospheric surface layer: A re−evaluation. *Boundary−Layer Meteorology,* 42, 55−78.

Högström, U., 1990. Analysis of turbulence structure in the surface layer with a modified similarity formulation for near neutral conditions. *Journal of Atmospheric Sciences*, 47, 1949−1972.

Holton, J. R., 1965a. The influence of viscous boundary layers on transient motions in a stratified rotating fluid: Part I. *J. Atmos. Sci.*, 22, 402−411.

Holton, J. R. 1965b. The influence of viscous boundary layers on transient motions in a stratified rotating fluid: Part II. *J. Atmos. Sci.*, 22, 535−540.

Holton, J. R., 1967. The diurnal boundary layer wind oscillation above sloping terrain. *Tellus*, 19, 199−205.

Holton, J. R., 1968. A note on the propagation of the biennial oscillation. *J. Atmos. Sci.*, 25, 519−521.

Holton, J. R., 1984. Troposphere−stratosphere exchange of trace constituents: The water vapor puzzle. Dynamics of the Middle Atmosphere. (J. R. Holton and T. Matsuno, Eds.), Terra Scientific Publishing Company, 369–386.

Holton, J. R., 1986. Meridional distribution of stratospheric trace constituents. *J. Atmos. Sci.*, 43, 1238–1342.

Holton, J. R. and R. S. Lindzen, 1968. A note on 'Kelvin' waves in the atmosphere. *Mon. Wea. Rev.*, 96, 385–386.

Holton, J. R., and A. Gettelman, 2001. Horizontal transport and the dehydration of the stratosphere. *Geophys. Res. Lett.*, 28, 2799–2802.

Holton, J. R., J. M. Wallace and J. A. Young, 1971: On boundary layer dynamics and the ITCZ. J. *Atmos. Sci.*, 28, 279–280.

Izumi, Y., 1971. *Kansas 1968 Field Program data report.* Environmental Research Paper, No. 379, Air Force Cambridge Research Laboratories, Bedford, MA.

Jacobs, L., 1969 : The 200 year story of Kew Observatory. *Meteorol. Mag.*, 98, 162–171.

Jorgensen, T. S. and O. Rasmussen, 2006 : Adam Paulsen, a Pioneer in Auroral Research. EOS, 87(6), 61, 66.

Kaimal, J. C. and J. C. Wyngaard, 1990. The Kansas and Minnesota experiments. *Boundary–Layer Meteorology*, 50, 31–47.

Kenworthy, Joan, 2003. Obituary: F. Kenneth Hare. *Weather*, 58(3), 127–128.

Kington, J., 1999. Meteorologist's profile–William Clement Ley. *Weather*, 54, 166–172.

Klumpar, D. M., 1979, Relationships between auroral particle distributions and magnetic field pertubations associated with field–aligned currents, J. *Geophys. Res.*, 84(A11), 6524–6532.

Koelsch, W. A., 1996. From geo to physical science: Meteorology and the

American university, 1919–1945. *Historical Essays on Meteorology 1919–1945*. J. R. Fleming, Ed., Amer. Meteor. Soc., 511–540.

Kolmogorov, A. N., 1941a. Rassejanie energii pri lokolno–isotropoi turbulentnoisti (Dissipation of energy in locally isotropic turbulence). *Doklady Akad. Nauk.* SSSR, 32, 22–24.

Kolmogorov, A. N., 1941b. Lookalnaja struktura turbulentnosti v neschtschimaemoi schidkosti pri otschen bolschich tschislach Reynoldsa (The local structure of turbulence in incompressible viscous fluid for very large Reynolds numbers). *Doklady Akad. Nauk. SSSR*, 30, 301–304.

Köppen, W., 1885 : On the equivalent of Beaufort's Scale and the absolute velocity of wind. *Quarterly Journal of Royal Meteorological Society*, 11, 268–275.

Kraus, E. B., 1954. Climate made by man. *Quarterly Journal of Royal Meteorological Society*, 71(309–310), 397–412.

Kraus, E. B., 1954. Secular changes in the rainfall regime of SE. Australia. *Quarterly Journal of Royal Meteorological Society*, 80(346), 591–601.

Kraus, E. B., 1956a. Secular changes of the standing circulation. *Quarterly Journal of Royal Meteorological Society*, 82(353), 289–300.

Kraus, E. B., 1956b. Secular changes of tropical rainfall regimes. Secular variations of east–coast rainfall regimes. *Quarterly Journal of Royal Meteorological Society*, 82(353), 358–361.

Kraus, E. B., 1958. Recent Climatic Changes. *Nature*, 181, 666–668.

Kraus, E. B., 1959. Antarctic Meteorology. *Nature*, 183, 1603–1504.

Kraus, E. B., 1960. Synoptic and dynamic aspects of climatic change. *Quarterly Journal of Royal Meteorological Society*, 86(370), 569–575.

Kraus, E. B., 1973. Comparison Between Ice Age and Present General Circulations.

Nature, 245, 129–133.

Kraus, E. B. and P. Squires, 1947. Experiments on the Simulation of Clouds to Produce Rain. *Nature*, 159, 489–491.

Kraus, E. B. and R. E. Morrison, 1966. Local interactions between the sea and the air at monthly and annual time scales. *Quarterly Journal of Royal Meteorological Society*, 92(391), 114–127.

Kraus, E. B. and J. S. Turner, 1967a. A one–dimensional model of the seasonal thermocline. I. A laboratory experiment and its interpretation. Woods Hole Oceanographic Institution. Tellus XIX, 1, 88–97.

Kraus, E. B. and J. S. Turner, 1967b. *A one–dimensional model of the seasonal thermocline. II, The general theory and its consequences*. Tellus XIX, I,98–106.

Kraus, E. B., and H. P. Hanson, 1982. Climatic variability in the oceans. *Progress in oceanography*, 11(2).

Lablans, W. and J. Oerlemans, 2006 : A Buys Ballot Medal for Edward Lorenz. A Reflection on the History of the Prestigious Award and Evolving Attitudes toward Predictability. BAMS, 87(12), 1662–1667.

Lamb, Peter J. and Joseph M. Prospero, 2004 : Obotuary. Eric Bradshaw Krauss(1912–2003). BAMS, 85(11), 1783–1787.

Lettau, H., 1949. Isotopic and nonßisitropic turbulence in the atmospheric surface lazer. *Geophzs. Res.. Pap.*, 1, 86 pp.

Lettau, H. H., 1957. Windprofil, innere Reibung und Energieumsatz in den untersten 500 m über dem Meer. *Beitr. Phys. Atm.*, 30, 78–96.

Lorenz, Edward D., 1963. Deterministic nonperiodic flow. *Journal of Atmospheric Sciences*, 20, 130–141.

Lorenz, Edward D., 1967. The Nature and Theory of the General Circulation of the Atmosphere. WMO No. 218, 24 pp.

Lynch, Peter, 2003. Margules's tendency equation and Richardson's forecast. *Weather*, 58(5), 186−193

Manabe, S., J. Smagorinsky, and R. F. Strickler, 1965. Simulated climatology of a general circulation model with a hydrologic cycle. *Monthly Weather Review*, 93(12), 769−798.

Margules, M., 1881. Bei der Bestimmung der Reibungskoeffizienten und des Gleitens aus horizontalen Bewegungen in Flüssigkeiten(액체의 수평운동으로부터 마찰 계수와 미끄럼 계수 결정에 관한 연구)" Sitz. Akad. Wissen. Wien, Math.—Natur., Abt. IIa, 1881, 83, pp. 588-602.

Margules, M., 1890. Über die Schwingungen periodisch erwärmter Luft(주기적으로 가열된 공기의 진동에 관해서). Sitz. Akad. Wissen. Wien, Math.—Natur., Abt. IIa, 99, pp. 204−227.

Margules, M., 1893. Luftbewegungen in einer rotierenden Sphäroidschale bei zonaler Druckverteilung(대상 압력분포에서 회전 타원체 쉘 내의 공기 이동). *Sitzungsbcrichtc der Kaiserliche Akad. Wiss.* Wien, Teil IIA, 102, 11−52.

Margules, M., 1895. Über die Zusammensetzung gesättigter Dämpfe von Gemischen(혼합공기 내의 포화 수증기의 조성에 관하여). Sitz. Akad. Wissen. Wien, Math.—Natur., Abt. IIa, 104, pp. 1243−1278.

Margules, M., 1904. Über die Beziehung zwischen Baromeetrschwankungen und Kontinuitae tsgleichung(기압섭동과 연속평형 사이의 관계에 대하서). In: Ludwig Boltzmann Fetschrif, J. A. Barth, Leipzig.

Margules, M., 1905. Über die Energie der Stürme(폭풍의 에너지에 관해서). *Jahrbuch der Zentralanstalt fur Metereologie und Erdmagnetismus*, 40, 1−26.

Margules, M., 1906. Über Temperaturschichtung in stationär bewegter und in ruhender Luft(정상상태로 이동하는 잔잔한 공기의 온도 성층에 관해서).

Meterologische Zeitschrift, 243−254.

Mason, B. J., 1969. Introduction to Kew Observatory Special Issue. *Meteorol. Mag.*, 98, 161.

Mason, John, 2001. Obituary: John Stanley Sawyer, M.A., F.R.S., Q. J. R. *Meteorol. Soc.*, 127, 1143−1145.

Mason, John, 2005. Obituary. Peter V. Hobbs. *Weather*, 60(12), 359.

Mass, Cliff, 2005. Obituaries. Peter Hobbs(1936−2005). BAMS, 86(11), 1644−1645.

McAfee, R. J., 1978 : William Dawes: Australia's first 'meteorologist'. *Australian Meteorological Magazine*, 26, 79−83.

McIntyre, D. P., 1951. The philosophy of the Chicago school of meteorology. *Arch. Meteor. Geophys. Bioklim*, 4A, 24-31.

Mill, Hugh Robert, 1883. Observations of the rainband form June 1882 to January 1993. *Proceedings of the Royal Society of Edinburgh*, 12, 547−556.

Mitsuta, Y., 1966. Sonic anemometer−thermometer for general use. *Journal of Meteorological Society of Japan*, Ser. II, 44, 12−24.

Miyake, M., R. W. Stewart, R. W. Burling, L. R. Tsvang, B. M. Kaprov, and O. A. Kuznecov, 1971. Comparison of acoustic instruments in an atmospheric flow over water. *Boundary−Layer Meteorology*, 2, 228−245.

Montgomery, R. B., 1948: Vertical eddy flux of heat in the atmosphere. *Journal of Meteorology*, 5, 265−274.

Monin, A. S., and A. M. Obukhov, 1954. Osnovnye zakonomernosti turbulentnogo peremesivanija v prizemnom sloe atmosfery (Basic laws of turbulent mixing in the atmosphere near the ground). *Trudy Geofiz Inst AN SSSR*, 24(151), 163−187.

Murgatroyd, R. J. and F. Singleton, 1961. Possible meridional circulations in the stratosphere and mesosphere, *Q. J. R. Meteorol. Soc.*, 87, 125–135.

Newman, B. W. and E. L. Deacon, 1956. A 'Dynamic' Meteorologist–Clement Wragge, 1852–1922. *Weather*, 11, 3–6.

Newton, C. W., 1980. Dines and meteorology. *Weather*, 35, 340–341.

Obukhov, A. M., 1946. Turbulentnost' v temperaturnoj–neodnorodnoj atmosgere (Turbulence in an atmosphere with a non–uniform temperature). *Trudy. Inst. Theor. Geofiz.* AN SSSR, 1, 95–115.

Obukhov, A. M., 1951. Charakteristiki mikrostruktury vetra v prizemnom sloje atmosfery (Characteristics of the micr–structure of the wind in the surface layer of the atmosphere). *Izv AN SSSR*, ser Geofiz, 3, 49–68.

Obukhov, A. M., 1971. Turbulence in an atmosphere with a non–uniform temperature. *Boundary–Layer Meteorology*, 2, 7–29.

Oldfield, Jonathan D., 2016. Mikhail Budyko's (1920-2001) contributions to Global Climate Science: from heat balances to climate change and global ecology. *WIREs*, 7(5), 682-692.

Oncley, S. P., T. Foken, R. Vogt, W. Kohsiek, H. A. R. DeBruin, C. Bernhofer, A. Christen, E. van Gorsel, D. Grantz, C. Feigenwinter, I. Lehner, C. Liebethal, H. Liu, M. Mauder, A. Pitacco, L. Ribeiro, and T. Weidingen, 2007. The energy balance experiment EBEX–2000, Part I: Overview and energy balance. *Boundary–Layer Meteorology*, 123, 1–28.

Ooyama, K., 1966. On the stability of baroclinic circular vortex: a sufficient criterion for instability, J.A.S., 23, 43–53.

Pasquill, F., 1961. The Estimation of the Dispersion of Wind Borne Material. *Meteorological Magazine*, 90(1063), 33–49.

Paulsen, A., 1893 : Sur la nature et l'origine de l'aurore boréale, in *Exploration Internationale Des Régions Arctiques, 1882–83, Expedition Danoise, Observations faites a Godthaab*, tome I, Inst. Méteorol. de Danemark, Copenhagen.(Reprinted in *Bull. Acad. R. Sci. Danemark*, 148-168, 1894.)

Pedlosky, Joseph, 1963. Baroclinic instability in two-layer systems. *Tellus*, 15, 20-25.

Pertner, J. M., 1880. Über die Absorption dunkler Wärmestrahlen in Gasen und Dämpfen(기체 및 수증기에서의 어두운 열 복사에 대해서).

Pertner, J. M., 1882. *Berechnung der Niederschlagsmengen bei Mischung feuchter Luftmassen*(습윤 기단을 혼합할 때의 강수량 계산).

Pertner, J. M., 1888. Scintillometerbeobachtungen auf dem Hohen Sonnblick (3095 m) im Februar 1888(1888년 2월 손블리크산(3095m)에서의 신틸로미터 관측). Wien.

Pertner, J. M., 1895a. Über die Häufigkeit, die Dauer und die meteorologischen Eigenschaften des Föhns in Innsbruck(인스브루크에서 푄의 빈도수, 지속시간, 기상특성에 관하여). Sitzungberichte of the Vienna Academy, math.-nat., Klasse, civ., 2a, pp 427-461.

Pertner, J. M., 1895b. *Zur täglichen Periode der Windrichtung*(풍향의 매일 주기에 대해서).

Pertner, J. M., 1897. Die Farben des Regenbogens und der Weiße Regenbogen (무지개와 하얀 무지개의 색들). Academie d. Wissenschaften, Wien, 135-235.

Phillips, N. A., 1998. Carl-Gustaf Rossby: His times, personality, and actions. *Bull. Amer. Meteor. Soc.*, 79, 1097-1112.

Pike, William S., 1989. One hundred years of the Dines pressure tube anemometer. *Met. Mag.*, 108, 209-214.

Pike, William S., 1995. William Henry Dines and his pressure-tube anemometer. *The Dines Dynasty-a family of meteorologists. Proc. Conf. R. Meteorol. Soc. Spec. Group History Meteorol. Phys. Ocenogr.*, 11-19.

Pike, William S., 2005. William Henry Dines (1855−1927), *Weather*, 60(11), 308−315.

Poulos, G. S., W. Blumen, D. C. Fritts, J. K. Lundquist, J. Sun, S. P. Burns, C. Nappo, R. Banta, R. Newsom, J. Cuxart, E. Terradellas, B. Balsley, and M. Jensen, 2002. CASES−99: A comprehensive investigation of the stable nocturnal boundary layer. *Bulletin of the American Meteorological Society*, 83, 555−581.

Pouncy, F. J., 2003. A History of Cloud Codes and Symbols. *Weather*, 58(2), 69−80.

Priestley, C. H. B., 1949. Heat transport and zonal stress between latitudes. *Quarterly Journal of Royal Meteorological Society*, 75(323), 28−40.

Radke, L. F., P. V. Hobbs, J. L. Stith, 1976. Airborne measurements of gases and aerosols from volcanic vents on Mt. Baker. *Geophysical Research Letters*. 3(2), 93-96.

Reed, Richard J., 1977. Bjerknes Memorial Lecture. The Development and Status of Modern Weather Prediction. *Bulletin of the American Meteorological Society*, 58(5), 390−400.

Sawyer, J. S., 1946. Note on the control of surface pressure by geostrophic winds, *Q. J. R. Meteorol. Soc.*, 72, 113−117.

Sawyer, J. S., 1947a. Theory of tropical cyclones, Air Ministry, *Meteorological Research Paper*, No. 298.

Sawyer, J. S., 1950. An example of cyclogenesis in relation to Sutcliffe's theory of development, *Centenary Proceedings of the Royal Meteorological Society*, 107−113.

Sawyer, J. S., 1952. Dynamical aspects of some simple frontal models, *Quarterly Journal of Royal Meteorological Society*, 78, 170−178.

Sawyer, J. S., 1956. Vertical circulation at meteorological fronts and its relation to frontogenesis, *Proc. of Royal Society*, A234, 346−362.

Sawyer, J. S., 1958. Temperature, humifity, and cloud near fronts in the middle and upper troposphere, *Quarterly Journal of Royal Meteorological Society*, 84, 375−388.

Sawyer, J. S., 1964. Meteorological analysis−a challenge for the future, *Quarterly Journal of Royal Meteorological Society*, 90, 227−247.

Sawyer, J. S., 1965. The dynamical problems of the stratosphere, *Quarterly Journal of Royal Meteorological Society*, 91, 407−416.

Sawyer, J. S. and E. T. Eady, 1951. Reviews of Modern Meteorology−3 Dynamics of flow patterns in extra−tropical regions, *Quarterly Journal of Royal Meteorological Society*, 77, 531−551.

Schmidt, W. M., 1914. Über das Wesen des Donners(천둥의 본질에 대하여). *Sitzungsberichten der ÖAW*, Nr. 123, S. 821−863.

Schmidt, W. M., 1915a. Der Einfluß d. Schmelzwärme auf d. Klima v. Wien (비엔나 기후에 영향을 미치는 용융열의 영향). Sitzungsberichten der ÖAW, Nr. 124, S. 517−566.

Schmidt, W. M., 1915b. Strahlung und Verdunstung an freien Wasserflächen (자유수면에서의 복사 및 증발). *Annalen der Hydrographie und maritimen Meteorologie*, Nr. 43, S. 11−178.

Schmidt, W. M., 1917. Der Massenaustausch bei der ungeordneten Strömung in freier Luft und seine Folgen(탁트인 공기에서 무질서한 흐름 내의 질량 교환과 그 결과). Sitzungsberichten der ÖAW, Nr. 126, S. 757−804.

Schmidt, W. M., 1918. Messungen des Staubkerngehaltes der Luft am Rande einer Großstadt(대도시 가장자리에서 공기의 먼지 핵 함량 측정). *Meteorologische Zeitschrift*, S. 281−285.

Schmidt, W. M. and Victor Franz Hess 1918. Über die Verteilung radioaktiver Gase in der freien Atmosphäre(자유대기 중의 방사성 가스 분포에 관한 연구). *Physikalische Zeitschrift*, Nr. 19, S. 109−114.

Schotland, R. M., 1955. The measurement of wind velocity by sonic means. *Journal of Meteorology*, 12, 386−390.

Seiler, W., 1996. Results from the integrated research programme SANA, Phase I. *Meteorologische Zeitschrift*, 5, 179−278.

Sellers, P. J., F. G. Hall, G. Asrar, D. E. Strebel, and R. E. Murphy, 1988. The first ISLSCP field experiment (FIFE). *Bulletin of the American Meteorological Society*, 69, 22−27.

Sellers, P. J., F. G. Hall, R. D. Kelly, A. Black, D. Baldocchi. J. Berry, M. Ryan, K. J. Ranson, P. M. Crill, D. P. Lettenmaier, H. Margolis J. Cihlar, J. Newcomer, D. Fitzjarrald, P. G. Jarvis, S. T. Gower, D. Halliwell, D. Williams, B. Goodison, D. E. Wickland, and F. E. Guertin, 1997. BOREAS in 1997: Experiment overview, scientific results, and future directions. *Journal of Geophysical Research*, 102, 28731−28769.

Sharp, R., 1995. Selective archive of the Munro collection held at the Science Museum. *Conf. Proc. The Dines Dynasty, 23 October*, The Science Museum, London, 43−48.

Shaw, W. N., 1937. Dines, William Henry(1855−1927). Entry in the *Dictionary of National Biographies*, 1922−1930, Oxford University Press, 266−268.

Shaw, W. N. and W. H. Dines, 1905. The study of minor fluctuations of atmospheric pressure. *Quarterly Journal of Royal Meteorological Society*, 31, 39−52.

Shaw, W. N. and R. G. K. Lempfert, 1906 : *The life history of surface air−currents: a study of the trajectories of moving air*. Meteorological Office, M. O. 174,

London.

Sheppard, P. A., 1947. The aerodynamic drag of the earth's surface and the value of von Karman's constant in the lower atmosphere. *Proceeding of the Royal Society A*, 208−222.

Smagorinsky, J., 1953. The dynamical influences of large scale heat sources and sinks on the quasi−stationary mean motions of the atmosphere. *Quarterly Journal of Royal Meteorological Society*, 79, 342−366.

Smagorinsky, J., 1963: General Circulation Experiments with the Primitive Equations, *Monthly Weather Review* 91(3), 99−164.

Smagorinsky, J., S. Manabe, and J. L. Holloway, Jr., 1965: Numerical results from a nine−level general circulation model of the atmosphere. *Monthly Weather Review*, 93(12), 727−768.

Smith, F. B., 2000. Pen Portraits of Presidents−Franck Pasquill *Weather*, 55(4), 137−141.

Sølberg, Halvor Skappel, 1936. *Le mouvement d'inertie de l'atmosphère stable et son rôle dans la théorie de cyclones*(안정 대기의 관성운동과 저기압 이론에서 그들의 역할). IGGI, Vlueme assemblee, Edinburgh, Memoire.

Suomi, V. E., 1957. Sonic anemometer−University of Wisconsin. In: H. H. Lettau, and B. Davidson (Editors), Exploring the atmosphere's first mile. Pegamon Press, London, New York, pp. 256−266.

Sutcliffe, R. C., 1947. A contribution to the theory of development, *Quarterly Journal of Royal Meteorological Society*, 73, 370−383.

Swinbank, W. C., 1951. The measurement of vertical transfer of heat and water vapor by eddies in the lower atmosphere. *Journal of Meteorology*, 8, 135−145.

Swinbank, W. C. and A. J. Dyer, 1968. An experimental study on micrometeorology.

Quarterly Journal of Royal Meteorological Society, 93, 494−500.

Taba, H., 1997. WMO, *Bulletin*, 46(2), 105−115.

Tait, P. G., 1887 : Obituary of Balfour Stewart. *Nature*, 37, 202.

Taylor, G. I, 1921. Experiments with rotating fluids. *Proc. R. Soc.*, A100, 114−121.

Taylor, R. J., 1958. Thermal structure in the lowest layer of the atmosphere. *Australian Journal of Physics*, 11, 168.

Thornthwaite, C. W., 1931. The Climates of North America According to a New Classification. *Geographical Review*, 21, 633−655.

Thornthwaite, C. W., 1948. An Approach toward a Rational Classification of Climates. *Geographical Review*, 38(1), 55−94.

Thornthwaite, C. W. and Benjamin Holzman, 1939. The Determination of Evaporation from Land and Water Surfaces. *Monthly Weather Review*, 67, 4−11.

Tsvang, L. R., B. M. Kaprov, S. L. Zubkovskij, A. J. Dyer, B. B. Hicks, M. Miyake, R. W. Stewart, and J. W. McDonald, 1973. Comparison of turbulence measurements by different instruments; Tsimlyansk field experiment 1970. *Boundary−Layer Meteorology*, 55, 141−160.

Tsvang, L. R., S. L. Zubkovskii, B. A. Kader, M. A. Kallistratova, T. Foken, WGerstmann, Z. Przandka, J. Pretel, J. Zeleny, and J. Keder, 1985. International turbulence comparison experiment (ITCE−81). *Boundary−Layer Meteorology*, 31, 325−348.

Tsvang, L. R., M. M. Fedorov, B. A. Kader, S. L. Zubkovskii, T. Foken, S. H Richter, and J. Zeleny, 1991. Turbulent exchange over a surface with chessboard−type inhomogeneities. *Boundary−Layer Meteorology*, 55, 141−160.

Turco, R. P., O. B. Toon, T. Ackerman, T. B.. Pollack, and C. Sagan, 1983. Nuclear Winter: Global Consequences of Multiple Nuclear Exposion.

Science, 222, 1283−1293.

Uttal, T., J. A. Curry, M. G. Mcphee, D. K. Perovich, R. E. Moritz, J. A. Maslanik, P. S. Guest, H. L. Stern, J. A. Moore, R. Turenne, A. Heiberg, M. C. Serreze, D. P. Wylie, O. G. Persson, C. A. Paulson, C. Halle, J. H. Morison, P. A. Wheeler, A. Makshtas, H. Welch, M. D. Shupe, J. M. Intrieri, K. Stamnes, R. W. Lindsey, R. Pinkle, W. S. Pegau, T. P. Stanton, and T. C. Grenfeld, 2002. Surface heat budget of the Arctic ocean. *Bulletin of the American Meteorological Society*, 83, 255−275.

Wallace, J. M., 2005. Peter V. Hobbs(1936−2005). EOS, 86(50), 527.

Wallace, J. M., and J. R. Holton, 1968. A diagnostic numerical model of the quasi−biennial oscillation. *J. Atmos. Sci.*, 25, 280−292.

Waterston, J. J., 1845, 1892 : I. On the physics of medias that are composed of free and perfectly elastic molecules in a state of motion. With an introduction by Lord Rayleigh, *Phil. Trans. R. Soc. London A*, 183, 1−79.

Wieringa, J., 1980. A revaluation of the Kansas mast influence on measurements of stress and cup anemometer overspeeding. *Boundary−Layer Meteorology*, 18, 411−430.

Wilson, C. M. W., 2002. Meteorologist's profile−Balfour Stewart, FRS, *Weather*, 57, 139−143.

Wisniak, Jaime. 2003. Max Margules—A Cocktail of Meteorology and Thermodynamics. *Journal of Phase Equilibria*, 24(2), pp. 103−109.

Wood, Mick, 2001. Meteorologist's profile−Ralph Abercromby. *Weather*, 56(3), 102−106.

Wyngaard, J. C., O. R. Coté, and Y. Izumi, 1971. Local free convection, similarity and the budgets of shear and heat flux. *Journal of Atmospheric Sciences*, 28, 1171−1182.

Wyngaard, J. C., J. A. Businger, J. C. Kaimal, and S. E. Larsen, 1982. Comments on 'A revaluation of the Kansas mast influence on measurements of stress and cup anemometer overspeeding'. *Boundary−Layer Meteorology*, 22, 245−250.

찾아보기

ㄱ

ㄴ

ㄷ

ㄹ

ㅁ

ㅂ

ㅇ

ㅈ

ㅊ

ㅋ

B

C

D

E

N

O

P

Q

R

S

W

Y

자연의 이치를 알아낸 지구과학자
대기권 과학자

지은이 • 윤 일 희
발행인 • 조 승 식
발행처 • (주)도서출판 북스힐
등록 • 제22-457호
주소 • 01043 서울시 강북구 한천로153길 17
www.bookshill.com
E-mail • bookshill@bookshill.com
전화 • 02-994-0071
팩스 • 02-994-0073

2018년 2월 10일 1판 1쇄 인쇄
2018년 2월 15일 1판 1쇄 발행

값 15,000원

ISBN 979-11-5971-115-2